U0390964

VIRTUE

OF

BIOTECHNOLOGY

刘科●著

生物技术
的
德性

社会科学文献出版社
SOCIAL SCIENCES ACADEMIC PRESS (CHINA)

河南省高校科技创新人才（人文社科类）支持计划
教育部留学回国人员科研启动基金项目
河南师范大学科技与社会研究所
资助出版

目　录

1

序　言

在 20 世纪 80～90 年代，为了迎接 21 世纪的到来，被喊得最响的一个口号是"21 世纪将是生物学的世纪"。在 20 世纪 80 年代初，我在广州进修时曾亲自听到著名化学家、时任南京大学化学系主任蒋明谦教授的现身说法："我从事化学专业大半辈子，但现在才领悟，今后化学如果不与生物学结合，想取得突破性的成果，将是很困难的。"他讲的这一番话使我很受启发，我不仅认识到生物学未来的发展道路是很宽阔的，还认识到学科之间的交叉融合将是学科发展的重要生长点。所以，在和刘科（他是我临退休前最后一位硕士生）讨论他的硕士学位论文选题时，我提出两点建议供他思考：一是要充分运用他大学本科生物学专业的知识优势；二是要面向 21 世纪，撰写紧扣时代的前沿性论文。1997 年 2 月，当刘科将硕士学位论文《对现代生物技术及其社会作用的认识和反思》（初稿）交给我审阅时，英国科学家克隆出"多莉"羊的消息正刊登在报纸上。当我把登载此消息的《中国青年报》拿给刘科看时，也许由于他专业基础的敏感性，这迅速激起了他的兴趣，并立即将论文进行修改补充，增加了一节"克隆技术"，使论文在评论生物技术的历史发展情况时，触及生物技术发展的前沿，对克隆技术展开了哲学讨论。

自"多莉"羊出世以来，克隆技术发展迅速。在此期间，刘科不论是从事教学、科研，或是攻读博士学位，都能够紧密地跟随克隆技术的时代发展。他的博士学位论文综述了当今世界对克隆技术发展和社会应用的种种论争、克隆技术概念的社会扩散、克隆人的伦理论争，对各国政府对克隆技术的态度和采取的社会调控政策等问题进行了较为系统的研究。对照刘科已经出版的《后克隆时代的技术价值分析》一书，再来细读 2005 年 2 月的《联合国关于人的克隆宣言》（以下简称《宣言》），就可以对于中国代表苏伟为什么对这个《宣言》投反对票一目了然。苏伟表示，中国代表团之所以对《宣言》投了反对票，是因为《宣言》的表述含混不清，《宣言》提到的"禁止"可能会令人误解为连治疗性克隆技术也包含在内，这是中方所不能接受的。中国强调具体问题具体分析，不可一概而论。这从刘科的著作中可以找到答案。

《生物技术的德性》是他在原有研究的基础上，跳出单纯生物技术的圈子，立足于更广阔的人类社会发展背景来研究生物技术的专著。研究对象涉及克隆技术、转基因技术、人兽嵌合体和基因编辑技术。这些技术实质上都是人们在分子层面上对遗传物质的操作，与其他类别的技术有重大区别，对人类社会和人本身的影响将更加深远，因而也蕴含深刻的道德意义，值得我们对其进行道德追问。刘科基于主要生物技术类别的发展实际，从技术的德性视角进行问题探析，充分认识生物技术德性的复杂性、多元性等，辩证地分析生物技术的内在特性、社会功能及其所蕴含的风险与挑战，并从积极的价值导引角度进行分析，使人们重塑技术态度，走出技术恐惧的心理阴影，以积极务实的态度去营造生物技术的社会生长空间。

综观刘科同志对生物技术发展的长期跟踪研究，其之所以能不断地产出新成果，主要原因在于他的立足点选择得好，牢牢地在具有强大生命力的生物学领域站稳了脚跟。这一步走好了，再进一步选择知识的生长点就相对容易了。从"多莉"羊出世至今的二十年中，他一直跟踪生物技术的发展，坚持将其作为自己的主攻研究目标，而不是"打一枪就换一个地方"，使自己的研究能够持续发展。立足点选好后，进一步做好跟踪研究，不盲目地贪大求洋，踏踏实实地细心搜集资料，不论这些资料来自何方，无论是官方的还是民间的资料搜集在一起都会有用武之地。《生物技术的德性》一书的完成，也充分说明了这一点。刘科在资料搜集积累的过程中，跟踪时代的变化，瞄准前沿，使自己的研究能够紧密与生物技术发展的环境相吻合。随着生物技术成果的不断涌现，一些误解或误传也会出现，如何做好生物技术社会化的研究，就需要在更高层次上端正思路，踏实求学。希望刘科同志以后能够持续在这个领域进行探索，把研究内容做得更深入一些、格调更高一些、视野更宽广一些、理论层次再提升一些。

徐悦仁

2016 年 12 月 20 日于郑州大户人家

引　言

现代生物技术的产生和迅速发展绝不是偶然的，这既有科学技术自身发展逻辑的原因，又有经济与社会强大需求推动的原因。正如恩格斯所讲："社会一旦有技术上的需要，这种需要就会比十所大学更能把科学推向前进。"① 因此，科学技术的发展一定要面向经济社会的发展实际，同时又受经济社会的支持和推动。

一　现代生物技术产生的社会背景

现代生物技术是综合运用生物学、工程学和其他基础学科的知识和手段，对生物进行定向控制、改造或模拟生物功能以及产生有用物质并进行社会服务的高新技术。它是一种崭新的、前景十分广阔的技术，将是世界未来的经济支柱之一，也必将对人类社会生活产生深远的影响。人类社会所面临的一系列难题（如人口、粮食、环境、资源、能源等）的最终解决，需要一种全新的技术担当重任。现代生物技术在时代的召唤下出现了，它给人类社会带来了希望。我们有必要从社会学的视角来观察全球性问题的解决与现代生物技术之间的关系。以下主要从粮食、能源、环境和人类健康等角度展开讨论。

（一）粮食问题

步入 21 世纪，人类自身生产的规模再次扩大。2011 年，世界人口已达 70 亿。人口统计学者估计，到 2050 年会增至大约 90 亿。巨大的人口压力对经济发展、社会稳定都会产生负面影响。世界各国为控制人口数量

---

① 《马克思恩格斯选集》第 4 卷，人民出版社，1995，第 732 页。

做了积极而有成效的工作，但控制人口增长仍是一项长期而又艰巨的任务。

"国以农为本，民以食为天"。人们必须大力发展农业生产，为在世的和将要出生的人提供足够的粮食。可是，世界有效耕地面积在逐年减少，很多难以估测的自然灾害也在影响着粮食的产量。人口与粮食的矛盾日趋紧张，该问题尤其反映在广大发展中国家。以我国为例，目前我国有七千万贫困人口，首先要解决其温饱问题。传统农业的革命是以施用化肥、农药为标志来增加农作物的产量。然而，施用化肥会造成土壤板结。施用农药，一方面由于害虫对农药的抗性不断增强，人们不得不研制新的农药，增加了农业生产成本；另一方面，农药的使用会污染环境，并且农药残毒存留在粮食中，会危及人类健康。

现代生物技术在农业上的应用却可以克服传统农业的缺陷。通过生物技术，使植物间的基因发生转移，实现种间杂交，整合农作物自身的优良性状继而培育出性状更加完好的新品种。如高产、优质、抗逆性强的新品种，它们有较高的光合作用效率、抗病虫害或适于在恶劣的自然环境中生长。另外，通过生物技术，还有可能培育出自身固氮的农作物，从而减少肥料投入、降低农业成本。以上措施是从根本上充分发挥农业生产潜力，达到粮食增长的目的，有助于缓和人口和粮食的矛盾。

（二）能源问题

人类对能源的需求量随着社会的高速发展而与日俱增。石油、煤炭和天然气是不可再生的一次性能源，它们的储量是有限的。一旦耗尽，难以追寻。据估计，按照目前的开采速度，世界石油只能供人类再开采 30 年，煤炭也不过用了 100 年。没有能源的世界，将是一个停滞的、充满危机的世界。这绝不是耸人听闻或杞人忧天。尽管人类已经开始利用水能、风能、潮汐能、太阳能和原子能等，然而这些能源的利用又受到自然条件、社会条件和技术条件的限制，不能从根本上解决能源危机问题。

绿色植物能够自我复制、自我繁殖，是取之不尽的可再生能源。绿色植物通过光合作用把太阳能转化为化学能贮存在植物体中。据估计，全世界绿色植物每年产生 1730 亿吨干物质，含能量约为 2×10^{21} 焦耳，是全世界每年消耗能量的 10 倍。

现代生物技术能为人类合理而充分开发生物能源提供技术手段。例如，科技人员已通过生物技术改造细菌的遗传特性，培育出新菌种，使之能够发酵降解稻草、秸秆和木屑里的纤维素或木质素，并转化为酒精。酒精又被称为"绿色石油"，具有燃烧完全、高效的特点，可用来部分或全部代替发动机汽油。

氢气具有很高的燃烧值，燃烧后的产物是水，不会污染环境。生物技术在开发利用氢能方面也可以大显身手。已经发现有些绿藻和红藻可以利用光能把水分解为氢气和氧气。利用生物技术改造这些藻类植物，强化它们的功能，将为人类提供无尽的氢能。

（三）环境问题

工业发展而大量产生的废液、废气和废物，以及生活废水和垃圾，使人类的生存环境逐渐恶化。清新的空气、洁净的水，这些本是大自然馈赠给人类的礼品，如今却变得"物以稀为贵"了。为了治理污染，改善环境、维持生态平衡，各国政府已做了不少努力。有的采取强制措施，对一些污染严重的企业实行关停并转。这只是一种消极的做法，会引起贫困与失业问题。经济效益与环境效益的表面矛盾，表明人们缺乏必要的技术手段来正确处理两者之间的关系。

生命是奇特的。生物学家已经发现部分微生物的生存是以某些污染物质为食物的。用微生物处理废水和废物，在治理环境的同时，又变废为宝，这是利用微生物的功能来净化人类的生存环境。为了大规模地净化环境，必须加强微生物处理污染物的功能。科技人员正在致力于用生物技术的手段定向培养高效降解污染物质的"超级细菌"。把污染物质"吃掉"是从根本上解决环境污染问题的办法，这需要借助现代生物技术。

（四）人类健康问题

人类的生存受到各种恶性疾病的挑战。例如，癌症是严重危害人类生命的常见病和多发病。目前世界大约有二千多万人患有各类癌症，每年大约有五百多万人死于癌症。另外，自从1981年在美国发现艾滋病首例患者以来，据世界卫生组织估计，全世界感染艾滋病病毒的各类人群中，成年人总数已超过一千万人，儿童约为一百万人。人类还有大约上千种遗传病，严重影响了人口的素质，为社会造成了沉重的负担。

3

现代生物技术为医学进步和疑难病症的诊治开辟了新纪元。通过生物技术能够揭示致病因素和人体的关系，进而认识发病机理。通过向人体细胞基因组置换出癌基因或引入外源的正常的基因可达到治疗癌症的目的。换言之，更换基因手术，可以改造人体细胞，变异常细胞为正常细胞，能从根本上治疗类似癌症这些的绝症。艾滋病是由病毒引发的免疫缺陷综合征，科研人员也正在努力实施生物技术的基因治疗方法。现代生物技术大大改变了传统的医药产业。一大批生物工程药物，如生长素、胰岛素、白细胞介素、干扰素等均已投放市场，为人类有效地治疗疾病提供了药物保证。据统计，大约60%以上的生物技术成果集中应用于医药产业，用来开发特色新药或对传统医药进行改良，由此引起了医药产业的重大变革，生物制药得以迅速发展。

总之，现代生物技术的兴起和发展，既有生命科学自身发展的丰富原因，更有兴起的社会背景。人类在困境面前不能退缩不前，而是要充分发挥人的主观能动性，实现认识世界和改造世界的目的。人类以崭新的思维方式，创建了现代生物技术。这种技术已给人类带来福音，将使人们的美好梦想变为现实。巨大的经济和社会效益在不久的将来会呈现在人类面前。

二　现代生物技术的历史渊源与发展

生物技术（biotechnology）是由英文 biological technology 组合而成的，直译为"生物工艺学"。生物技术是对20世纪70年代以来出现的新的生物体操纵技术的称呼。尽管生物技术这个概念出现得比较晚，但是人类对生物体的利用、操作和改造的历史，则可追溯到史前时代。

（一）经验形态的技术

人类属于异养型的生命形态。人类要生存下去，必须从外界摄取营养物质，以其他生物体作为食物。这就促使人类去认识和利用周围的生物体，以至于对它们进行改造。人类首先通过采集、狩猎等方式获得生物体及其成分，对它们进行直接地利用。农业和畜牧业的出现，既是人类生产活动目的性和自主性加强的标志，又是直接对生物体的利用到对它们进行改造的开始。例如，人类通过对野生动物的驯化，对原型植物加以选育，使生物体更好地满足人类的生活需要。此时起，生物体的生长和繁殖不断朝向人类的需求目标转移。人类在实践活动中，摸索出了一些控制和改造生物生长发育的方法和手段。同时，也逐步积累了生物学知识，为进一步利用、控制和改造生物奠定了基础。

农业和畜牧业的出现，使人类有了比较稳定的食物来源。但是，人类还要追求更高质量的生活。如酿酒、制醋、造酱等工艺的涌现和发展正好满足了人类的这种需求。上述至少有两千年历史的工艺可以看作是原始的微生物发酵工程。因为这些工艺依据的都是微生物发酵原理，是对微生物功能的直接利用。然而，限于当时的生产力发展水平和人类的认识水平，人类并不知道有微生物的存在，更不用说什么发酵原理了。

总之，初级阶段的"生物技术"要得到深化和发展，必须纳入科学的轨道。这需要生物学的发展为其提供科学基础。

（二）生物学知识的积累

生物学的发展有赖于人类在生产实践中经验知识的进一步积累，也有赖于其他学科的发展为其提供方法和思想。在19世纪之前，生物学的发展极其缓慢，处于经验描述水平。从19世纪起，生物学得到了比较全面的发展，取得了一大批成果。恩格斯总结归纳为19世纪自然科学的三大发现中，有两项属于生物学领域，即细胞学说和达尔文生物进化论。细胞学说开创了生物学研究的新局面，在研究层次上从宏观个体水平深入微观细胞水平，这是对生命运动规律认识深化的一个重要标志；达尔文进化论把历史观引入生物学中，揭示了生物学中各门分支学科的内在联系，首次把生物学摆在了真正科学的位置。细胞学说和达尔文进化论对生物学各门分支学科的发展起了积极的推动作用。

在19世纪，经典遗传学建立和发展起来。1865年，孟德尔（G. J. Mendel，1822 - 1884）发表了《植物杂交试验》一文，提出了遗传因子的分离规律和自由组合规律，奠定了经典遗传学的基础。1892年，魏斯曼（A. Weismann，1834 - 1914）提出了种质连续说，为以后染色体遗传理论的建立和基因学说的发展提供了基本且重要的设想。20世纪初，摩尔根（T. H. Morgan，1866 - 1945）发表了"基因学说"，揭示了基因与性状之间各种具体的联系和规律。由于遗传学的巨大进步，农业育种有了科学依据。育种手段日益多样化,出现了品种间杂交、远缘杂交、人工诱变、多倍体育种和辐射育种等技术手段,为进一步有效地改造植物为人类服务提供了必备的条件。

另外,在19世纪,微生物学和细菌学的建立和发展,扩大了人类对生命世界的认识领域。1857年,法国生物学家巴斯德(L. Pasteur,1822-1895)证明发酵是由于微生物的作用,科学地揭示出发酵原理。此后,人类对微生物的种类、结构和生理功能、代谢途径等有了更加深入的认识,为微生物发酵工程奠定了牢固的科学基础。这使得传统发酵产业的作坊式生产变成了工业化生产,从而增加了产量,提高了品质。产品范围不断拓宽,除了古老的产品(酒类、酱油、醋等)外,又发展出抗生素、氨基酸、维生素、核酸、有机酸、酶制剂等几百种与人类社会生活和经济发展密切相关的产品。

从19世纪起至20世纪上半叶,生命科学知识的积累和应用,使初级阶段的"生物技术"获得了很大发展——从经验形态走向了以生命科学作为基础的知识形态。但是,人类改造生物体的活动是没有止境的,人类必然要随着对生物技术认识的深化而开拓出改造生物体的新手段。

(三)现代生物技术的诞生

19世纪末20世纪初兴起的物理学革命,在整个自然科学领域引起了科学思想的深刻变革。物理学的新观念、新理论、新方法,被广泛地用于自然科学的各个部门。生物学因此在已有的基础上取得了革命性的进展。特别是在20世纪50年代以来,生物学领域取得了一个又一个的创新成果。

1953年,沃森(J. Wastson,1928-)和克里克(Francis Crick,1916-2004)发现了遗传物质DNA(脱氧核糖核酸)的双螺旋结构,在分子水平上解释了遗传信息的传递机制,更加深入地揭示了生命的本质和规律性,奠定了分子生物学的基础。同年,英国生化学家桑格(F. Sanger,1918-2013)发现了51个氨基酸的牛胰岛素结构。1961年,雅各布(F. Jacob,1920-)、雷沃夫(A. M. Lwoff,1902-1994)和莫诺(J. Monod,1910-1976)提出"乳糖操纵子学说",首次在基因水平上阐明了原核生物体生物化学反应过程中的调控原理。1964年,64种遗传密码全部破译。随后，发现了遗传学中的"中心法则"。1965 年，我国科技工作者在世界上首次人工合成结晶牛胰岛素。1970 年，发现反转录酶，对"中心法则"做出重大修正。同时，发现并分离得到限制性核酸内切酶。

现代生物学领域的创新成果意味着人类在微观水平上改造生命体已经成为可能。1973 年，美国科学家科恩（S. Cohen，1935 - ）等人创建了体外重组 DNA 技术（the technology of recombient DNA），简称 rDNA 技术。他们将大肠杆菌体内的两个不同质粒（染色体以外的闭环 DNA 分子，能自我复制）切割开来，在体外连接为杂合质粒，再次引入大肠杆菌体内，复制出的质粒表达了双亲质粒的遗传信息。这表明在分子水平上通过改变遗传信息从而影响生物体性状的设想已经变为现实。1975 年，英国学者米尔斯坦（César Milstein，1927 - 2002）等人发明了单克隆技术（clone，无性繁殖的意思），并产生了单克隆抗体（monoclonal antibody）。他们的做法是：把能产生抗体的 B 淋巴细胞和小白鼠能持续生长的癌细胞融合（细胞杂交），得到的杂交瘤细胞具备两种细胞的功能，能够几乎无限制地分泌大量匀质的抗体。人们常把这两个科学事件作为现代生物技术诞生的标志。现代生物技术与以往技术的最大不同之处在于人类可以在分子或细胞水平上定向利用和操纵生命体。

（四）现代生物技术的发展及其技术特点

二十多年来，现代生物技术已发展为一大类复合的技术体系，包括生物控制和改造技术、生物机体和功能模拟技术。涉及的主要技术有 DNA 重组技术（基因工程），细胞融合和大量培养技术（细胞工程），胚胎操作和移植技术（胚胎工程），酶的修饰和利用技术（酶工程），微生物发酵技术（发酵工程），蛋白质分子设计和构建技术（蛋白质工程）等。与现代生物技术相关的生物化学工程技术，主要解决的是现代生物技术的实验室研究成果转化为生产力过程中的带有共性的工程技术问题，这种生物化学工程技术也被纳入现代生物技术体系。现代生物技术从基础研究到应用研究、从学术到产业，呈现出繁荣的景象：一方面，现代生物技术实验室研究成果不断涌现；另一方面，现代生物技术成果逐步实现产业化，产生了一定的经济效益和社会效益。

面对现代生物技术迅速发展的形势，我们该如何对它进行正确认识呢？

单说"生物技术"这一概念，本意是指在分子、细胞水平上定向操纵或改造生物体的技术。但这个概念的外延很容易被人为地扩大——"生物技术"可方便地用于对所有利用生物体本身、代谢产物及功能等技术的泛指。顾名思义，"生物技术"就是针对生物体的操作技术，只不过是操作的物质层次不同罢了。现在，人们为了满足科学技术研究、经济技术评估和商业导向的需要，往往在"生物技术"之前加上"传统""近代""现代"字样以示区别。也有人把现代生物技术称作"生物新技术"或"生物高技术"。上述做法，已为学术界、产业界和政府职能部门所接受。本书所指的现代生物技术就是20世纪70年代以来出现的生物体操作技术。

由于现代生物技术涉及众多学科，综合性强、应用领域广泛，并且还在快速发展着，其内容也在不断丰富和扩充，要给它下一个准确的定义是困难的。本书将从以下四个方面对现代生物技术的特征加以认识。

（1）作用对象：现代生物技术是以生命体（动物、植物、微生物）或其组成成分为作用对象，对生命体从细胞或分子水平进行定向设计、控制、改造或者模拟其功能，然后加以利用的一类技术。根据技术的作用对象，由现代生物技术形成的产业必然是生物资源性产业。

（2）科学基础：从现代生物技术的产生和发展看，它是对生命运动规律的自觉应用。任何违背生命运动规律的技术都是不可能实现的。现代生物技术的自然属性决定了其内在构成的基本要素在学理上必然属于生命科学范畴。现代生物技术的产生和发展涉及许多学科。例如，分子生物学、细胞生物学、生物化学、遗传学、胚胎学、免疫学、动物学、植物学、微生物学、电子学、数学、信息学和计算机科学等。所以，现代生物技术具有综合性、跨学科性。现代生物技术要进一步走向成熟，有赖于上述众多学科的深入发展和有效地整合。为此，一方面要加强相关学科的基础研究；另一方面，根据现代生物技术的群体科学性，应优化配置从事研究与开发的科学群体。

（3）技术特点：我国著名遗传学家谈家桢教授说："生物工程是新技

8

术革命浪潮中一朵美丽的浪花……生物工程的发展把生命科学推到一个神话般的境地，使人们从认识、利用生物的时代进入改造生物、创造生物的新时代。"① 诚如所言，现代生物技术可以使人们在细胞和分子水平上定向控制生物的生长发育和代谢，使之朝向人们需要的目标发展；可以在微观层次上对生物结构进行拆合、重构，将不同生物的优良性状集中在一起，创造出新物种（工程菌、转基因动物、转基因植物）；可以利用蛋白质空间结构和生物活性之间的关系，借助计算机辅助设计和基因定位诱变与改造技术，构建出新的具有特殊功能的蛋白质或多肽产物。生物技术的重大特点是具有再生性，可以循环利用生物体为操作对象，在节约资源和能源方面有很大潜力。

（4）技术目的：广义的生物技术是利用生物学知识而开发利用和改造生物资源为人类生活服务的有力手段。现代生物技术的应用涉及社会经济的许多部门，有农业、医药、食品、化工、环保、能源、采矿、冶金、饲料等。根据应用领域或技术目的的不同，现代生物技术大体上可分为农业生物技术、医药生物技术、工业生物技术、环境生物技术、海洋生物技术等。

三　现代生物技术的产业化问题

20 世纪 70 年代初，在西方发达国家首先出现了"生物技术"（biotechnology）这一概念，不久就被推广使用。现代生物技术的创造活动，对应于人类生活的需求，是为了发展生产、提供商品和进行社会服务。2000 年，斯坦·戴维斯（Stan Davis）和克里斯托弗·迈耶（Christopher Meyer）提出生物经济（Bioeconomy）概念。② 国内学者邓心安认为："生物经济是以生命科学与生物技术研究开发与应用为基础的、建立在生物技术产品和产业之上的经济，是一个与农业经济、工业经济、信息经济相对应的新的经济形态。"③ 今天，生物经济已经成为一个主要

---

① 谈家桢：《新技术革命与生物工程》，《科学学与科学技术管理》1984 年第 6 期，第 1 页。

② Stan Davis, Christopher Meyer, "What will replace the Tech Economy," *Time* (2000): 76 - 77.

③ 邓心安：《生物经济时代与新型农业体系》，《中国科技论坛》2002 年第 2 期，第 16 ~ 20 页。

的新兴经济形态，受到世界各国的高度重视。

（一）现代生物技术的产业化状况

现代生物技术的应用性很强，其技术目的的设定就是要解决人类生活和生产中的实际问题。它只有被整合到生产过程中，物化为直接的生产力，才能真正实现对社会的作用。伴随现代生物技术的发展，其产业化进程也开始了。现代生物技术公司的形成是其产业化开始的重要标志。1976年，世界首家生物技术公司 Genetech 在美国诞生。此后，各类生物技术公司纷纷成立。据 1985 年统计，全世界有各类生物技术公司 1750 家，其中美国 1066 家。到 20 世纪 90 年代，从事生物技术研究、开发、生产、销售的公司，仅美国、日本、西欧就有 3000 多家。① 可见，现代生物技术产业化的势头很猛。

由于美国、日本、西欧的基础研究力量十分雄厚，有先进的工业技术体系，又得益于政府的积极支持，这些少数国家就拥有了世界上大多数的生物技术公司。另外，由于存在技术成熟程度的差别，现代生物技术在不同应用领域的产业化速度是不均衡的。在医药保健领域，基础科学知识积累丰富，研究深入，加上医药市场容量大、利润高，就使得医药保健成为现代生物技术最早和最多实现产业化的领域。现在上市的生物新技术产品绝大部分是药物、疫苗和单抗诊断盒。现代生物医药保健公司被认为是现代生物技术产业的代表，而美国又集中了全世界多数高水平的现代生物技术公司。所以，以美国生物医药保健公司的经营情况来说明现代生物技术产业的现状具有普遍意义。

人们曾经乐观地估计，生物技术公司能够获得丰厚的利润。然而，1993 年美国年度调查显示，生物技术公司亏损 36 亿美元。其中 235 家知名的公司只有 18% 盈利，其他公司均有不同程度亏损。另美国生物技术信息研究所（IBI）1994 ~ 1995 年度的调查资料表明：由生物技术派生的治疗药物销售额的增长是线性的，而不是以人们想象的指数形式增长。目前，在美国上市的大约有 30 种重组 DNA 派生药物正在由 9 个生物技术公司生产销售。美国食品与药品管理局（FDA）每年只批准 2 ~ 5 个这样的

---

① 马清钧：《生物技术药品的产业化》，《生物工程进展》1995 年第 5 期，第 29 ~ 31 页。

药物。到 2000 年，也只有大约 50 种药物上市。最好的情况是，有 30～40 个生物技术公司拥有这些药物产品在市场上的销售或拥有来自市场上产品的专利使用费。这充分说明，美国现存大量的没有产品投放市场的生物技术公司。① 之后，这种情况有所改变。2013 年，全球生物工程药品市场规模为 2705 亿美元，2014 年增长至 3051 亿美元。基于疾病诊断和治疗对重组技术、医药生物技术以及 DNA 测序技术等的强大社会需求不断增加，全球生物技术市场预计以 12% 以上的年增长率增长，至 2020 年全球生物技术市场规模有望达六千亿美元以上。

（二）现代生物技术产业的特点

现代生物技术产业一般使用活细胞，如大肠杆菌、酵母菌、哺乳动物细胞来生产产品。要实现产业化，必须建立这类细胞的大规模培养技术，这是用传统技术解决不了的问题。重新开发、放大这类技术，其间必定有一个很长的技术孕育与成熟过程。

几乎所有的药物产品都是利用人体生物成分进行创制的。这些药物分子（如胰岛素、红细胞生成素、干扰素、白细胞介素）参与人体生命活动的精确调节，需要量极少，如 α - 干扰素每剂用量 10～30 微克，白细胞介素II的用量甚至低达 0.1 微克。一般情况下，每升培养液中生物药物的含量只有几毫克、十几毫克，浓度极低。又由于其性质不稳定，对热、酸碱度、剪切应力等的变化都特别敏感，这就加大了分离纯化的难度。要求使用的技术手段具备温和、选择性高、精密、相互协调等特性。但目前工业上使用的绝大多数技术还很难满足这种需求，必须从头开始研制高精密的分离、纯化设备，这又往往超出了生物学本身的范围。现代生物技术产业中分离纯化设备的开发和研制费用可占企业总投资的 80%。这就使生物技术产业化的一次性的投入很高。分离、纯化的高难度造成现代生物技术上市产品数量和种类同在实验室中取得的成果相比较，不会超过 0.5%。②

现代生物技术的产业化还具有高投入、长周期的特点。要让一种重组

---

① 叶小梁：《美国生物技术产业的现状与未来发展》，《科技政策与发展战略》1996 年第 5 期，第 12～20 页。

② 孙万儒：《生物技术产业化与后处理技术的发展》，《生物工程进展》1990 年第 1 期，第 31～34 页。

DNA 药物从研制开发到通过正式途径进入市场，需要花费 1.25 亿～2.5 亿美元，并且需要大约十年的时间。高成本使得药物产品销售价格居高不下。例如，美国 Genetech 公司开发生产的人体组织血纤维蛋白溶酶原激活剂（TPA）是一种治疗急性心肌梗死、心脏病的新型基因工程药物，一次剂量价格为 2200 美元，而同类药物链激酶、尿激酶却只有大约 300 美元。过高的价格，必然影响销售量。若销售价格太低，生产公司又面临亏损的危险。

（三）实现现代生物技术产业化的条件

我们已经知道，现代生物技术产业化进程中充满了曲折和艰辛，除具有更高的风险性外，还具有投入资金高、技术难度大、开发周期长的特点。一些生物技术公司在筹建之初，决策人对上述情况认识不足，只是听说赚钱，便盲目开展相关项目，此后又陆续下马，这明显是急功近利心态的表现。

针对现代生物技术产业化所处的困境，我们有必要回过头来思考现代生物技术产业化应满足的条件是什么？

首先，要技术成熟、生产工艺配套。现代生物技术新产品大多处在研究开发之中，技术尚未成熟，加工工艺高、条件严格的配套设备研制工作跟不上。此时盲目上项目，危害性很大，必然造成人力、物力和财力的浪费。

其次，技术成果转化为产品在市场上应有可观的需求量和体现在成本价格上的市场可接受性。在现代生物技术研究、开发直至产业化这一连续过程中，市场导向已参与进来，对实现产业化有重要影响。一项新产品只有在其用途明确，应用范围不断扩大的前提下，才能保证其市场不断开拓。树立正确的市场导向是极为重要的，这需要实事求是的冷静分析，而不是一种盲目乐观的猜测。如在 1992 年美国工业界的发言人认为生物药物在美国存在着 200 亿甚至 400 亿美元的市场，可事实证明他们太乐观了。他们单纯以发病人数来计算某类药品的需求量，进而推测其市场容量，这种方法带有很大的主观性。因为用现代生物技术生产的产品同其他商品一样，要受许多社会经济因素的影响，如安全因素、价格因素等。

（四） 有关现代生物技术产业化的思考

自 20 世纪 70 年代现代生物技术诞生以来，它就逐渐地被学界、政界和企业界认定为高技术，理所当然地受到了重视。面对发展经济的重任，面对这个充满危机的世界，人类确实需要全新的技术手段参与解决同社会经济生活密切相关的难题。

人们已有的观念是：科学技术作为第一生产力，对推动经济增长的作用越来越大，特别是高新技术的研究与开发一旦取得成功，就可广泛地改善产品结构，提高产品性能，创造新产品，显著提高社会生产力和劳动效益，并能导致新的产业部门的开辟。人们也用这种观念来看待现代生物技术，并用诸如"划时代""革命""支柱""新纪元"等字眼来赞誉它，对它充满了信心和希望。但是，人们对高新技术的社会作用的评价结果是在经验事实的基础上分析得来的。现代生物技术的发展历史还很短，缺乏系统的经验证据来说明其社会作用。事实上，现在我们还没有真切而广泛地感受它的作用。但是，由于现代生物技术的技术路线是新颖的，它对社会经济发展和人类生活水平的改善必将起着推动作用。这也是人们努力实现现代生物技术产业化的内在信念。

总之，现代生物技术产业有别于其他高新技术产业，它在技术工艺的成熟程度、研究与开发的风险性、产业的市场可接受性以及在涉及道德、法律、环境保护等方面均存在着不确定性，还需要一段时间才能走向成熟。我们必须遵循科学技术和经济发展的规律，抛弃急功近利的心态，科学决策、慎重行事，推动现代生物技术产业稳步而健康的发展。换句话说，我们必须以一种"持重而平静的心情"、一项"热切而有秩序的工作"来迎接现代生物技术辉煌发展的明天。

第一章　克隆技术的伦理反思

二十年来，"克隆""克隆技术""克隆人"走进公众视野，为人们所熟知。人们想象的或虚拟的"克隆人"给人类社会带来许多伦理和法律层面上的挑战，使之成为社会舆论热点。我们要客观地辨析克隆技术的实际发展水平和人们争论的实质，对其进行深刻的伦理思考。

一　动物克隆技术的发展历程

1997 年 2 月 27 日，在英国出版的极具世界学术权威性的 *Nature* 杂志上发表了英国爱丁堡罗斯林研究所（Roslin Institute, UK）的伊恩·威尔莫特（Ian Wilmut）博士及其同事的研究论文——《源自胚胎和成年哺乳动物细胞的活的后代》。[①] 该论文阐述的是人工绵羊的产生方法，即采用成年母绵羊乳腺上皮细胞作为细胞核供体（donor cell），以另一头母绵羊的一个祛除细胞核的卵细胞为受体（receptor cell），经细胞核移植并融合后，再将融合细胞植入第三头母绵羊的子宫中，发育成为与细胞核供体母绵羊遗传性状几乎完全一样的小羊羔。论文中编号为 6LL3 的雌性小羊羔

---

① Wilmut I., Schnieke A. E., Mcwhir J., Kind A. J., Campbell K. H. S., Viable offspring derived from fetal and adult mammalian cells, *Nature*, 1997（385）：810 – 813. 据论文介绍，威尔莫特及其研究小组具体的技术操作方法如下：从白色的芬兰多塞特（Finn Dorset）母绵羊的乳腺组织中取出乳腺细胞（此为体细胞），将其放入低浓度的营养培养液中，细胞逐渐停止了分裂，此细胞被称之为"供体细胞"；给一头苏格兰黑面母绵羊注射促性腺激素，促使它排卵，取出未受精的卵细胞，并立即将其细胞核除去，留下一个无核的卵细胞，此细胞被称为"受体细胞"；利用电脉冲的方法，使供体细胞和受体细胞发生融合，形成了融合细胞；将融合细胞转移到另一头苏格兰黑面母绵羊的子宫内，融合细胞进一步分化和发育，成功地出生一头白色的小绵羊，这暗示它与黑面母羊不是同一个品种。后来，用几个月的时间进行了 DNA 测试，最终证实此头小绵羊是一个生物学复制品（biological copy）。

后来被取名为"多莉"（Dolly）。①

论文作者在论文中并没有把"多莉"称作是"克隆羊"，只是重点说明这个动物实验的结果，试图证明已经高度分化的哺乳动物的体细胞之细胞核，在人为设计与控制的实验条件下可以恢复"全能性"，像一个"受精卵"那样，能够发育成为一头正常的动物。但是，当这个科学事件进一步向社会扩散时，有人称小绵羊为"克隆羊"，这种称法也就传播开来。这源于"多莉"羊的出生与此前所称的"克隆技术"有直接的关联性。

随着"多莉"的出生以及随后的广泛报道，克隆技术才逐渐成为社会公众关注的一个热点。但是，无论从科学理论到技术实践，克隆技术都早已出现了。为了对动物克隆技术有一个较为全面的认识，弄清它的历史渊源则显得十分必要。

（一）生物繁殖中的有性与无性——一种技术上有待突破的界限

在人们的日常表述中，几乎是把"克隆"（Clone 或 Cloning）等同于"无性繁殖"（Asexual Reproduction）。在自然界中，无性繁殖方式普遍地存在于没有性别分化的低等生物中。在此，"无性繁殖"实质上只意味着"单性繁殖"。例如，微生物和原生动物的分裂繁殖、植物的营养繁殖、尾索动物的出芽生殖等都属于"无性繁殖"。对于在生物进化层次上比较低、无性别分化的生物来讲，它们也只能采用无性繁殖的方式来繁衍后代。相反，进化层次越高等、具备性别分化的生物，在自然状态下越不可能采用无性繁殖的方式来繁衍后代，而要通过雌雄两性生殖细胞的融合来进行有性繁殖。这是自然界生物进化的一个必然结果。

可见，有性繁殖与无性繁殖的界限根源于物种间的界限。然而，这种界限绝对不能超越吗？人类的技术能力可以突破这种界限吗？通过人为的技术操作能实现在自然状态下进行有性繁殖生物（如哺乳动物）的"无性繁殖"吗？这些生物学难题曾长期考验着人们的智慧，至今仍是如此。

---

① 威尔莫特后来借用了他所喜爱的美国著名乡村音乐女歌手多莉·帕顿（Dolly Parton）的名字来称呼那头小绵羊，为这个科学事件涂上了一层浪漫色彩。其实，"多莉"羊早在1996年7月5日就出生了，直到1997年2月才通过媒体和论文向世人公布。这样做是为了观察"多莉"羊的健康状况。

（二）克隆技术的生物学基础——细胞及细胞的全能性

生命科学的发展历史，可以说就是人们认识、分析生命运动机理与改造、模拟、完善生命运动过程相结合的历史。生物学家们一直孜孜不倦地探索实现上述各种目标。

1. 细胞及细胞的全能性问题

尽管物种之间存在着严格的界限，有性繁殖与无性繁殖方式之间也有着严格的区分。但是，人们根据"细胞学说"可以知道：细胞是一切生物体基本的结构与功能单位。无论是进行有性繁殖的生物，还是进行无性繁殖的生物都是由细胞构成的，细胞是它们之间的共性。这就给人们以重要启发，如果要突破生物有性繁殖与无性繁殖的界限就应该从生物的共性出发，应该从操作细胞着手。事实上，无论是生物学的基础研究，还是生物技术的应用开发，早已经达到了细胞水平。克隆技术就是在细胞水平上对生物个体及其发育过程进行操纵的。

同时，在探讨克隆技术的起源时，我们根本回避不了另一个非常重要的生物学基本概念——细胞的"全能性"。克隆技术所依赖的理论基础就是哈布兰德（G. Haberlandt）于1902年提出的细胞潜在全能性学说。此学说的内涵就是，任何一个处于细胞分化临界期之前的细胞，只要处于合适的条件下，既可以发育为完整的生物体，也可发育为任何组织、器官，也可分化为任何成熟细胞。如果某种生物个体的细胞具有"全能性"，它就可以不需要通过两性生殖细胞的结合来繁殖后代，而独由具"全能性"的细胞来发育成一个完整的生物体，从而实现无性繁殖。

2. 植物细胞的全能性与植物克隆

生物学家已经证实了植物细胞的全能性，即任何一个植物细胞都包含有全部植株的遗传信息。在适当的人工培养环境中，任何一个植物细胞都能增殖生成一个完整的植株。其实，古代的先民们在生产实践的基础上，早就观察并利用这种生命现象了，如应用已久的植物插枝育苗法便是如此。在现代，植物的这种生命运动机理被科学地揭示出后，就可以更加有目的、有意识地应用于农业、林业及花卉业的生产实践中了。例如，在无菌条件下，利用人工培养基对植物体的某一部分（细胞、组织或器官）进行培养，使它产生大量具有相同遗传性状的植株。这种做法俗称为

"植物克隆"。在植物界，"克隆"早已成为不再引起人们惊奇的领域。

3. 动物细胞的全能性问题

高等动物（特别是哺乳动物）与人类的生产和生活关系比较密切。从人类社会早期开始，哺乳动物就为人类提供肉、毛皮、乳品等生活物质，并且大型哺乳动物（如牛、马、驴等）还是重要的劳动、运输工具。如今，哺乳动物仍然对人类的生活和工农业生产有着巨大的作用。因此，研究与开发哺乳动物资源具有重要的经济和社会价值。

在"植物克隆"已经取得许多重要成果的技术背景下，人们设想把这种"无性繁殖"技术成功地运用于哺乳动物身上，这样做至少可以使其在数量上得到快速增长。但问题是，植物细胞的这种"全能性"存在于高等动物的细胞中吗？

依据高等动物的发育与生长规律，动物的繁衍要由两性生殖细胞（精细胞与卵细胞）共同完成。长期以来，生物学界也认为：高等动物的体细胞与生殖细胞有根本上的差别。体细胞是已经特化的具有特殊功能的细胞，它包含的遗传信息只是"部分的"，并不包含发育为完整动物个体的全部遗传信息，不能据之重新建构一个完整的动物个体。这样，动物细胞与植物细胞就有了根本上的差别，这无疑是一种自然存在的生命界限。

在科学技术发展史上，一门学科或一项技术的巨大进步，往往是和它本身存在的各种悬而未决的问题紧密联系在一起的。正是这个"动物细胞是否存在全能性"的问题激起了许多生物学家的研究兴趣，并成为一项重要的、长期的研究课题，从而推动了有关生物学分支学科的发展。

（三）动物克隆技术从思想萌芽到现实

经过长时间的探索性研究，生物学界逐渐认识到，在动物发育的早期胚胎（经由精、卵细胞融合的产物）阶段，每一个胚胎细胞核内的遗传信息都有完备的潜能。即每一个胚胎细胞都具有"全能性"，它们有能力使细胞发育为成年动物的任何一部分。但是，随着胚胎的发育，胚胎细胞渐渐地失去了这种全能性而开始功能特化，此过程叫作分化（Differentiate）。例如，某一组胚胎细胞发育成神经系统，而另一组则发育成肌肉系统等。关键问题在于，细胞的分化过程是完全不可逆的吗？有办法解决这个难题吗？

1. 动物克隆方法的设想

1938 年，德国胚胎学家汉斯·施佩曼（Hans Spemann）在一篇论文中建议用成年动物体细胞的细胞核，植入未受精卵子的方法来实现动物的"无性繁殖"，预言了高等动物无性繁殖的可能性。施佩曼在头脑中想象的这个实验，也就是大多数生物学家后来所称谓的动物"克隆"实验。在施佩曼的"思想实验"中体现出了一种极其重要的生物学研究新方法的萌芽，这个设想已经成为当今动物克隆技术的重要蓝图。但是，限于当时的技术条件，施佩曼并没有亲身实践这一方法。这个思想萌芽却深深地扎根于生物学史中，并引起后来许多生物学家的浓厚兴趣。

2. 从低等动物着手克隆研究

考虑到直接进行哺乳动物细胞核移植的可能难度，生物学家在研究中便采取了化难为易的办法，先从在生物进化上比较低等的两栖动物和鱼类做起。1952 年，美国生物学家罗伯特·布里格斯（Robert Briggs）和托马斯·金（Thomas J. King）用核移植方法培养出了蝌蚪，但未能生成青蛙。但是，在以两栖动物和鱼类作为对象的研究过程中，生物学家创造了细胞核移植（CNT，Cell Nuclear Transplantation）技术，并且研究了细胞分化的潜能问题，探讨了细胞质和细胞核的相互作用问题。在这个研究过程中，生命科学的基础性研究与熟练的实验技术操作密切联系在一起，并且相互促进。

1962 年，在英国牛津大学，发育生物学家约翰·戈登（J. Gurdon）教授，通过成年蛙体细胞成功克隆出蛙来。这件事曾引发了关于动物无性繁殖问题的第一轮辩论。另外，我国实验胚胎学家童第周教授于 1965 年完成了金鱼核移植并获得成功。

3. 从胚胎细胞克隆艰难地迈向体细胞克隆

1984 年，丹麦科学家斯丁·维拉德森（Steen Willadsen）成功地利用胚胎细胞的细胞核，取代了一个未受精的卵细胞核产生出一头绵羊。这是第一例得到证实的通过胚胎细胞核移植技术"无性繁殖"出的哺乳动物。此后，包括我国在内的世界多个国家的科学家先后利用胚胎细胞作为细胞核供体，克隆出小鼠、兔子、山羊、牛、猪等哺乳动物。并且，用动物胚胎细胞作为供体细胞进行克隆的成功率在逐步提高。但是，胚胎细胞是有性繁殖的产物，经由了两性生殖细胞的融合。因此，用胚胎细胞进行克隆研究必然存在着十分明显的"有性繁殖"的痕迹，不是完全意义上的"无性繁殖"。

虽然早期动物胚胎细胞核移植被证实是成功的，但是在较晚期胚胎细胞或成年动物体细胞核移植方面几乎是失败的。这似乎表明了细胞核在发育过程中经历了不可逆的变化。由于该项技术几乎没有取得进展，研究工作在20世纪80年代初期曾一度跌入低谷，甚至在生物学界也流行这样一种观念：用已经高度分化的高等动物体细胞进行克隆研究在生物学上是不可能的。

因此，为了从成熟体细胞克隆出动物，必须寻找卵细胞重新编程的方法。威尔莫特的同事坎贝尔发明了一种人为剥夺预定供体细胞几乎全部营养的"饥饿法"，以此来诱使细胞放弃生长和分化的正常周期并进入静止期，促使染色质改变，使卵细胞更容易完成重新编程工作。1996年7月，用此方法促使一只名叫"多莉"的绵羊出生了。但是，这种情况只是表明体细胞克隆技术仍处于发展的早期，还有很多问题需要进一步研究。国内外有关动物克隆的大量实验，成功率极低。克隆动物普遍表现出肺、肾等器官功能发育不全、体型巨大、免疫系统衰弱和大脑发育缺陷等特征。

2003年2月14日，英国罗斯林研究所对外宣称，世界首例克隆羊"多莉"。由于它感染严重的肺病而难以治愈，通过实施"安乐死"结束了生命。这个令人伤感的无言结局，似乎也在有力地印证了克隆技术发展的不完善性，对克隆动物造成了严重的伤害。于是，一些人对克隆技术的狂热与欣喜之情，也渐渐地平静下来。

总之，动物体细胞克隆技术的发展与完善过程将是长期的、艰巨的，对人们的智慧与耐心都仍是一种严峻的考验和挑战。

二 克隆人的现状与展望

自1997年以来，作为现代生物技术之一的克隆技术，不仅成了一个科技热点，而且更成了一个社会热点问题。从生物学家、医学专家、社会学家、法律专家、伦理学家到新闻记者，从政府首脑到普通百姓，对"克隆"众说纷纭，莫衷一是，引发为社会问题，人们谈论得最多的是有关"克隆人"的问题。对此进行深入探讨，对于我们正确认识技术和促进技术的健康发展是很有必要的。

（一）技术时代的幻想与狂热

如今的社会是技术的社会，如今的时代是充满技术幻想的时代。技术在经济和社会中的胜利使人们对技术发展的前景更加充满信心：似乎只有想不到的事，没有技术做不成的事。一旦有新技术的出现，就会引发一阵狂热，一阵臆想。

这几年来，人们一直是在两种意义上使用着"克隆"一词，在动词意义上等于"复制"，在形容词意义上是"复制出的"。相应地，"克隆人"也有两个含义：复制人与复制出的人。用体细胞克隆绵羊技术的成功使人们看到了成功克隆人类的希望，而克隆人的想法的确又引发了人们丰富的想象力，同时也就产生出一些"奇谈怪论"来。

有乐观的论调："复制一个你，让你领回家"；"尼采不是说上帝死了吗？即使上帝活着又能吓住谁呢，没准儿我们还高兴再克隆出几个上帝来"；"会不会有谁想克隆出一打迈克尔·乔丹，来称霸 NBA 呢"；"无性繁殖技术将使人有可能看到自己的再生，使世界充满了他们的孪生兄弟姐妹"；"克隆人可以从生命工厂的生产线上成批地生产出来"……

更有悲观的论调："20 世纪末最伟大、最恐怖的科技突破，1997 年大预言来临了吗？""倘若此项技术的突破是在三四十年代，那么会有多少希特勒"；"核武器的破坏性，不过是将生命毁灭……如果克隆技术延伸到哺乳动物，特别是发展到克隆人，那就比毁灭生命更可怕"；"人造人，吓死人"……

这些说法都是在当时媒体上出现过的。"克隆人"真有那么神奇和恐怖吗？事实上，克隆绵羊所谓的"成功"，只是让人觉得有利用人体体细胞克隆人类肌体的可能性，但是这种可能性又有多大呢？如此看来，人们正是把克隆出人的那种极微小的可能性作为现实性来进行争论的。然而可能性又怎么能等同于现实性呢？尽管像海德格尔这样的大哲学家反对把技术当作手段来看待，但是没有技术手段你又如何达到目的呢？没有切实可行的克隆技术，你又如何实现克隆人的幻想呢？如今，多年过去了，克隆技术又发展得如何呢？它实现人们当初的梦想了吗？还没有！但是，在几年前，人们为什么就在这项肯定具有不完善性的实验技术的基础上，就武断地推出能用成年人体细胞克隆出人来，并用这个武断的推论作为进一步展望的前提呢？人们只是看到了技术的目的，而忘记了还没有手段这一事实。

（二）克隆人：华而不实的社会效应

任何一项人类创造的技术既有自然属性，也有社会属性。我们的问题是要从能否克隆出人转移到为什么要克隆人和克隆人有什么社会意义这个问题上来。能否克隆出人是科技专家要回答的事情，我们在此只谈谈后者。

1. 克隆人的生物风险

在生物进化层次上，人类和绵羊虽然都属于哺乳动物，但是人类比绵羊进化层次更高级，生理结构也更复杂。何况我们已经知道用体细胞克隆绵羊的技术尚不成熟。这样极不成熟的技术，如果随意应用于人身上不是失败就是极不安全，可能造成严重的后果。并且在移植操作过程中，很难说细胞核丝毫不受损伤，以致发育出有缺陷的后代。如果要克隆人，必然要使当事人承担难以估计的生物风险。若这样做，不是对当事人人权的侵犯吗？与其这样，又何必去克隆人呢？对人类的繁育来讲，克隆技术是不是有些画蛇添足呢？

2. 克隆人给社会带来负担

现代人类社会人丁兴旺，世界各国（特别是发展中国家）都还在为控制人口数量的持续增长而努力，根本没有必要去复制人。尽管有人说这项技术可以帮助不育或失去孩子的家庭解除痛苦，但是现在不是有比较成熟的"试管婴儿"技术吗？不是可以通过收养等途径来实现目的吗？为什么要寄希望于一项不成熟的技术呢？况且等待（克隆技术的完善）过程不也是很痛苦的吗？

3. 快速而大量克隆人是不可能的

在人们议论克隆人的时候，曾希望能快速而大量地去克隆人。其实，这是工业化社会的思维模式——流水线作业，批量生产。在这种幻想下，往往忽视了一个基本的事实："克隆人"的生长起点仍然是胚胎，从胚胎移植到婴儿出生，大约有十个月的时间。不管是正常人还是"克隆人"，

21

都会有一个从婴儿、幼儿、儿童、少年到青年的发育和生长过程。若按
18岁成人，又需要18年。如果考虑到人类的生命成长周期，想快速复制
克隆人的那群人，恐怕不会有耐心和精力。另外，人们也不可能在短期内
模拟出人体子宫那样适合生命孕育的精致环境。因此，培养克隆人，还必
须借助于妇女的子宫来进行。如果考虑到妇女的心理因素并尊重女性权益
不对其随意增加分娩痛苦等问题，克隆人就会缺乏广泛的社会支持基础，
想大量复制人是不可能实现的。更不可能像高速复印机迅速复印文件一样
复制人。在1998年，美国物理学家理查德·希德（Richard Seed）公开扬
言要进行克隆人试验，想一年内复制500人，这种想法实在是既狂妄又
愚蠢。

4. 社会属性——作为一个人的主要属性则是不可复制的

人是生物属性和社会属性的统一。人之所以为人，更主要的是由于其
具有的社会属性。现在我们明白了已不可能复制出诸如"希特勒"、"爱
因斯坦"和"乔丹"那样的人物了。每个人都有其所处的特定社会环境，
其人生际遇与所处的社会环境紧密相连。遗传的或者是天生的一些因素，
对于有些人（如文艺体育人士）是有很大作用的，但也不是唯一的决定
因素，其后天的努力也是极为重要的。

（三）值得深思的几个问题

1. 科技时代人们思维的敏感性

通过"克隆羊"事件，我们注意到一个事实，本来这是一项发表在
《自然》杂志上的自然科学研究的实验性成果，人们却把它作为一项可操
作的技术成果来看待。这不仅反映了现代人类广泛性的工具理性思维，而
且反映了人们潜意识中的科学与技术万能的思想，即科学上能认识的，技
术就能操作。人们广泛地关注克隆羊事件，不仅仅只是由于媒体的强大引
导作用，而且也反映出现代社会中的人们对科技发展的高度敏感性。人们
对科技与社会、经济发展、生态环境和伦理道德的关系有了更多和更深的
了解。的确，在技术日益社会化和社会日益技术化的今天，每一个人都有
必要关心技术的发展及其对人类社会的影响。科学技术在提高社会生产力
和提高人们的物质生活方面起了巨大的推动作用，但是技术异化现象给人
类带来的痛苦或灾难也是人们难以忘记的。这就使得人们很慎重地看待每

一项新的科学技术成果，并特别注意其可能给人类带来的消极影响。对克隆技术的讨论也反映出了这一种社会思潮。

当然，我们也应该看到其中仍然存在的问题。对克隆技术的不同程度的误解，反映出不少人的科技素养有待进一步提高。只有在一个全民科技素质较高的社会中，才能更有效地为科学技术的健康发展创造出良好的社会环境。

2. 如何正确运用媒体的力量

在威尔莫特发表论文之前的 1997 年 2 月 23 日，美国记者科拉塔已在《纽约时报》的星期日版报道了克隆羊"多莉"诞生的消息，宣称是世界上首例完全由成年动物的体细胞核基因组产生的后代，而以前所谓的"克隆"大都是用的胚胎细胞（经过了两性生殖细胞的融合）。这在世界范围内引起了极大的轰动，该记者也因此获得了 1997 年度的普利策新闻奖。由于一般媒体的受众多，所以媒体的影响面远大于学术性的《自然》杂志。此后，在许多媒体的炒作下，克隆技术像玩小魔术一样简单而有趣。然而，一些人根本不了解任何技术细节，就空发议论，跟着起哄。对科学技术的无知，使许多人在道听途说的基础上任意发挥、随意猜测，以致引发出前文列出的许多怪论，表现出对科学技术的无知和偏见。关注大众可能关注的热点问题，发表各界人士的观点，这是新闻媒体的一种职能，但如果忽视了自身的社会责任，就可能误导大众。有些媒体在相关报道中忽略了许多技术细节，将复杂的技术过程简单化和庸俗化，引起大众的好奇和莫名的恐惧。把大众对技术与未来的关注引入科幻般的奇想中，又以技术决定论的观点来审察并忧虑未来。这实在是不利于人们正确地认识和理解技术，也不利于科学技术的发展。

现代人类社会中，媒体的作用是非常强大的，从对普通人的思想方法到政府的各项决策等都会产生一定的影响。各类媒体坚持正确的舆论导向是很重要的，那就是真实、客观、公正。媒体在报道科学技术进展的同时，也要大力普及科学技术知识，为提高公众的科技素养和科技意识做出自己的努力，为科学技术的发展创造出良好的舆论环境，以便引导公众更好地认识与理解科学技术。我国技术哲学专家陈昌曙先生曾指出："技术评论，包括对技术的社会影响的评论，要以确切反映某种技术的真实情况为前提，而不要凭一知半解就去想象发挥，夸大或缩小。……一个技术外行要做到这点是困难的，但应力求做到，尤其不要语不惊人誓不休和炒新闻。"① 关于克隆羊事件的不实报道和评论不但误导了公众，也给相关科学技术研究带来了不好的影响。例如，一些与克隆相关的科学研究经费被政府收回了。因此，如何为新技术的发展创造一个良好的社会舆论环境，这确实值得我们社会各界去思考和研究。

3. 对克隆技术应加强社会调控

按照生物进化论，生物是从低级到高级，从无性生殖到有性生殖的方向进化的。那么，在高等动物中，自然状态下进行的有性生殖，则肯定是有其合理性的。所谓的克隆技术，实质上是在人工技术的干预下，促使生殖方式向原始的、低级形态的复归。但是，从科学技术的发展上看，这是认识生命和调控生命的进步表现。科学技术工作者为何要研究动物克隆问题呢？人们希望利用这一技术抢救珍稀濒危动物，复制优良家畜个体。扩大优良动物群体，可以打破有性繁殖的局限性而使个体的数目增加。提高畜群的遗传素质和生产性能，提供充足的试验动物，推进转基因动物研究，攻克遗传病，研制新药，生产可代替人体移植的器官，这都是可以理解并能得到社会支持的研究课题。克隆羊的"成功"，使人类对生物技术革命产生了种种希望和幻想，同时也带来了忧虑。例如，"克隆人"将打破人类生育观念和生育模式，影响现有的家庭结构；"克隆人"身份复杂，无法纳入现有伦理体系、法律体系；人的尊严和价值受到影响；"克隆人"是否是完全意义上的人；有可能被滥用，成为恐怖分子的工具……

科学技术的产生和发展都是在社会环境中进行的，并且应该受社会价值的影响和制约，服务于一定的社会目的和满足一定的社会需求。科学技术的发展必然会影响人类的生存与发展。鉴于克隆技术对未来社会和自然影响的不确定性，对克隆技术及其相关的研究与应用必须细心地加以管理、监控与评估。从政府角度讲，要加强克隆技术研究和应用方面的立法工作。当然，立法工作要有生物学家的参与，要制定出科学合理的操作规

---

① 陈昌曙：《技术哲学引论》，科学出版社，1999，第25页。

范，注重人类的健康和利益，防范生物风险，要注意协调人与自然界的关系。作为科研人员来讲，则需要提高自身的科学道德。今天，我们每个人都不得不去关注和思考生物技术及其社会影响，因为它是如此地与我们密切相关。关注生物技术的社会后果也就是关注我们人类未来的生存与发展。兴克隆技术之利，除克隆技术之弊，需要社会各方面的共同努力。

三 克隆人技术与其社会现象背后的华而不实性

"克隆人"是当今世界的流行话语，在它的背后却深藏着一种华而不实性。我们该如何看待克隆人技术，又该如何为生物技术的健康发展创造良好的社会环境呢？我们需要的只是平静、踏实和秩序。

作为科技哲学的学习与工作者，我们一直关注着生命科学和生物技术的发展与进步。我们总感觉到生物技术的发展与人类的社会生活及健康密切相关。由于现代生物技术的发展还不能给我们更多的经验事实来显示它对社会的巨大作用，人们对它的认识只能在很大程度上处于理论推测阶段。作为生物技术领域之一的克隆技术，它对人类社会生活的影响可能是很深远的，但是这些年来我们对它的认识也多半停留在观念与假想阶段。

关于"克隆人"问题，自 1997 年以来，不仅是一个科技热点，而且作为一个社会热点为人们所广泛关注。"克隆人"真的要呼之欲出了吗？"克隆人"有没有实现的可能？有没有意义？对此，人们已经发表了很多并非毫无道理的言论。早在 1997 年第 6 期的《自然辩证法研究》上就发表了邱仁宗教授（国际人类基因组组织伦理委员会委员）的"克隆技术及其伦理学含义"的文章和一组 9 篇关于"克隆人"问题的笔谈，后来又陆续发表多篇与之相关的论文。这充分反映了我们科技哲学界对此问题的密切关注。

如今多年过去了，我们本来不想再去凑那个热闹对这个似乎老生常谈的话题再议论一番。但是，时至今日，只要你打开网络、电视和广播，翻开报纸和杂志，总会有关于"克隆人"的新闻、言论不断出现。非常明确的是，"克隆人"的问题并没有终结，它也许是一个常谈常新的话题。从 1998 年的希德（Richard Seed）到 2001 年的扎沃斯（Panos Zavos）、安蒂诺里（Severino Antinori）、布瓦瑟利耶（Brigitte Bossilier）[①] 等被媒体称为"科学狂人"的人物，一直要试图完成"克隆人"的"伟业"来显示人类智慧的伟大和对自然界限的克服，就必然有人去评议"克隆人"。对此，我们有疑义和困惑，也有自以为是的一些新认识。我们带着并非反科学与反技术的态度，通过对"克隆人"技术层面和社会层面问题的描述与思考，我们不得不说"克隆人"热是华而不实的学风与社会盲从的产物，是在当今技术时代人们对技术高度崇拜、技术狂热幻想与对技术现象思维高度敏感性相结合的产物。在此，我们同时初步分析了在现代市场经济条件下，发展生物学和生物技术应持的心态和适宜的社会环境。

（一）动物体细胞克隆技术的不完善性

其实，威尔莫特的论文包括两项实验结果：一是用绵羊胚胎细胞核移植获得了七只小羔羊；二是用绵羊的乳腺上皮细胞核移植获得了一只羔羊，而实验所用的重组卵子数量是 277 个。利用胚胎核移植克隆出羔羊七个，具有一定的重复性，是可信的。在此之前已经有别的生物学工作者针对小鼠、猪、牛、羊等哺乳动物所做的相关成功试验予以证明。所以说用胚胎核移植克隆哺乳动物的技术是可行的。[②] 但是，用成年动物的体细胞核移植的成功率是如此之低！我们试想，如果没有"多莉"的出生，有"成功率"这个概念吗？这只能说明体细胞克隆技术远远没有达到成熟的地步，甚至其可行性也有让人怀疑的地方。

不仅我们这样想，但凡有思维能力的人都会这样去想，如果能用体细胞克隆出第一个"多莉"，则应该能克隆出第二个以至于更多的"多莉"。必须强调的是，科学事实应该是可复核和可以重现的，能重复实验是科学研究的基本规范。实验性科学成果，只有在取得多次或大量的

---

① 归属邪教组织"雷尔教（Ralian）"的法籍女科学家布瓦瑟利耶对外宣布，世界上第一个克隆人"夏娃"已于 2002 年 12 月 26 日降生。但她除了召开一场新闻发布会之外，既没有提供克隆女婴的照片，也未能出示任何其他科学证据。而布瓦瑟利耶等人也没有任何进行动物克隆研究的专业背景。专家们据此认为，所有这一切都无法让人相信克隆人已经诞生。正在圣迭戈参加第三届吴瑞生物协会年会的科学家于 2002 年 12 月 28 日对记者发表了他们对克隆人新闻的看法。他们认为克隆人技术称不上科学突破，并对这种"科学炒作行为"表示严厉谴责，http：//www. sina. com. cn 2002. 12. 30。

② 钱凯先：《克隆风云》，浙江大学出版社，1999，第 121 页。

重复后，才能被科学界认可。在科学史上，物理学家韦伯曾宣称发现了引力波，但是由于没有被别的科学工作者重新发现而始终没有被承认。让我们吃惊的是，这个发表在《自然》杂志上的自然科学成果竟被学术界、新闻界、政界、一般公众如此迅速地接受了。我们不禁要问：这到底是《自然》杂志世界学术权威性的深远影响呢？还是人们"正因为是不可能的，所以我们才相信"的潜意识心理在作怪？我们不禁还要问：只有一例"多莉"羊的诞生能充分证明已经高度分化的哺乳动物的体细胞在适当的条件下可以去分化、重新获得遗传的全能性吗？这是一例判决性试验吗？我们能在没有更多的科学事实面前、不假思索地认为这是生物学史上划时代的一场革命吗？我们所有断言的理由充分吗？

对这些疑问的答案我们不得而知。我们只知道自然界中有些界限是不容易或不能突破的；我们只知道科学与技术不完全是一回事；我们只知道成熟的技术是达到目的的有效手段；我们只知道没有切实可行的克隆技术是不能实现"克隆人"的梦想；我们还知道如今五年多过去了，"克隆人"没有诞生，一切一切的喧哗随着时间的推移而烟消云散了，留下的只是一片片虚无！

（二）"克隆人"部分社会层面问题的不实性

1. "克隆人"的风险性

被媒体誉为"克隆羊之父"的威尔莫特在美国《科学》杂志上发表文章也指出了克隆技术的不完善性。例如克隆动物的大多数在胚胎阶段就失败了，成功率很低，并且产下的动物胎儿不是死胎就是有畸形。这样极不成熟的技术，如果随意应用于人身上不是失败就是极不安全的，使当事人或"克隆人"冒着巨大的生命风险或健康风险。他们指出："我们相信在细胞核克隆上的科学争论仍不能澄清时，试图去克隆人类是危险的和不负责的。"[①] 并且在移植操作过程中，一旦细胞核受到任何机械性损伤，就有可能发育出有缺陷的后代。与其这样，又何必去克隆人呢？对人类的繁育来讲，克隆技术是不是有些画蛇添足呢？

---

① Rudolf Jaenisch, Ian Wilmut., "Don't Clone Humans," *Science*（2001）：2552.

2. "克隆人"的不必要性

现代社会人口众多，世界各国，特别是广大发展中国家都还在为控制人口数量的持续增长而努力，根本没有必要去复制人。尽管有人说这项技术可以帮助不育或失去孩子的家庭解除痛苦，提供一种新的生育行为选择权。但是，这样的家庭在数量上又有多少呢？有必要花费大量的社会资金、资源和智力为极少数人的特殊需要服务吗？这样的研究目的充分而正当吗？况且现在不是已经有比较成熟的"试管婴儿"等辅助生育技术来解决不育问题吗？为什么要寄希望于一项尚不成熟甚或不可能的技术呢？

3. 尊重女权的社会心理的抵制

依照动物克隆的技术操作程序培养"克隆人"，既需要妇女提供卵细胞，以便为了获得去核的空卵，还必须借助妇女的子宫来孕育克隆胚胎。因为人们也许永远无法去制造或合成生命原点之一的卵子，同时人们也不可能在短时期内模拟出如人体子宫那样适合生命孕育的精致环境。不但在女权主义者看来，就是我们一般人看来，在整个将要实行的"克隆人"技术操作过程中，妇女始终处于一种"工具"的地位。"克隆人"要比正常的生育复杂得多，也并不充满诗情画意。人们似乎在做着一件背着石头上山的事情。

4. 社会属性的不可复制性

众人皆知，人是生物属性和社会属性的统一。人之所以为人，更主要的是由于其具有的社会属性，因为"人是一切社会关系的总和"。现在我们大都明白了已不可能克隆出诸如"希特勒""爱因斯坦"那样的人物了。每个人都有其所处的特定生活环境，其人生际遇与所处的家庭环境、教育环境和社会环境是紧密相连的。"克隆人"的神话迎合了部分人渴望与众不同并成为天才人物的某种期待心理。但是，理智的人们，一定不会被卷入遗传决定论的旋涡。那不过是不切合实际的梦幻！

总之，基于技术层面和社会层面的理由与现实来看，"克隆人"真的是华而不实的！

(三) 两点启示

在"克隆人"研究与争论热后进行一番冷静的思考，将有利于人们正确地理解现代生物技术及其价值，同时也会有益于生物学、生物技术的健康发展和人类社会的进步。

1. 树立科学精神，调整研究心态

通过对这几年"克隆人"热的思考，可以看出：世界范围内的生命科学（医学）界，似乎有一种比较普遍的浮躁情绪。例如，昨天你宣布克隆出个绵羊，今天我就声称克隆出个猴，明天他又计划去克隆出人来，并且和大众媒体紧密配合。这其实是人们在市场经济条件下科学精神缺失、功利心切和"争第一"思想的表现。这不能仅仅责怪生物医学工作者，这也是社会环境使然。我们的市场经济社会是重结果、重实效而不重过程的。但是，作为生物科学工作者，还是要树立科学精神，实事求是，勇于实践和创新。不去做一些华而不实的研究工作，而是要踏踏实实地做好基础性研究工作，在知识储备充分的情况下再去及时地实现技术上的转化，从而造福于人类。记得我国生物学家、中国科学院院士邹承鲁先生曾说过："要成为一个有成就的科学家，需要奉献出他的全部时间和全部精力，他没有'第二职业'，他也没有过多的兼职，过多的抛头露面。"[1] 这对于那些频频上媒体和约见记者以及被记者约见的科学工作者来说终归是一种善意的劝告吧！

我们以为，动物体细胞克隆的低成功率本身就是一项很重要的基础性研究课题，关键之处也许还是我们对生命的本质和运动的机理了解得太少。如果弄不清这些最基本的生命机理而总是在做"克隆"，仍不可避免地出现失败的结局。还有，动物界的"克隆"和植物界的"克隆"的内涵是一样的吗？现在所有的动物（人）克隆技术均需要借助去核的卵细胞，并要移植到子宫中去孕育，离不开雌性动物，能说是真正意义上的无性繁殖吗？这里面的深层次原因是什么？生物学家们弄清楚了吗？

我们深信，生物技术（包括克隆技术）的进步肯定还是要取决于基础研究的深入发展。没有对生命的本质及其运动机理进行长期的研究而获得更多知识，是不可能对生命个体进行正确操纵或改变的，甚至还会对生命个体造成伤害。在这里，智慧与耐心缺一不可。必须进一步强调没有深

---

[1]　邹承鲁：《科学研究五十年的点滴体会》，《生理科学进展》2001 年第 3 期，第 269～283 页。

厚的基础则不会有高水平的科研成果。这些道理也需要政府科技决策与管理部门和社会公众明知。

2. 正确认识生物技术，创造良好社会发展环境

新闻媒体以少有的阵势介绍或炒作克隆技术，并且以克隆人的技术幻想，让莫名其妙的惊喜、忧虑和恐慌影响我们的社会，造成了许多人对克隆技术的误解。这是不利于克隆技术和其他生物技术的健康发展。其实，对科学技术的评价应该建立在对科学技术的正确理解基础之上。

新闻媒体对促进公众理解科学技术、塑造公众的科学态度的作用是广泛和深远的。媒体要以科学的态度来宣传科技成果、传播科学知识、弘扬科学精神，对一些还不成熟的科学概念不要夸大、炒作。同时，我们也殷切地希望生命科学工作者在面对公众对生物技术的误解时，不应该保持沉默，而是要担负起普及生命科学知识的重任，把提高与普及结合起来，为促进公众理解科学做出自己应有的贡献。只有这样才能给生物技术的发展创造出良好的社会环境。

认识生命的终极目的是为了更好地善待生命，而不是伤害生命，善待生命也就是善待我们人类自己。生命是充满神秘的，这种神秘在给生物学家们提出难题的同时，也使生物学领域成为最能激起人类去竭尽智力的重要领域之一。但是，"科学不是可以不劳而获的——诚然，在科学上除了汗流满面是没有其他获致的方法的；热情也罢，幻想也罢，以整个身心去渴求也罢，都不能代替劳动。"①

在生命科学领域，我们也许更需要的只是平静的心情，热情、扎实而有秩序的工作。这是一项伟大的事业，需要踏实、勤奋和充满智慧的人们来完成，也需要我们这些普通人实事求是地为之呐喊助威！

四 科学界中的反克隆人运动

在过去克隆人的呼声高涨时，科学界曾掀起了一场"反克隆人运动"。通过分析这场运动的理由和选择，既让我们对现代科技工作者的职

---

① 〔俄〕赫尔岑：《科学中华而不实的作风》，李原译，商务印书馆，1962，第8~9页。

业道德、社会责任和科研态度等问题有了新认识，又让我们懂得只有大力发展治疗性克隆，才是对克隆技术有利价值的真正弘扬。

（一）反克隆人运动的源起与反对对象的确立

尽管克隆人这个可能的技术目标，早已被许多国家的政府和一些国际组织基于大同小异的理由视为科学研究的"禁区"，却仍然无法阻挡住一些人的好奇心或别有用心。从1997年12月以来，在媒体上曾经大量报道过一些声称要进行"危险"的克隆人实验的"科学人物"，分别有美国物理学博士理查德·希德、意大利生育专家塞韦里诺·安蒂诺里、美国男性生育学专家帕诺斯·扎沃斯和法国生化专家布里吉特·布瓦瑟利耶等人。这些"科学人物"在部分媒体的推波助澜下，掀起了一场声势浩大、激进的"克隆人运动"，震撼了整个世界。为此，希德等人一度成为世界级"风云人物"，他们持续多年的克隆人言行总会引起媒体、公众、政府和科学界的广泛争论。但由于存在着各种各样的制约因素，特别是生命本身所具有的高度复杂性以及技术难题的存在，"克隆人"至今并没有真正出世。当我们事后再观察这场历经六年多的"克隆人运动"时，明显给人一种"雷声大雨点小"的不真实感觉。所谓的"克隆人运动"，实质上则是"克隆人舆论运动"。

在科学界，反对的声音汇集成一场同样声势浩大的"反克隆人运动"。一些科学组织对克隆人运动的发起者进行排斥，视他们为科学界的"越轨者"。例如，英国皇家爱丁堡学会做出决定，禁止安蒂诺里和扎沃斯参加该学会于2001年11月举行的以克隆技术为主题的科学辩论会。同时，意大利医师协会在2001年8月公开警告安蒂诺里，若其一意孤行地进行克隆人实验，就将吊销他的行医执照。特别是在2001年8月7日，支持与反对克隆人的科学家在美国科学院进行有史以来科学界第一次就克隆问题的正面交锋。在会场上，双方争执的气氛如此浓烈，以致这些科学家相互高声叫嚷，差一点动起手来。①

"反克隆人"究竟反对的是什么？人们通常所说的反对克隆人，实际上并不是去反对那个虚拟的、名词意义的"克隆人"本身，而是反对以

---

① 于冬：《人类克隆：你说行我说不行》，《北京青年报》2001年8月9日，第7版。

人为实验对象的这种技术操作，继而反对从事这类实验的研究者。虽然，我们无法确认所有与克隆人相关的新闻报道是否完全属实，但我们至少相信，与克隆人相关的技术实践一直都在不同程度地进行着。

（二）科学界的反对理由

科学界为了寻求社会舆论和政府对生物技术、特别是动物克隆技术研究的支持，在这场反克隆人运动中扮演了积极的角色。因为，科学界工作者担忧一再喧哗的克隆人运动会严重扰乱社会公众和政府对克隆技术的支持态度，从而影响其正常发展。

1. 克隆人研究的风险性

目前的动物体细胞克隆技术存在着难以预测和消除的技术风险，这已经成为人们在伦理学层面反对克隆人研究的一个重要科学依据。

（1）存在着克隆人技术吗

尽管"克隆人"概念早已经在文学、科幻类影视作品中存在了，但现代"克隆人运动"的发起者显然是受到1997年2月克隆羊"多莉"出生消息的直接启发。同时，他们从哺乳动物体细胞克隆的成功个案中看到了实现克隆人的一线希望。

动物体细胞克隆技术无疑是一种现实存在。但是，真的存在现实的克隆人技术吗？我们知道，技术是以其效用性为重要分类特征的。如果通过实施某种动物克隆技术能够实现产生"克隆人"的技术目标，这种技术应该是"克隆人技术"。否则，如果不能够成功地产生出"克隆人"来，即使存在着某类克隆技术，这类技术也决不应是什么"克隆人技术"。然而，以"克隆人"为目标的技术实践又为国际社会所禁止。这使得"克隆人技术"的存在与否就成为一个难以公开检验的问题。因此，人们目前的许多论断在很大程度上仍然属于推测性的，"虚"的成分很多。

（2）克隆人将存在着巨大的风险性

无论是科学家还是普通公众，始终都是从动物克隆技术发展的现况来类比克隆人研究的发展前景，并作为进一步推论的逻辑基础。也即，目前的动物克隆实验仍然处于初始阶段，克隆技术还很不成熟。在动物克隆实验中出现的高失败率、高风险、大量畸形后代、发生排斥现象以及使用大量的重组卵细胞等问题，将同样出现在克隆人的研究过程中。若仅仅通过某项动物克隆的成功个案来判断克隆技术的普遍可行性是错误的，至少是不严谨的。科学家认为，要将动物（如绵羊）克隆实验得出的技术经验，应用到人类个体身上并非是一件容易的事情。当这种不成熟的技术"硬要"作用于人体时，克隆人的过程将充满各种各样的危险。例如，英国胚胎学家威尔莫特认为，有很多理由可以考虑到，由扎沃斯和安蒂诺里等人宣布的克隆人实验将会有同样高的失败率。并且，现在或在可以预见的未来，没有可行的技术方法去检查动物胚胎所有基因组的发育状态。①

2. 克隆人行为违背了社会伦理

科学家作为社会成员之一，必然在克隆人问题上有着与其他社会成员相似的感觉。对于来自社会的对克隆人行为在伦理层面的指责，科学界不可能无动于衷。例如，世界医学协会主席恩里克·阿科尔西在 2001 年 8 月 8 日发表声明指出，把克隆技术用于人类自己"有悖于人类价值、伦理和道德原则"，他代表世界医学协会坚决反对克隆人实验计划。从另一个角度，威尔莫特对媒体说："试想我的妻子与我和一个复制的'我'三人生活在一起，那就会产生一个极不寻常的关系，对我们三个人中的每个人，尤其那个复制的'我'都将十分尴尬。因此，必须坚决反对克隆人。"②

3. 克隆人行为违背了科学道德

（1）科学道德与科技工作者的社会职责

恩格斯曾经指出："实际上，每一个阶级，甚至每一个行业，都各有各的道德。并且，只要它能破坏这种道德而不受惩罚，它就加以破坏。"③那么，在科学技术的研究、开发和应用过程中，同样要求人们遵守一定的道德原则。因为，现代科学技术的社会功能越来越强大，对社会的渗透越来越广泛，就越有可能引起更多的社会问题。科技工作者的社会责任比以前显得更加突出和重要。"为科学而科学""科学不考虑效用或利益"等说法已经不合时宜。科技工作者必须对"应该追求何种知识"、"所追求

---

① Rudolf Jaenisch and Ian Wilmut, "Don't Clone Human," *Science*（2001）：2552.
② 华健：《美国居然有人要克隆人》，《国外科技动态》1998 年第 2 期，第 3 ~ 4 页。
③ 《马克思恩格斯选集》第 4 卷，人民出版社，1995，第 240 页。

的知识应置于何种地位"以及"如何应用这些知识"等问题做出理性的分析和判断。

科技工作者有创新的自由和权利。但是,科学技术研究的自由永远不意味着为所欲为,科技工作者应对这种创新担负起相应的社会责任。因此,科技工作者不能只关心自己的研究兴趣,更要关心科学技术的社会功能和社会影响。其实,在1997年"多莉"羊出生之后,Nature和Science杂志连续发表了大量出自科学家之手的评论文章,如"克隆:人将成为下一个"、"风险与不确定性"、"'多莉'的考证"以及"什么是克隆?并非你所想"等。这充分表现出科学界对克隆技术发展所引起的社会风险问题的关注。今天,关心人类前途的科学家应该关注与克隆技术有关的伦理、法律和社会问题,以保证克隆知识和技术服务于社会,而不是危害人类社会。

(2)与严谨的科学精神不符

由于安蒂诺里等人的克隆人言行只是通过大众传媒来宣布,许多科学家批评说,安蒂诺里等人的研究,不仅无视目前动物克隆研究中出现的各种风险,没有提供令人信服的证据,也没有解释其所用的具体技术是什么,以供科学界评议。这与严谨的科学精神是相悖的。

在科学界,有不少人对克隆人运动提出严重质疑。例如,从逻辑上讲,美国宾夕法尼亚大学的阿瑟·卡普兰教授说:"那些科学家们声称有200多对夫妻排着队,等候被带到某个偏僻的地方用克隆细胞进行人工受孕,然后他们会照料每一个成功怀孕的妇女,这一切听起来根本就不可信。"从技术上讲,有学者曾针对希德要克隆人一事说道:"很难想象在门诊所那样的条件下做这件事,除了引起轰动效应还能有什么别的。"①另外,身为"克隆援助"公司的"首席科学家",布瓦瑟利耶却没有任何医学和生物学方面的学术背景,也从来没有发表过与克隆技术相关的研究论文。此种情况下,他们又该如何开展克隆人研究呢?他们发布的"克隆人"出生消息的可信度又在哪里呢?在此,我们赞同周国平先生曾说过的一席话:"我对一切太喧嚣的事业和一切太张扬的感情都心存怀疑,

---

① 叶雨:《科学家要克隆人美国内外吵翻天》,《光明日报》1998年1月13日,第10版。

它们总是使我想起莎士比亚对生命的嘲讽：'充满了声音和狂热，里面空无一物'"。科学研究不应只是一种外表非常热闹的事业，它更需要的是一种深沉、孤寂和宁静的境界。

（三）克隆技术研究目标的理性选择

对克隆技术和"克隆人"的论争一再提醒着主流科学界，有必要对克隆技术研究目标进行理性的选择。

1. 极力发展治疗性克隆的技术目标

任何一项技术都可能用于不同的目标或领域，这是人们争议技术价值和技术伦理问题的一个重要原因。克隆技术在其技术效用范围内，也可以有着不同的技术应用目标。但是，克隆人的设想并不是动物体细胞克隆技术研究与开发者的原初目的。对于英国罗斯林研究所的动物克隆研究人员来讲，他们从事"克隆羊"研究并不在于去促成"克隆人"的出生，其最大价值在于促使改善动物品种成为可能，克隆人则违背了他们的本意。

为了减少克隆技术的社会伦理纷争，科学界早就主张把以人体为研究对象的动物体细胞克隆技术按照最终的应用目标进行分类，区分应持的态度。科学界希望政府的有关禁令只适用于禁止旨在以产生"克隆人"为技术目标的实验，而不包括有重要价值和发展前景的"治疗性克隆"。治疗性克隆是以人体为实验对象的克隆技术的一个重要发展方向，它是以治疗人类疾病和有效进行器官移植为目标，与以产生出一个"完整人"为目标的生殖性克隆有明显的不同。目前，许多科学家、科学组织以及一些国家的政府都发表声明，支持治疗性克隆的研究与开发。例如，威尔莫特等人指出，该研究正在导向将编程胚胎干细胞变成特化的组织类型。这样能够用来再生神经细胞和心肌细胞，使患帕金森氏症、阿尔茨海默氏症和心脏病等疾病的病人受益。治疗性细胞克隆的潜在益处是巨大的，这种研究不应该同克隆人研究联系在一起。但是，社会公众对克隆人的过激反应可能会妨碍用胚胎干细胞来修补器官和组织的研究。[1] 另外，在 2001 年 4 月 10 日，美国总统布什在发表讲话催促参议院批准全面禁止人类克隆法案之后，美国有 40 位诺贝尔科学奖获得者联名上书政府，要求立法支持

---

[1]　Rudolf Jaenisch and Ian Wilmut, "Don't Clone Human," *Science*（2001）：2552.

治疗性克隆。正如 Nature 杂志在 2001 年 5 月发表的评论文章所指出的，美国一些反对治疗性克隆的人正在利用公众对生物技术的恐慌，但对待治疗性克隆研究的态度应该建立在理性分析的基础之上。①

2. 克隆技术的理性研究态度

（1）消除克隆技术研究中的浮躁风气

通过对多年"克隆热"的思考，我们可以清楚地看到在世界范围内，在动物克隆技术研究领域中，出现一种较为普遍的科学精神缺失、急功近利的浮躁风气。接连不断地有新的"克隆成果"通过媒体向社会宣布，持续多年的克隆人言论却没有什么实质性的结果。例如，2002 年 12 月 27 日，归属"雷尔教"的布瓦瑟利耶在美国宣布世界首例克隆婴儿"夏娃"诞生，但她没有提供任何科学证据，还拒绝通过 DNA 测试来证实"夏娃"身份的真实性。正如美国《时代》周刊的评论文章所指，"雷尔教"认为人类是外星人克隆的，与这样一个组织辩论科学、伦理和道德问题，简直是太荒谬了。在科学界无人为他们喝彩没有关系，他们要的只是"轰动效应"，从而募集到更多的金钱和追随者。在针对克隆技术的严肃政策讨论中，他们却产生了"搅浑水"的效果。②

同时，美国康涅狄格大学的再生生物学研究中心主任杨向中教授指出："学术成果应该以论文形式，经过严格审稿，在同行评审的杂志上发表，特别是国际认可的一流杂志（并不只限于《科学》、《自然》、《细胞》等）。此后，才应该考虑必要的新闻媒体报道。我们看到，由于胚胎生物技术，尤其是克隆技术的巨大社会影响力，一些科学家热衷于媒体的报道，甚至本末倒置以媒体报道代替了学术论文的发表。"③因此，为了保证研究成果的客观性，必须消除克隆技术研究中的浮躁风气。

（2）消除克隆技术研究中的过分功利性

当科学研究工作不是在默默无闻地艰难探索着，而是整日暴露在媒体

---

① Meredith Wadman, "Bills threaten total US ban on human cloning," *Nature* (2001): 4.
② 余晓葵：《克隆婴儿可能是骗局》，《光明日报》2003 年 1 月 8 日，第 9 版。
③ 杨向中：《治疗性克隆、人类胚胎干细胞和相关胚胎生物技术的研究与开发》，《世界科学》2004 年第 2 期，第 3~6 页。

的镜头下时，科学研究就决不成其为科学研究了。这不过是少数研究人员科研动机不纯正、过分追名逐利的思想表现。在克隆技术研究过程中同样如此。对此，北京大学的潘文石教授指出，他感到科学的观念在不同人的心目中是不一样的。一些人不知道科学是为人类创造、争取一个更美好的未来，为使人类的生活变得更加美好的一项事业。在今天，科学在很多地方、很多人眼里已经降低到一种谋生手段，只要拿到钱，发表更多的论文，去换取更多的名利地位就行。于是，有人要组织更多的研究，而那种研究说实在的只是以发表论文作为目标，而不是以解决科学的一个实质问题或是对人类有真正造福为目标。① 可见，过分的功利性追求无疑会妨碍科学技术的研究、创新与发展，也妨碍科学技术社会功能的合理发挥。作为一名严谨的、真正的科技工作者，应该切实地树立起实事求是的科学精神，踏踏实实地做好各项研究工作，并具有强烈的社会责任感和历史使命感。

（3）重视生命科学基础研究

尽管人们期望着克隆技术能够很快得到实际应用，为人们创造出奇迹。但是，克隆技术的进步无疑要取决于生命科学基础研究的深入发展。没有对生命的本质及其运动机理进行长期的探索性研究而获得的更多知识，是不可能对生命个体进行正确操纵或改变的。例如，曾溢滔院士指出，培育出世界上第一例克隆羊"多莉"的研究人员，关键在于他们的基础研究很扎实，搞清了一些理论问题，掌握了不少生命运动规律。这些虽然只是技术上的突破，却离不开基础理论研究的支撑。现在大家都很看重科研成果，特别是那些出产品的应用性研究成果。但是，如果忽视基础研究，不掌握其中的规律，是很难成功的。②

至 2003 年，DNA 双螺旋结构已经发现了 50 周年。这 50 年，生命的很多秘密已经被破译，但剩下的秘密更多，一切只不过是刚刚开始。著名分子生物学家 J. D. 沃森在接受美国《时代》周刊采访时曾表示，今天比

---

① 黄艾禾：《我为什么反对克隆大熊猫——对潘文石教授的访谈》，《三思评论》1999 年第 5 期，第 93～102 页。

② 江世亮：《多利、波利与"动物药厂"——曾溢滔院士访谈录》，《文汇报》1997 年 8 月 22 日，第 2 版。

我们起步的时候有更多的新疆域，未来几百年中，还会有足够多的问题需要人们去应对。① 只有在对生命充分认识的基础上，才可能使现代生物技术的许多有利于人类社会发展的目标成为现实。我们必须以一种"持重而平静的心情"、一项"热切而有秩序的工作"来迎接现代生物技术辉煌发展的明天。这正是科学界中的反克隆人运动给我们的一个重要启示。

五　克隆技术概念的社会扩散与媒体的社会职责

在现代信息发达的社会中，一种新技术概念在社会的扩散，一种新技术成果在社会的推广，一种新技术产品在社会的应用，均离不开众多媒体强大的中介传播作用。一种技术在媒体宣传中的形象，将直接影响到社会公众对此项技术的接受态度。因此，在对待技术的公众形象问题时，绝不能忽视媒体的重要引导作用。我们通过对克隆技术概念社会扩散现状的分析，指出了媒体在传播技术概念中的社会职责和传播原则。

在社会日益技术化的今天，密切关注科学技术的进展及其对社会的深远影响，已经成为各类媒体的一项要务。事实上，一个新技术概念、技术设想、技术目标等在社会的扩散，在时间上往往早于技术产品的实际扩散。新技术概念通过媒体的广泛传播，一方面既能达到吸引社会投资和社会公众支持的目的，也能为将来技术新产品在社会的推广应用奠定良好的社会舆论基础；另一方面，还可能通过媒体的曲解性宣传，为社会公众所厌恶而拒斥，从而影响该技术的进一步发展，甚至遭到社会的强烈抑制。因此，这里面就存在着技术社会化的舆论调适过程，即利用大众传播媒介对社会公众的舆论进行调适，使之在有关技术问题上的意见、看法产生一致或共鸣的心理倾向。并且强大的舆论力量能够造成一定的社会氛围，因而强化或弱化社会公众对技术的社会心理取向。②

各类媒体对克隆技术概念在社会的扩散中起到了至关重要的作用，有积极的方面，更有消极的影响。本书通过对克隆技术概念在社会扩散过程的微观多维分析，将有助于我们深入思考媒体在技术概念传播过程中的社

---

① 毛磊：《DNA 发现 50 年：开创生命科学的黄金时代》，《人民日报》2003 年 4 月 25 日，第 10 版。

② 陈凡：《技术社会化引论》，中国人民大学出版社，1995，第 113 页。

会责任、媒体对社会公众技术态度的塑造和引导作用，从而有利于我们在社会层面上评析"克隆震撼"现象，理解克隆技术发展的舆论环境。

（一）媒体对克隆技术概念的传播

从社会公众某些思想观念的形成、对某一事物的态度到政府部分决策的出台等，现代媒体都会对其产生一定的影响。目前，我们绝对不能忽视媒体在不适当运作中对科学技术发展所产生的消极影响。

1. 媒体对克隆技术发展的高度重视

自从 1997 年 2 月以来，"克隆"这个本来只在生命科学领域中才会出现的概念，却在如此短的时间内达到了众所周知的程度。出现这种惊人的结果，在很大程度上要归结于现代媒体强大的传播功能。

新闻媒体对克隆事件的介入比较早，并且投入了很多的时间来应对它。例如，对"克隆羊"事件的新闻报道在时间上要早于科学期刊对相关科学研究论文的发表。1997 年 2 月 23 日，美国女记者吉娜·科拉塔（Gina Kolata）在《纽约时报》星期日版，首次报道了克隆羊"多莉"的诞生。同年 2 月 27 日在英国出版的《自然》杂志才发表了威尔莫特博士及其同事的有关研究论文。随后，世界许多国家的报刊、电台、电视台、网络等对此科学成果进行了报道和评说。各类专家也纷纷被邀请到媒体给公众"上课""补课"，评论"多莉"羊的身世和它的出生对科学研究、经济发展、伦理道德和法律法规等许多方面的深远影响。这个科学事件及其内在的深层次社会意含在世界范围内引起了强烈的、持久的轰动效应，被人们称为"克隆风暴"或"克隆震撼"。在极短时间和较大范围内，出现社会密切关注新科技发展的现象，在科学技术的发展历史上是极其少见的。

2. 现代媒体的高度发达性

一般媒体的受众要远比专业科学期刊的受众多，并且媒体具有即时性的特点，其影响面无疑是巨大的。这应该是克隆事件能引起社会轰动的主要原因之一。"克隆羊"的出生本来是一项重要的生物学研究新成果，由于媒体对此事的积极参与、促成，使其在更大程度上变成了一个社会热点问题。在许多媒体的引导（不排除一些媒体的误导作用）下，社会公众对克隆技术和"克隆人"问题表现出了极大的兴趣，出现了历史上少有的全民关注科技发展的新高潮。相应地，人们在不同程度上知道了克隆技术可能会带来许多远远超出人们通常想象的新事物、新变革、新现象。人们还能在某种程度上意识到这项技术潜在的商业价值，并为之兴奋不已。

（二）媒体在传播克隆技术概念中存在的问题

本来，"克隆事件"的发生是一个很好的宣传科学技术的价值及其与社会互动关系的生动、新鲜、真实的案例。但对不少媒体而言，对"克隆事件"客观地描述或理性地分析，似乎远远没有非理性、非逻辑的推测与任意想象更能够吸引社会公众的注意力和容易寻求到新闻卖点。于是，对克隆技术的噱头或戏剧化的演绎更多地呈现在公众面前了，明显表现出科学态度或科学精神的严重缺失以及热衷于"炒作"科学技术的倾向。因此，在这场"克隆风暴"中，我们不可否认一些媒体对克隆技术概念的传播起到了严重的不良影响，甚至是阻碍作用。为使研究更具现实性和针对性，在此我们针对国内媒体存在的一些问题进行一番探讨和分析。

1. 简单化处理

在许多媒体的过分渲染下，复杂的动物克隆技术过程被描述成"变戏法"那样简单，并在相关报道中忽略了许多重要的技术细节，从而为公众的盲目情绪煽风点火，引起公众对克隆技术进一步的好奇心和恐惧感。在一些盲目自信的媒体看来，随着"多莉"羊的出生，克隆人活动在技术上已经没有什么问题，"克隆人"便呼之欲出了。

这就出现了一种奇怪的场景：在媒体上人人言"克隆"，却很少有人真正知道"克隆"到底是什么，往往是无知而妄论。例如，在媒体上曾公开发表的《无父无母的忧郁》一文指出，"克隆人"的出世，"不用在身怀六甲的时候一趟趟到医院去检查胎儿是否正常，也不用操心哪个月应该吃鱼补脑，哪个月应该多吃奶补钙。再也不用腆着大肚子，在众目睽睽之下大摇大摆……"此等可笑言论充分反映出作者对克隆技术一无所知，连克隆动物在母体内孕育、分娩的事实都视而不见，就想当然地空发议论。[①] 这样做，无疑远离了正确理解科学技术的轨道。

---

① 林平：《克隆震撼》，经济日报出版社，1997，第313页。

　　许多科学工作者对此种"戏说克隆"现象进行了严肃批评。旭日干院士就指出，一些人在道听途说的基础上任意发挥，说什么人类将通过无性繁殖技术"工厂化生产自身"，"克隆人从生命工厂的流水线上成批地生产出来"……这种宣传上的误导，使公众难明真相。即使人体可以克隆，复制品只能是"原型"生理上的复制品，不可能复制出"原型"的品性、思维和知识等后天形成的社会性状。①

　　事实上，在"克隆事件"这面镜子前，一方面反映出社会舆论、社会公众对现代科学技术发展的热心关注；另一方面也折射出不少人的科技素养和科学态度。其实，要评说科学技术本身及其社会价值和社会影响，需要有扎实的知识、确凿的证据和合理的逻辑。因此，我们以为，或者准确地说是一种建议，对于科学或技术上十分专业的东西，能够言说者，最好能深入浅出地说出事情的真相和缘由并让更多的人知道；如果不能言说者，不要胡说、乱说，最好要保持沉默，并且学会倾听。但是，在言论比较自由、开放的现代社会中，一方面，对科学技术能够言说者往往出于不同的原因不愿评说；另一方面，一些对科学技术茫然无知或者知之不多的"科盲"却又紧紧抓住话语权，对科学技术问题妄加推测或评论，曲解着科学技术，并通过各种媒体进一步传播着他们对科学技术的无知与偏见。这样做只能在社会公众中间制造思想混乱乃至不必要的恐慌。这两种极其不正常情况的存在，只会对科学技术的健康发展产生诸多不良影响，必须认真加以反思和改正。因而，媒体和科技工作者的社会责任就显得尤为重要。

　　2. 庸俗化宣传

　　一般的社会公众在缺少必备科学知识的背景下，难以准确地把握克隆技术的性质、功能和发展现状，更难以正确地理解其深远的社会影响。因此，在现代社会，公众的技术态度不可能不受到媒体对技术宣传的影响和引导。在媒体对克隆技术比较普遍地进行不正确理解和宣传的情况下，难以期望多数社会公众能对这项技术有一个比较正确的理解。

　　有些媒体为了寻求所谓的新闻"卖点"，常常有媚俗之举。在对待"克隆事件"时，往往把严肃的科学技术问题退化为轻松的、"失真"的

---

① 　旭日干：《以科学的态度看待科学成果》，《内蒙古宣传》1997 年第 5 期，第 32～33 页。

娱乐话题。例如，北京一家电视台举办了有关"克隆"的专题节目，类似综艺类节目一样，请来大批普通观众谈笑鼓掌。这种形式，是很难做到普及科学知识、传播科学精神的。

3. 片面化认识

我们以为，对某一事物片面化的认识往往是与无知联系在一起的。这一点在"克隆事件"的报道与评论中得到了不少证明。在英国"克隆羊"的消息公之于世后，国内许多重要媒体相继报道我国科学家早已经克隆出山羊、牛、小鼠等，并自豪地宣称我国在此项技术上处于同等世界先进水平。但是，很少有媒体指出国内科学工作者所采用的胚胎细胞核移植，与英国科学工作者采用的体细胞核移植之间存在明显的技术差别，其就盲目煽动"民族自豪感"，这种做法实际上不利于我国社会公众对国内动物克隆技术研究与发展现状的准确了解，也就不能为这项技术的健康发展营造出良好的社会氛围。

另外，许多媒体热衷于宣传克隆动物与亲本完全是同一基因型，是亲本的完整"复制品"，将克隆技术与物理学意义上的各类复制技术混为一谈。但是，对于移植的细胞核在去核的卵细胞质中可能会受到什么样的影响，后天环境对克隆出的动物生长发育有什么影响等问题很少提到；对于克隆技术不能"复制"出人的知识、能力等方面则更少提及。这种片面性的认识和宣传，将人的生物属性与社会属性混为一谈，并且过分夸大了人的生物属性，低估了人的社会属性。这些片面化言论使得社会公众对"克隆人"和克隆技术难辨真相，从而误以为克隆技术能够造就一切，误以为克隆人就是产生出另外一个完全一样的人，并对这项技术产生抵触情绪。

4. 虚幻化演绎

不少媒体把关注的焦点集中在目前仍属于虚幻的"克隆人"身上，凭借人们对"克隆人"技术的奇异幻想，把莫名其妙的忧虑和对克隆技术的社会恐慌迅速扩散到社会中去。甚至有一些人"用耸人听闻的想象夸大了克隆技术的危害，并把对整个生命科学和遗传工程的消极风险全部扣上'克隆'的帽子加以批驳，这在科学上是不严肃的。"①

---

① 大卫：《克隆人研究，是堵还是疏》，《政治与法律》1997 年第 6 期，第 9 页。

当媒体报道的热点从克隆技术本身转向社会伦理时，一些媒体又开始放弃甚至背离克隆技术的发展现实这个讨论问题的基点，把社会公众对克隆技术及其未来的关注引入科幻小说般的奇异幻想中。并且还把公众的注意力引向了是克隆"爱因斯坦式人"，还是克隆"希特勒式人"的虚幻讨论上。对可能产生的"克隆人"的社会属性、生物属性进行随意地猜测。甚至有人认为，要解决世界不休的纷争，唯一的办法是"复制"出特别有理智的人。事实上，人们在这种虚幻般的感觉中，往往会滋生出更多的恐惧感和思维混乱，也就会对克隆技术和"克隆人"进行"妖魔化"的认识，说出更多没有事实和逻辑依据的言论。现列举几条如下。

（1）核武器的破坏性，不过是将生命毁灭……如果克隆技术延伸到哺乳类动物，特别是发展到克隆人，那就比毁灭生命更可怕。

（2）如果这世界上出现了哪怕一个"克隆人"，也就是出来一个人的复制品，这就关系到对人的基本定义问题，关系到天大的伦理问题，这个伦理毁了，人类文明也便不复存在了。

（3）克隆人使"生命"从偶然的奇迹变成了机械化的生产过程，将人类真正变成了"动物"，也许还将摧毁整个现有的社会体系。

类似上述虚幻夸张的言论，怎能使公众去正确地理解克隆技术呢？对此，邱仁宗研究员提出了疑问，似乎永远蒙着神秘色彩的"克隆人"今后仍将成为一些人捞取名利或被媒体炒作的对象，但不知情的广大读者难道没有权利知道一些严肃的知识吗？[①] 我们以为，现代媒体应该充分尊重社会公众对科学技术发展现状的知情权。

（三）媒体传播技术概念的社会职责

1. 促进公众理解科学技术

在现代社会中，媒体在促进公众理解科学技术、塑造公众的科学态度、培养公众的科学理性等方面的作用是广泛和深远的。从积极的方面来讲，媒体要以科学的态度来宣传科学技术成果、阐发科学思想、传播科学知识和方法、弘扬科学精神以及客观地评析科学技术的社会功能，适度地

---

① 邱仁宗：《"克隆人"不是个好消息》，《健康报》2001年2月20日，第6版。

引导社会公众认识科技进步与社会发展的辩证关系，为提高公众的科技素养和科技意识做出自己应有的贡献。在目前，广播、电视和报纸仍然是社会公众（特别是在我国）获取科技信息的重要渠道。媒体理解科学技术的程度和传播科学技术的水平，将直接影响到公众接受科学技术的程度。近年来，在我国科技传播中出现了诸多失误，无一不与有关采编者素质不佳有密切关系。如对"水变油""特异功能"的报道等。①

通过媒体对公众进行科普教育，是媒体促进公众理解现代科学技术的一个重要方面。在第七届国际人类基因组大会的公开论坛上，陈竺院士认为，只有取得社会公众的理解和支持，科学研究的价值才能实现，科学技术事业才能更迅速地发展。例如，人类基因组研究越来越深远地影响着人类的生活和命运，涉及人的尊严、权利、伦理等各种社会问题，已经引起公众的密切关注。因此，亟须在社会公众中间进行相关的科普教育。② 对此，媒体担负着义不容辞的社会责任。

我们以为，在公众科学素养没有普遍提高的情况下，媒体的素质必须首先得到提高。为了让公众更好地理解科学技术，首先传媒界要更好地理解科学技术。媒体人士特别是与科技传播直接相关的人士，面对科学技术日新月异的发展态势，需要加强学习，不断地学习，提高科学素养，提高对科技新事物的判断力和识别能力。据报载，北京大学在科技哲学专业名义下开办了"科学传播"研究生班，学员大多来自新闻媒体。这是传媒界与科学紧密结合的一种新动向。③

2. 为科学技术研究创造良好的社会舆论环境

关注社会大众可能关注的热点（包括科技热点）问题，发表社会各界的不同看法和观点，这是新闻媒体的一项重要职能，也是受众选择媒体的一种需求。但是，媒体不能不认定事实也不能不选择观点，只为寻找新闻"卖点"而盲目夸大"炒作"一些还不成熟的科学或技术概念。这样

---

① 汪令来：《冷看克隆热——谈科技新闻报道的导向性》，《新闻界》1997 年第 4 期，第 62 ~ 63 页。

② 诸巍：《全球人类基因组大会在沪设公开论坛》，《解放日报》2002 年 4 月 14 日，第 3 版。

③ 包霄林：《让传媒更加理解科学——北京大学新开科学传播课程班》，《光明日报》2001 年 10 月 10 日，第 2 版。

做就会严重误导社会公众，既不利于公众正确地认识和理解科学技术，又不利于科学技术的健康发展。中科院院长路甬祥院士曾经指出："科技进步促进了媒体的发展，而科技的发展也非常需要媒体的推动。"① 因为科学技术的稳步发展需要一个良好的社会舆论环境，也需要有一个公平竞争、没有垄断和特权的法治环境。为营造上述环境，实施舆论监督，揭露违法行为（包括学术腐败），媒体有着不可替代的重要作用。

近年来，在市场经济大潮的冲击下，在我国科技界的局部出现不少浮躁之气、浮夸之风，以及弄虚作假、欺世盗名等与科学精神相悖的不正常现象，也通过媒体以热点"新闻"的形式广为传播，愚弄社会公众。正如刘建明教授所指，面对科技界的浮夸和浮躁，科技新闻宣传要承担起引导、推动科研道德建设的重任，不仅要及时准确地宣传报道科技新发现、新发明、新成果、新进展，还要多对一些道德高尚、实事求是、甘于寂寞、潜心钻研、为科学技术事业献身的优秀科技工作者典型给予宣传报道，以强烈的社会责任感来正确地引导舆论。② 这样做，就会为科学技术的健康发展营造一个良好的社会舆论环境。

（四）媒体传播技术概念应坚持的几个原则

如何走出技术概念传播的片面化、简单化、庸俗化、虚幻化、伪科学化的困境，做好技术概念、技术价值的理性传播，为新技术的发展创造一个适宜的社会生长空间，不但是媒体也是整个社会应该关注、反思的一项重要现实课题。在此，我们结合媒体对克隆技术概念的传播实际，探讨以下几条重要原则。

1. 客观性原则

现代媒体的一个重要社会职责就是向受众提供客观真实的信息（包括科技发展信息）和评论。客观性原则是做一切事情都应该坚持的原则，对于技术概念的传播工作更是如此。否则，就"不但会使技术人为地增值、贬值，同时也很难正确发挥社会舆论调适的积极作用。"③ 为了坚持技术概念传播的客观性原则，必须做到以下几点。

① 冯颖平：《路甬祥谈科技与媒体的关系》，《浙江日报》2001年4月3日，第1版。
② 薛惠尹：《媒体不是旁观者》，《科学时报》2001年10月30日，第6版。
③ 陈凡：《技术社会化引论》，中国人民大学出版社，1995，第138页。

（1）以正确理解科学技术为基础

由于技术概念的传播与技术评论是密不可分的，媒体在对技术概念传播的同时，必然要对新技术的发展及社会应用进行展望或评论。但是，技术评论必须建立在对技术的正确理解基础之上，只有这样才能保证评论的客观性和真实性。正如陈昌曙教授所言："技术评论，包括对技术的社会影响评论，要以确切反映某种技术的真实情况为前提，而不要仅凭一知半解就去想象发挥，夸大或缩小。一个技术外行要做到这点是困难的，但应力求做到，尤其不要语不惊人誓不休和炒新闻……从可以克隆出成年人为前提大做文章和做大文章，是做不出技术评论好文章的。"①

（2）以科学精神为灵魂

在现代市场经济条件下，科学技术发展的态势比较复杂。在当今普遍注重科学技术发展的社会氛围下，一些人故意制造"伪科学"以求轰动效应、扰乱视听，并从中渔利。这种情况，已经向技术概念传播的客观性原则提出了严重的挑战。

今天，高科技所蕴含的巨大商机，往往使科学技术的研究过程和目标更为复杂。当一项科学技术研究掺杂了更多的商业利益与倾向时，容易受利益驱动的媒体在宣传、评价技术的价值时，坚持客观的标准就变得更为困难。例如，世界上不少大公司在展望克隆技术的商业前景和利益诱惑时，对这类技术研究也投入了大量的人力和资金，与由政府支持的相关科学研究在时间上展开了竞赛。我们知道，人类基因组测序工作的成果是由私人公司（美国塞莱拉公司）首先宣布的，人类胚胎细胞的克隆成功也是由公司（美国高级细胞技术公司）宣布完成的。媒体在对这些成果的宣传介绍时往往容易偏离科学的轨道。事实上，近几年国际上有关科技报道夸大和不真实的情况时有披露。而在我国，也先后出现了"陈晓宁事件""核酸营养事件"等。② 在克隆技术、纳米技术等高科技研究领域，都受到了来自科技界对"过度炒作"的批评。

---

① 陈昌曙：《技术哲学引论》，科学出版社，1999，第212页。
② 详见方舟子《溃疡：直面中国学术腐败》，海南出版社，2001，第117页、第6页。

当然，媒体人士不可能在其报道的每一个科学领域内都具有相当深度的专业知识。因此，更重要的是要具备科学精神和严肃认真的态度。媒体在对一项新技术成果进行解释或评价时，应选择相关领域的专家或权威部门作为采访对象；必要时也可以聘请一些科技专家审稿把关，以提高技术传播工作的客观性和科学性。

2. 社会效益优先原则

在信息爆炸的今天，许多科技信息会直接影响人们的生产和生活。有关科学技术和自然界信息的不适当传播，将会在社会上引起混乱。为此，技术概念的传播工作必须考虑到社会公众的根本利益，要坚持"社会效益优先"的原则，要有利于社会稳定，不能一味地去猎奇，追求所谓的轰动效应。

我国改革开放以来，发生的一系列严重损害社会公众利益的伪科学、反科学事件，无一不与媒体的"爆炒"有着密切的关系。例如，对不成熟技术概念的广泛传播，会造成公众的盲目采用；发布未经调查的所谓新技术市场信息，曾出现"蚯蚓热""海狸鼠热"等养殖热，给许多种养殖户造成严重的经济损失，甚至造成家破人亡的悲剧。这些教训是深刻的，它一再提醒传媒界唯有坚持社会效益优先原则，把人民群众的根本利益放在心上，才会尽可能地避免类似重大技术传播失误的发生。

3. 进步的方向性原则

媒体要以正确的舆论引导人，应当给受众的思想带来更多积极的影响，而不是消极的影响。媒体在技术传播中应该有明确的导向意识，要有利于科学技术的健康发展，有利于为科学技术的发展创造良好的社会环境，有利于公众正确认识、应用科技知识，使公众的思想跟上科学技术发展的步伐。但是，在对待"克隆事件"时，不少媒体将更多的精力、太多的笔墨集中在"克隆人"方面，而不是放在克隆技术的科学意义及其潜在的经济和社会价值方面。媒体将公众的注意力引向"复制"人的虚幻境地，而忽视科技成果本身的社会意义，这种误导必然是技术传播的失败。

总之，技术传播工作必须把握好主流及重点，坚持进步的方向性原则。否则，将对技术的发展非常不利，正如陈凡教授所指，在技术发展的过程中，一些消极的社会情感取向虽然也促使公众关注技术活动，但这种关注所产生的情绪反应往往形成技术实现的社会阻力，延滞社会对技术的接受。[①]

六 克隆技术发展的超前预想与伦理观念的适当介入

人们对克隆技术发展的某种超前预想引起了社会公众在伦理层面上的诸多争议和恐慌，而伦理观念的不适当介入将会影响到克隆技术的健康发展。伦理观念对技术的发展应该起到一定的预警作用，而不仅仅是为技术的发展设定"禁区"，伦理框架应该趋于开放。

（一）引言

20 世纪中后期以来，随着科学技术的迅猛发展以及人类社会生活发生的重大变迁，涌现出了许多新兴的应用伦理学分支学科，如生态伦理学、环境伦理学、医学伦理学、生命伦理学、科学伦理学、技术伦理学，以及研究对象更为具体的核伦理学、网络伦理学、基因伦理学等。这些学科的兴起大多是为了应对科学技术的发展及其应用于人类社会后出现的各种亟待解决的挑战。在各类应用伦理学研究中，技术已经成为一个非常重要的反思对象。应用伦理学发展的一个重要目标，就是要在科学技术迅速发展的社会大背景下，试图对新型的人与人、人与社会、人与自然等方面的相互关系提出新的价值观念和可供参考的行为准则，促进科学技术与人类社会、自然界的协调发展。同时，与应用伦理学在研究对象上有关联的技术价值论研究也正方兴未艾。

鉴于许多应用伦理学问题以及技术价值论问题是由于技术在实践层面上引起的，为突出反映技术发展影响社会现实的概貌，我们将结合克隆技术发展的实例，更多地探讨技术与伦理观念之间的复杂关系。

（二）克隆技术发展的超前预想与伦理观念的严重冲突

生命科学和生物技术的迅速发展及其广泛应用，给人类社会生活带来了越来越多的实际影响，这使得与生命发育和生长过程有关的伦理学问题受到人们空前的重视。生命伦理学、生物伦理学和基因伦理学等陆续成为学术界和社会公众关注的一个热点。这充分反映了人们对生物技术发展可能会危害人类生命个体以及社会的高度警惕性，人们防范高技术风险的自觉意识在逐渐增强。

---

① 陈凡：《技术社会化引论》，中国人民大学出版社，1995，第 119 页。

对于"克隆人"这一克隆技术发展的超前预想，人们争论的焦点明显是克隆技术对社会和伦理层面的影响。这既反映出人们在潜意识中把科学与技术做出了一定的划分，也反映出技术在实践领域对人类社会的深远影响。"克隆羊"可以理解为是一项生命科学实验成果，更准确地说是一项动物胚胎实验成果。但是，在科学技术一体化的今天，如果某项科研成果是科学的，它也必将是技术的。克隆技术传达给人们的一个重要信息就是：这项技术涉及一种有别于哺乳动物的自然状态下有性生殖方式的新的生育方式。如果应用在人体身上，就可能会对当事人造成无论是肉体上还是精神上的伤害，还会触及人类的两性繁衍方式和与之相关的各种人伦关系。这是人们从心理上抵触这项技术应用的主要原因之一。至于对人类生命体打算进行更深层次的"操纵"和"复制"的怪异设想，更是激起不少人的强烈反对。当然，这种反应并非完全是情绪化的，往往带有不少理性的色彩，这是人们对自身利益和命运关注程度增加的一种表现。于是，许多人以为，面对克隆技术可能给人类社会带来的潜在危害，如果人们不对其发展承担一种理性的引导和限制的社会责任，其可能会给人类社会带来重大危害。因此，像克隆技术这样与生命个体密切相关的技术与其他类型的技术相比，更加需要人文精神的关注，更加需要合理的规范和引导。

我们以为，在包括克隆技术在内的生物技术发展的初期，产生一些激烈的冲突和争论并不是一件坏事，这将会使相关的矛盾和问题及早地暴露出来，并把保证科学技术知识为人类造福的价值理性摆在了人们的面前，并通过人们的论争来澄清认识，解决这些矛盾和问题，无疑会有助于技术的健康发展和人类伦理观念的进步。

（三）伦理观念对克隆技术发展的介入

1. 理性地看待技术发展和应用中的弊端

从钻木取火、造船、铸剑，到能够利用蒸汽、电力、核能，再到制造电子计算机、航天飞机和人造卫星等，整个人类社会发展历史中的每一次进步几乎都与技术的发展密切相关。人们对技术的"感恩"和"崇敬"之心从未完全泯灭过。因此，我们要充分肯定技术的益人性，实事求是地承认"技术在本质上是人性化的，技术适应和满足人的生理需要，唤起、引发和满足人的社会需要，人类因为有了技术才有更加多样化的物质生活、文化精神生活的追求，才可能有更充实的人际交往和社会贡献"。①

然而，在现实社会中，技术的发展态势又是极其复杂的，人们常常不能准确地预测它未来的发展方向和后果。技术在复杂的社会环境中，往往摆脱人类理性的控制而对人类社会生活及生活环境产生负面的影响，并且使传统伦理观念受到越来越多的挑战和冲击，这种情况显然违背了技术发展应为人类服务的初衷。有人就把技术与人类社会的关系比喻为"水"与"舟"的关系，水能载舟，也能覆舟，这种比喻暗示了技术对人类社会影响的双重性。类似地，法国技术哲学家雅克·埃吕尔（Jacques Ellul）曾指出："技术总是产生出比它能够解决的问题更多的问题来。"对埃吕尔来讲，"问题"有时似乎只意味着"危害"（harm）和"不利"（disadvantage）。他还认为，新技术的引进从道德上讲，总会产生一些缺点。② 但是，技术的发展步伐能够停下来吗？

2. 技术发展需要倾听伦理的声音

在面对技术对人类社会可能会产生一些弊端或危害时，人们就提出了对技术发展进行规范、控制或引导的强烈要求。这其中就包括伦理学的规范与引导作用。对科学技术的质疑、规范或设置"禁区"等，早已成为许多伦理学工作者的热门话题。

今天，针对技术的发展问题，曾经流行一种观点说："技术上可能的事，不一定是伦理上应该做的。"这种技术的"能做"与"应做"之分的观点，本身就暗含着对技术设置"禁区"的意味。北京大学的夏学銮教授认为，社会伦理是社会文明的基础，人类社会之所以需要一个伦理架构，是因为我们的思想和行为都需要一个依托。而在社会学家眼中，科学技术发展的无止境很可能将打破我们赖以生存的这个依托。因此，对技术的应用方向和范围做一些限制完全是必要的。③ 对于生物技术发展和应用

---

① 陈红兵、陈昌曙：《论现实主义的技术态度》，载刘则渊、王续琨《工程·技术·哲学》，大连理工大学出版社，2002，第164页。

② Ted Lockhart, "Technological fixes for moral dilemmas," *Society for Philosophy and Technology*, 1995（1）.

③ 何自英：《伦理面对先进科学的挑战》，《北京晨报》2001年9月26日，第7版。

的方向性问题，人们常常举证如下一个简单的例子：如果利用基因技术能够拼接出一种严重危害人类生命健康的"超级病毒"，难道人们就可以去做吗？这种颇有理性的提法确实值得我们去深思。

人类社会的全面发展与进步，已经迫切要求对科学技术及其活动做更多人文价值和道德层面的评价。事实上，技术从研究到发展都是在社会大系统中进行的，服务于一定的社会目的，也就必然受到某种社会价值观念的影响和制约。技术是一种人的活动，其产物要由具体的人来使用，其后果要影响到人们的生存环境，要对社会不同群体的利益产生不同的影响。这其中任何一个环节都存在着伦理道德因素的影响，也就存在着通过伦理因素对技术活动过程进行干预的可能性。社会发展的现实需要将伦理介入科学技术活动中，呼唤人类用道德来规范科学技术的发展及其应用。可持续发展理论、网络伦理、生命伦理和生态伦理等的相继建立，正是出于人类对科学技术的理性认识，将科学技术与伦理结合，使伦理植入科学技术的发展中。

（四）伦理观念在克隆技术发展中的角色定位

1. 伦理观念在克隆技术发展中的预警作用

应用伦理学的一个重要研究目标就是要努力为科学技术的发展提出一些规范性的建议，并希望科学技术的应用能够置于这些伦理规范之下。但是，伦理观念真的能够规范科学技术的发展吗？能在多大程度上规范科学技术的发展？例如，伦理学者那样坚决地反对克隆人，克隆技术还是照样迅猛发展，一些人还在试图进行克隆人试验，也许"克隆人"有一天真的会降生。这一切似乎都显得伦理学不能担负起规范科学技术发展的作用。事实上，正如上海社会科学院的沈铭贤研究员所指出的，如果没有这么强大的伦理方面的反对声音，说不定这几年已经"克隆"出不少畸形人、残疾人了，或者其他什么"怪物"。伦理学至少是推迟了这一天的到来。否则，克隆技术也许就不会像今天这样健康顺利地发展。伦理学家从人类安全和尊严出发，从科学更好地为人类造福出发，反对克隆人，但不反对发展克隆技术，有着明显的积极作用。[1]

---

[1]　沈铭贤：《伦理学扮演什么角色》，《科学时报》2002年6月17日，第6版。

因此，为了保证克隆技术的健康发展，在其发展过程中确实需要伦理学家及伦理观念的介入，需要倾听他们的声音。甚至有人提出伦理要对技术活动进行某种"实时监控"。我们以为，这种提法具有一定的合理性和必要性。并且，伦理学家及其研究内容、研究方式不是只被动地适应科学技术的挑战，而是要能够预见科学技术发展中所要产生的问题和矛盾，特别是要观察和思考当今克隆技术的发展会给人类带来哪些深远影响，提出自己的理性见解，起到针对防范技术负效应发生的预见和警诫作用。因为，人们对技术发展在伦理道德层面的不安，可以在技术发展的道路上设置一点点障碍或者影响某种技术的扩散面和扩散速度，为人类社会采取对策留下一个缓冲的时间和空间。但是，伦理观念的这种作用，应该不是为了阻碍技术的发展，而是要最大限度地减少技术发展给人类社会带来的可能性危害。

2. 伦理观念不应仅仅为克隆技术的发展设定"禁区"

有许多伦理观念（诸如生育、死亡观念等）制约或影响着人们的生活与实践。虽然，人类的伦理道德随着人类社会形态以及人类社会生活的变迁，可以发生一定的变化。但是，人类的伦理道德作为一种较为稳定的社会意识形态，往往具有强大的历史继承性，包容了许多世代相袭的观念，没有强烈的触动是不会轻易改变的，即使改变起来也是非常缓慢的，因而具有相对保守、稳定的一面。对于由科学技术发展带来的一些新事物、新问题往往不是马上接受，而是存在着一个较长时间的接受过程。事实上，有不少伦理学者站在传统伦理立场上，试图要为科学技术的发展设置发展"禁区"，以此来限制技术发展的盲目性。然而，科学技术有其自身的发展进程和规律，任何事物都不可能最终阻挡它的发展。另外，科学技术方面的探索归根结底是人性的要求，给它设置禁区，也就限制了人性的发展，同时限制了它为人类造福的某些可能。[①] 在历史上，一旦科学技术方面产生重大发现和发明，总会有一些伦理学者（主要是宗教伦理学者）出来反对一通、指责一番。哥白尼、维萨留斯、塞尔维特、布鲁诺、

---

① 何祚庥：《我为什么支持克隆人研究——回答沈铭贤先生》，《科学时报》2002 年 9 月 23
日，第 6 版。

伽利略和达尔文等，这些近代科学的开创者和传播者们都曾蒙受过不公正的责难，甚至付出了生命代价。

任何技术的发展都是有其目的性的。故意设置危害人类生命、危害社会利益或挑战固有道德的技术恐怕是少有的。我们在谈到技术冲击伦理观念时，一定要仔细地审视技术的原初目的性。对于动物克隆技术，其研究的原初目的也并不在于克隆人，而是为了提高畜群的质量或制造新药等。在目前，人们不必为虚拟"克隆人"可能带来的伦理问题，而禁止从事相关的克隆技术研究。正如北京大学的高崇明教授所言："即使对克隆人持反对意见的人也不敢断言人类社会根本不需要搞克隆人。克隆人的研究会对解决发育生物学中某些理论问题提供契机，也可能会提供对人类很有用的技术。对于克隆人不要总想着伦理、法律和道德，这些极易束缚科学家的手脚和创造力。"[①] 对于现代科学技术的发展来讲，伦理学是有用的，即使伦理学者走向反科学、反技术的一面，他们的话语也能给我们一种警觉，促使我们去反思。毕竟，我们生活在一个日益多元化的世界中，这个世界需要倾听更多不同的声音。

（五）伦理框架开放性的必要性

科学技术的固有本质是不断地追求创新，并且人们在发展科学技术方面有一种勇往直前的不懈精神。这两方面的因素，就足以使得科学技术能够持续不竭地、以一种意想不到的速度发展着。相反，人类的伦理道德并没有随着科学技术的发展而同步发展，显得变化略为迟缓一些。因此，在面对新技术发展带来的新情况、新问题和新变化时，人类社会的伦理观念就显得应对不及。

在技术发展的道路上，人类时刻都面临着善与恶、进步与倒退的抉择。以前，人们在技术对伦理和社会影响问题的研究上，往往落后于技术发展的实际步伐。现在，人们对这些问题已经投入了很多的精力，并做出了更多的超前研究。但是，正如唐纳德·布鲁斯（Donald M. Bruce）所说："伦理学是科学发展的润滑油。这似乎暗示了伦理学的目的主要是减弱由新技术发现的宣布后初始反应而产生的摩擦，以便

---

① 谭少容：《怎样看待克隆人》，《光明日报》2001 年 9 月 17 日，第 8 版。

我们能及时地意识到我们的恐惧或怀疑都是没有根据的。如关于心脏移植，曾遇到许多怀疑论。也许再过五十年，人们不再反对克隆人，就像现在不去反对心脏移植那样。总有一天，我们会视之为非常普通的事情。"① 因此，科学技术与伦理观念发展速度的不均衡性肯定要被人为地打破。

科学技术作为一种强势文化是推动世界前进的重要原动力，其迅猛发展必然要影响人类的伦理道德观念。显然，人类的伦理观念也要随着科学技术实践活动的快速发展而发生变化。因此，伦理学要与时俱进，要适应新情况和新变化。尽管，我们并不主张人类的伦理道德去无条件地完全适应科学技术发展的现实，而至少应该做一些相应的微小调整，改变一些具体的伦理规范和行为准则，这是完全必要的，也是可能的。新的伦理框架应该从封闭走向开放，根据变化的客观存在给伦理规范重新定位和调整。既有保持长期相对不变的基本内核，也应该有颇具弹性的边缘区，以便接纳新事物。② 对此，美国学者伯纳德·罗林（Bernard E. Rollin）讲道："生物技术虽然仍在发展初期。但在仅仅 20 年间，它已经给我们提出了许多完全没有准备的道德问题，因而，我们对此回答得很笨拙。由于生物技术在以指数速度发展着，这种伤脑筋的问题还将会增加，并且变得更为复杂……因此，为了评估新的生物技术进展，一种伦理概念上的新框架在今天仍是必需的。如同在过去为适应和解释新的自然科学成果，由思想家笛卡尔、斯宾诺莎和莱布尼兹创造了新的哲学框架一样。"③ 总之，克隆技术的发展以及它所展现的各种可能性，为应用伦理学、技术哲学提供了许多新鲜、生动的现实素材和研究课题。一旦出现"克隆人"所带来的一系列伦理难题，我们应对这些难题认真地进行分析，而不必夸大问题的难度和不可解决性。应用伦理学要通过结合技术发展实际的研究与分析，提出人们在对待新的技术行为方式时所应遵循的原则和价值

---

① Donald M. , "Polly, Dolly, Megan and Morag: A view from Edinburgh on cloning and genetic engineering," *Society for Philosophy and Technology* (1997): 82 - 91.

② 刘科：《人类生育技术化与传统伦理框架的开放》，《河南师范大学学报》（社会科学版）2002 年第 1 期，第 60 ~ 63 页。

③ Bernard E. Rollin. "Keeping up with cloneses - issues in human cloning," *The Journal of Ethics* (1999): 50 - 57.

观。究其实，技术的发展应该与伦理观念所展现的高度是相互统一的。为此，伦理学者要与科技专家以及其他方面的专家、社会公众、政府管理部门，进行合作、沟通、交流和协商，共同探讨科学技术发展所带来的实际的或可能的社会伦理问题，来积极地促进科学技术与人类社会、自然界的协调发展。

第二章 基因技术的价值探寻

这里所讲的基因技术主要是转基因技术，特别是指在农业生产领域应用的技术。农业转基因技术发展比较快，已经实现了大田种植。但是，自从转基因农产品问世以来，就面临着无休止的责难、疑问和恐惧。因此，我们有必要深入探析基因技术的价值问题，弄清人们争论的实质，走出认识上的误区。

一 基因技术异化现象及其价值诠释

基因技术作为一个复杂的技术系统，在为人类创造生存机遇和物质财富的过程中，异化作用亦日益凸显，已经不同程度地危及生态安全、人类身心健康和社会伦理秩序。通过考察基因技术的异化现象，从价值论角度探究其产生的根源，旨在积极地把握基因技术的发展契机，有效地弱化其负面影响。

20 世纪 70 年代以来，在细胞遗传学、分子生物学等学科的有力支撑下，人们获得了有效的遗传基因操作能力，在基因技术领域取得许多重大突破，以至于有人称之为"基因革命"。基因技术充分利用生物遗传基因以及生物活性组织作为反应器，为人类提供新产品和医学服务等，出现了基因农业、基因制药、基因克隆、基因诊断、基因治疗、基因设计等一系列技术活动。正是此类蓬勃发展的技术，影响了人们的生存环境、生活方式和价值观念，衍生了不少令人忧虑的异化现象。我们必须理性审视基因技术的异化问题，摆正基因技术的位置，为之设定良好的发展目标。

（一）基因技术异化现象初露端倪

人类社会发展史表明，科学技术与社会的关系密切。正如罗素所言：

"科学自它首次存在时，已对纯科学领域外的事物发生了重大影响。"① 但是，科学技术进步的主题总是多元的、模糊不清的，呈现为建设性与破坏性的统一。在现代生物技术飞速发展的背景下，基因技术重塑了人与自然、人与人、人与社会的三类基本的关系，给人类社会带来事实与逻辑两个层面的异化风险。

1. 基因技术对生态的异化

基因技术引起的生态问题是指人的生存环境受到基因技术应用的威胁或破坏。人们利用强大的基因技术手段，对生物界进行有效的操控，其环境影响越来越深刻，必然会超越自然界自我修复的能力范围，给人类社会带来难以补救的生态灾难。无论是基因重组技术还是克隆技术的发展与广泛应用，都有可能导致生物多样性的消失，使生物圈朝着单一化方向发展。如果没有经过严格生物安全和环境安全评估的转基因生物活体释放出来，会引起外来生物入侵、超级病毒的滋生与传播等环境威胁，将逐渐累积成大范围的生态危机。举例来说，拥有抗除草剂性能的转基因作物，既可以通过"基因漂移"使邻近作物成为转基因物种，也可以使杂草变成"超级杂草"，对除草剂产生抗性并世代遗传，进而抑制自然物种的生长。这就是新型的"基因污染"，会造成大面积农作物出现变异，破坏物种的多样性和生态平衡。人们还担忧，类似"巨鼠"这样的转基因动物是否会成为威胁人类生存的异类？虽然以上所说的生态风险多数尚属于理论上的推测，但是已有实际个案的发生。人们应当及早做好基因技术风险的预警和防范工作，因为迅猛发展的基因技术留给人们的准备时间并不充分。

2. 基因技术对人的异化

（1）生理层面的异化。在技术努力浸染一切的时代，德国哲学家海德格尔曾严正地指出："不仅生命体在培育和利用中从技术上被对象化了，而且原子物理学对各种生命体的现象的进攻也在大量进行中。归根结底，这是要把生命的本质交付给技术制造去处理。"② 事实上，基因技术把生命体作为研究与开发的对象，日益深入生命的本质，越来越多地涉及

---

① 〔英〕罗素：《人类的知识——其范围与限度》，张金言译，商务印书馆，1983，第479页。
② 〔德〕海德格尔：《林中路》，孙周兴译，上海译文出版社，1997，第295页。

人体本身。可以说，人类基因组计划的实施和完成，意味着人类遗传密码的揭示；意味着人们由认识和改造自然客体走向认识和改造生命主体；意味着将会发展出更加有效的治疗手段和药物；意味着基因技术将比其他技术更深刻、更直接地影响着人类个体。因此，人类个体的客体化、工具化和技术化趋势将更加明显，且不可逆转。在庞大的技术系统参照下，人体已降格为单纯的物质，成为技术随意加工的对象。无论是人体优生技术还是增强技术，都是通过基因修饰的方法试图改变后代的遗传特征，努力消除遗传缺陷，进而优化其智力、性格、外貌和体格。这种工具理性思维和工业生产思维主导下的基因技术尽管不失其一定的积极意义，但其过度使用无疑会给人类个体在生理方面带来更多的技术伤害和技术风险。生殖性克隆也是一类基因操作技术，它将颠覆生物界的有性生殖方式，使一些人不再是自然孕育的产物，而是通过无性生殖成为技术制造的"产品"。在这项技术操作过程中，生命的神圣性就必然失去自然的底色，生命的意义和内涵也将逐步发生质的变化。这种看似高度技术化实为退化至生物界比较低级的无性生殖方式，"必将破坏个人具有的独特基因型，长期下去可能会导致人类基因库趋向单一性；导致人类基因的纯化和退化；降低人类适应自然环境、社会环境变化的生存能力；也可能诱发出危害性较大的新型疾病，从而最终影响人类进化发展的多样性进程"。① 另外，在基因治疗中，技术操作是否影响人体的正常机能？是否造成一些未知病毒基因侵入人体，引发难以应对的流行性疾病？这还不包括基因技术操作本身的风险。这些挥之不去的异化问题值得人们从社会学、哲学等多个层面去深刻反思。

（2）心理层面的异化。基因技术的发展和应用引发了人们的消极心理反应，主要表现为基因技术依赖与基因技术恐惧的情感纠结。一方面，基因技术具有对生命体优化和强化的目标，既能修补某些遗传缺陷，也能改善人的遗传素质，还有望治疗人类的各种疑难顽症，甚至是延长人的寿命。这使得人们沉浸在对基因技术发展美好前景的期待和依赖中。另一方面，在缺少科学权威的评判声音时针对转基因农产品生物安全、健康安全

---

① 刘科：《后克隆时代的技术价值分析》，中国社会科学出版社，2004，第72页。

以及基因治疗的各种风险传闻,人们又容易对基因技术产生迷茫、焦虑甚至恐惧的心理。正如美国学者里夫金所说:"遗传工程既代表着我们最甜蜜的希望,同时也代表着我们最隐秘的恐惧。在讨论这门新技术时,人们很难保持心平气和。这项技术直接触动了人对自身的定义。这项技术是人类控制自身和自然的终极象征——帮助我们按照我们的理想来塑造自身和我们周围的生物。"[①] 可以说,基因技术已经深刻地扰动了人们的精神世界和价值标准,让人们以一种十分矛盾的心理缓步走进生物技术世纪。

3. 基因技术对社会的异化

以生命科学为基础的基因技术源于社会的需求和支持,反过来又从多方面影响整个社会系统,特别是在社会层面张扬和扩散了"基因决定论"和"基因万能论"的观念。

(1)加剧了社会成员的分化。在社会群体层面,人们利用基因技术,"通过对基因的改造,修改生物特定的本质并将其市场化,农业社会失去了它原来拥有的和生物世界特定的关系"。[②] 这就从根本上改变了农民与种子、农民与土地的关系,使农民更多地受制于基因种子公司的技术垄断和技术霸权。另外,基因设计会主观导致新的社会分层:一类是基因得到修饰和改进的阶层(基因贵族,Gene-rich);另一类是没有机会和条件进行基因设计与增强的阶层(基因贫民,Gene-poor)。这势必人为地增加了社会的不公正。在国家层面,发达国家与发展中国家在基因技术领域发展很不平衡,并且差距逐步加大。发达国家具有的人才和技术优势使其在基因技术领域拥有越来越多的专利,发展中国家在此方面却每况愈下。摆在我们面前的难题是:正如发展中国家与发达国家之间在信息和通信技术领域已经存在的"数字鸿沟"一样,两者在基因技术领域是否会出现"基因鸿沟"?若真是如此,将会引起更多的国际政治争端和贸易纷争。

(2)扰乱了社会伦理秩序。基因技术对社会的异化是指该技术在运用过程中带来的消极作用和负面社会影响。国外有些公司、企业和其他用

---

① 〔美〕杰里米·里夫金:《生物技术世纪:用基因重塑世界》,付立杰等译,上海科技教育出版社,2000,第2页。

② 〔法〕R. A. B. 皮埃尔等:《美丽的新种子——转基因作物对农民的威胁》,许云锴译,商务印书馆,2005,第88页。

人部门开始对应聘人员进行非医学用途的基因检测，依据检测结果再决定是否雇用。这种做法无疑会排斥有基因缺陷的应聘人员，造成新型的基因歧视，违背社会正义伦理。同理，各类保险公司也会竞相效仿，通过基因技术对保险人群进行分类评估和目标筛选，这样做既破坏了保险的救济精神，也破坏了社会的公平秩序。围绕基因技术的社会应用，将使个人的生命权、隐私权等受到不同程度的破坏。特别是将个人的基因隐私暴露于社会中，会不断出现侵犯个人权利的事件，对人类的社会秩序、法律秩序和伦理秩序构成严重的挑战，也会造成现行道德规范的沦落和社会秩序的混乱。因此，基因技术的发展为伦理学、社会学和法学等提出了许多尖锐的研究课题。另外，当社会缺失有效的基因技术风险预警机制时，人们就会对基因技术产品的理解和接纳趋于保守，甚至会对之采取激进的抵制行为。自转基因产品问世以来，反转基因产品（主要是食品）的示威活动在世界范围已经爆发多起，既影响了整个生物技术的发展进程，也为社会发展注入了不稳定因素。

（二）基因技术异化的多重根源

基因技术属于人类的一种创造性知识体系和社会实践活动。它既处于自然系统中，受人们的认知条件、认知能力和认知水平的限制；也处于社会系统中，受政治、经济、法律、伦理等社会因素的影响。因此，伴随基因技术发展和应用的异化问题必然是复杂的、动态的，具有多重根源。

1. 基因技术异化的科学根源

基因技术发展的局限性。技术哲学家拉普指出："迄今为止人类所创造的和未来要创造的一切技术都是与自然法则相一致的，而在这一范围内它们根本不是非自然的。"[①] 同理，基因技术的研究、开发和应用具有自然属性，要受自然物质条件和自然规律、特别是生命规律的支配和限定，这是基因技术存在的客观基础。由于生命微观系统的复杂性，人们对生命运动规律和基因本质的认知必定有一个不断积累和完善的渐进过程。因此，作为实践手段的基因技术就会表现出阶段性、局限性和不成熟性，这会造成基因操作后果的不确定性，为技术风险和技术异化的出现提供了

---

① 〔德〕F. 拉普：《技术哲学导论》，刘武等译，辽宁科学技术出版社，1986，第 102 页。

空间。

基因技术本质的干预性。基因技术是依据生命规律解蔽生命本质的重要方式，它具有限定、强求、挑战的特点，迫使生命从自然状态进入一种非自然的技术状态，不断地使"自然生命"变为"人工生命"，成为一种被谋算、被功能化的技术产品。基因技术越向深度和广度发展，就越超出人们的驾驭能力。基因技术是对生命状态的深层干预，其应用必然会扰动生命界的自然秩序。实质上，基因技术本身就蕴含一种给人类、环境和社会带来危害的可能性。正如哲学家约纳斯所言："我压制着一种先验的恐惧感，当我想起人－畜雌雄同体这种骇人听闻的事件时，这种感觉就让人毛骨悚然。雌雄同体这种现象已经在重新结合的 DNA 研究符号中，在分子生物学的实践前景中完全合乎逻辑地出现了。"① 换言之，基因技术与基因技术异化在逻辑上具有共生性。

2. 基因技术异化的主体根源

人类认知和预测水平的片面性。恩格斯指出："我们只能在我们时代的条件下进行认识，而且这些条件达到什么程度，我们便认识到什么程度。"② 在较短的时间内，人们对生命体及其本质规律的认识具有片面性和有限性，不可能认识研究对象的所有特征，也难以准确预见其未来的变化。人们对基因技术发展后果的认识同样需要一个较为漫长的过程。人们相对容易预测和掌控基因技术近期的、直接的后果，却不容易及时认识基因技术远期的、次生的后果。因此，在特定的历史阶段，人们不可能全面预测基因技术的未来发展趋势和可能会产生的各种后果。特别是基因技术研发周期日益缩短，其成果转化速度加快，人们更不容易进行充分有效的技术评估。

研究人员技术责任伦理的缺失。在基因技术的研究、开发和应用过程中，急功近利的情况并不少见。特别是一些生命科学工作者受到公司、基金会和私人财团的资助，为追逐较大的经济回报而有意弱化乃至漠视技术责任伦理的社会诉求，会大大增加基因技术异化的可能性。为此，诺贝尔

---

① 〔美〕汉斯·约纳斯：《技术、医学与伦理学》，张荣译，上海译文出版社，2008，第162 页。

② 〔德〕恩格斯：《自然辩证法》，人民出版社，1971，第 219 页。

生理学与医学奖获得者巴尔迪摩指出："今天在分子生物学领域几乎没有留下什么纯粹的学术研究。既然遗传工程已经走向商业化，学术性则放在其次了。目前许多高级研究者都与生物技术公司有着密切的关联，他们进行自我约束（self-scrutiny）的情形就变得更为复杂了。"[①]

3. 基因技术异化的社会根源

基因技术是人类有目的的实践活动，是科学发展的产物，也是社会发展的产物。基因技术的发展不可能脱离社会土壤，我们必须在现实政治、经济和文化等背景下谈论基因技术的异化问题。事实上，各种社会因素的单一或综合作用都会影响基因技术发展的速度、方向、规模和风格，影响其产品和用途。马尔库塞曾指出："政治意图已经渗透进处于不断进步的技术，技术的逻各斯被转变成依然存在的奴役状态的逻各斯。技术的解放力量——使事物工具化——转而成为解放的桎梏，即使人也工具化。"[②] 当今社会，基因技术的研究与开发越来越多地服务于经济和政治发展的需要，成为农业、医疗卫生和环境保护事业的一个支撑。特别是在经济利益的有力驱动下，"技术的统治不仅把一切存在者设立为生产过程中可制造的东西，而且通过市场把生产的产品提供出来。人之人性和物之物性，都在贯彻意图的制造范围内分化为一个在市场上可计算出的市场价值"[③]。人们对待基因技术也是如此。加上缺乏道德监督和法律约束，人们滥用基因技术的行为将会不断发生，随之带来更多的技术异化问题，危及社会的健全发展。

（三）基因技术异化的价值诠释

基因技术异化是一种现实存在，既涉及基因技术本身的价值问题，也涉及对其社会影响的价值评判问题。从价值论的视角对其进行诠释，有利于认识基因技术异化的原因，有利于调节基因技术的发展方向，有利于防范基因技术异化的侵蚀和扩大。

1. 基因技术价值的裂变

李宏伟、王前教授认为："技术价值就是技术与主体之间的一种相互

---

① Marcia Barinaga, "Asilomar Revisited: Lessons for Today," *Science*, (2000): 1584 - 1585.
② 〔美〕马尔库塞：《单向度的人——发达工业社会意识形态研究》，刘继译，上海译文出版社，2006，第45页。
③ 〔德〕海德格尔：《林中路》，孙周兴译，上海译文出版社，1997，第298页。

关系，它表达着技术对人的需要、发展的肯定或否定的性质、程度，并在技术与人的相互作用过程中不断展现开来。"① 但是，任何一类技术都不蕴含单一的价值，而是有多种价值构成的一个价值体系。正是技术本身价值的多元性，使其包含着以后分裂的因子。随着技术的发展和社会应用，一些技术类别将超出人类的驾驭范围，其预期价值发生了重大变化，带来了和原有技术价值目标相背离的影响，也就出现了技术价值裂变。基因技术在实际应用过程中，其潜在价值将转变成现实价值，总会冒出一些意想不到的价值形态。也就是说，基因技术的潜在价值与现实价值并不完全对应，即"潜在价值≠现实价值"。基因技术价值裂变出来的消极价值，往往就建构了基因技术的异化现象。

2. 工具理性对基因技术发展的影响

价值观的性质和水平反映了人们的行为目的和水平，决定着人们的价值判断和取向。人们在开发和应用基因技术时受其价值观的深刻影响，有什么样的技术价值观就会有什么样的基因技术活动内容和取向。工业革命以来，人们高度张扬技术理性，坚信技术是万能的，盲目陶醉于改造自然的胜利之中。对此，哲学家罗素认为："科学提高了人类控制大自然的能力，因而据此认为很可能会增加人类的快乐和富足。这种情形只能建立在理性基础上，但事实上人类总是被激情和本能所束缚。"② 事实证明，技术理性是一种狭隘的、自负的工具理性，却长期占据人类精神领域的主导地位，价值理性则日益落寞。在工具理性的影响下，人们片面追求科技进步和经济增长，导致整个社会物欲膨胀、生态破坏和人性沦落。可以说，基因技术异化及其所引发的危机，是价值危机和社会文化危机的体现。人们过分注重基因技术的工具性、功能性和目的性，过分追逐它的实用效果，由此导致人们盲目地应用、甚至是误用基因技术，不断带来技术异化。然而，价值理性强调人的主体性，追求行为目的的合理性、全面性，它既关注眼前利益，又重视长远利益。只有在价值理性的引导下，人们才能更好地挖掘基因技术对人类生存和发展的意义。

---

① 李宏伟、王前：《技术价值特点分析》，《科学技术与辩证法》2001 年第 4 期，第 41 ~ 43 页。

② 〔英〕罗素：《罗素文集》，改革出版社，1996，第 583 页。

3. 不同的价值主体与基因技术的社会认同

在谈及基因技术异化时，总是要涉及特定的价值主体。不同的价值主体囿于自身的利益范式，以自身的价值取向来判定技术异化问题。由于价值主体的判断标准不同，人们对同一种基因技术的评定也不尽相同。当基因技术与特定主体的价值取向相同时，这种基因技术是价值的正向实现。反之，当基因技术与另一类特定价值主体的利益相背离时，则表现为技术异化。比如，一些宗教信仰会禁止食用一些物种，如果转基因作物的外源基因是被宗教禁止食用的物种，就会遭到信教人士的坚决反对。因此，不同的价值主体有着不同的价值标准，认识问题的方式也存在着差异，难以在短时间内形成对基因技术价值的社会认同，甚至会导致基因技术价值观的严重冲突。

围绕基因技术价值的争议过程，既是人们适应基因时代变革的过程，也是科学技术走向民主化的过程。美国学者夏皮若指出："没有什么重要的生物风险是单靠科学家能够评估出的，科学家对此项工作可能有巨大的贡献，但他们不能单独做出决定。"① 因此，针对基因技术的发展，"在建立一种新道德时，更多地也是依靠公众，依靠公民们的讨论和赞同，而不是主要靠哲学或者科学的权威。我们所需要的基因伦理学不能依靠专家们的'发明'，而应当是一种公开和集体讨论过程的产物。"② 包括基因技术在内的生物技术风险的讨论和政策制定，客观上需要公众的积极参与和关注，使基因技术在不同价值主体的理解和监督中不断发展。但是，公众对基因技术价值的社会认同需要时间，更需要信息交流和协商民主。

总之，正如斯诺所讲："只有合理运用技术，控制和指导技术的所作所为，我们才有希望使社会生活比我们自己的生活更如人意，或者说一种实际的而不是难以想象的社会生活。"③ 我们需要遵循"不伤害"、"尊重"、"有益"和"公正"的生命伦理基本原则，积极正视基因技术异化现象，从中总结经验和接受教训，寻求规避和弱化基因技术异化现象的途径，更加理性地认识、改进和完善基因技术。

---

① Marcia Barinaga, "Asilomar Revisited: Lessons for Today," *Science*, (2000): 1584 – 1585.
② 〔德〕拜尔茨：《基因伦理学》，马怀琪译，华夏出版社，2000，第 340 页。
③ 〔英〕斯诺：《两种文化》，纪树立译，三联书店，1994，第 5 页。

二　转基因农产品生物安全评价中的非科学因素

转基因农产品的生物安全评价至今仍然是一个十分复杂、困难的问题，包含了经济贸易、消费心理和社会文化等非科学因素的影响。为了让公众获得更为客观的生物安全信息，有必要区分评价过程中的非科学因素，加强生物安全评价中的国际合作。在我国，要多从粮食安全的角度考虑转基因农产品的生物安全问题，避免错失此项技术的发展机遇。

在现代生物技术体系中，农业转基因技术最早实现大规模的产业化、市场化，其直接和间接产品已经走进人们的日常生活。与转基因农产品密切相关的食品安全与生态安全评价一直是一个非常重要的、久有争议的敏感话题。生物安全问题已经成为、并且继续成为农业转基因技术市场化及产品推广过程中的一个难关，在一定程度上制约了这项技术的发展速度。转基因农产品安全评价的复杂性和技术难度，使得安全评价在很大程度上成为一种逻辑推演。在其他社会因素的作用下，把一个本质上属于科学的生物安全评价问题变成了一场非科学的论争，影响了人们对农业转基因技术及其产品认识的客观性。

（一）转基因农产品生物安全评价的困境

目前，科学工作者还无法就转基因农产品对人体健康和生态环境是否会产生危害以及危害程度大小等问题在短时间内给出翔实的定论。由于生物安全评价问题本身具有的复杂性，即使在科学界内部，对此类问题也存在着较多的争论和分歧，转基因农产品的安全性考证就一度陷入了困境之中。主要表现为以下几个方面。

1. 缺乏生物安全评价的数据和有效方法

有不少专家从科学理论上推测转基因农产品可能存在着一定的风险。例如，在食品安全方面，利用转基因技术将外源 DNA 导入另一生物体基因组中，改变了原有生物体的基因组成。这样做是否会带来新的毒素、致敏源，从而引起食用者急性、慢性中毒或过敏反应？现有的知识和技术方法还无法有效预测这些可能的后果和反应。在环境安全方面，人们担心抗虫或抗逆性的转基因农作物可能会对非目标生物产生影响，又是否会造成杂草化、基因污染和生物多样性减少等问题？由于农业大田的环境十分复杂，有关转基因农产品的安全评价数据往往会受到不同地区、气候和其他诸多环境因子的影响，使生态安全问题由于缺乏大样本调查及长时间的数据积累而不能深入研究，而多半停留在逻辑推理阶段。正如一些专家所说，生物安全问题是一个十分复杂的问题，它"涉及各学科领域的研究，如生物技术、生态学、植物保护、育种、生物多样性保护以及食品安全等方面。要调动各领域科技人员的积极性，多学科共同攻关研究。逐步明确涉及生态风险及人体健康的有关问题，研究解决问题的各种途径，采取必要的安全措施，让这项高新技术更好地造福于人类"。[①]

2. 生物安全评价的历时性

农业转基因技术实现产业化已有三十多年，世界范围内的年种植面积已超过了一亿公顷，直接或间接食用转基因农产品的人群已有十亿之多，至今还未明确发现对人体健康构成危害以及引发生态风险事故的实例。但是，这并不足以说明转基因农产品是安全的，也不足以打消人们心中的存疑和忧虑。这里存在一个证实与证伪的不对称性，安全性问题仍需要有一个长时间的验证过程。

专家们认为，在一些转基因农作物中，转入的生长激素类基因有可能对人体生长发育产生重大影响。由于人体内生物化学反应的复杂性，有些影响需要经过较长时间才能表现出来。另外，一些毒性物质对人体的危害也需要经过一个积累的过程才能显现。目前看来，转基因农产品的安全性测试在时间上还不够充分。随着转基因技术的发展，人类不能排除新的转基因农产品对人体产生危害的可能性，仍然需要对各类转基因产品逐个进行长期的安全监测和研究，才有可能得出一些规律性的结论，才能为转基因生物安全的正确评价和有效管理提供科学依据。至于转基因农作物的生态风险评价，由于"生态系统特有的复杂性，到底应该抓住哪些主要参数还有待摸索。生态风险的出现还具有长期的滞后性，转基因生物的环境安全问题需要进行长期的系统研究"[②]。因此，在批准转基因农产品市场

---

① 钱迎倩、魏伟、马克平：《对生物安全问题的思考》，《科学对社会的影响》2002 年第 4 期，第 23～28 页。

② 聂呈荣、骆世明、王建武：《GMO 生物安全评价研究进展》，《生态学杂志》2003 年第 2 期，第 43～48 页。

化之前试图完全弄清其安全性及各种长期效应的想法是不现实的、也是不可能的。换言之，人们不可能等到农业转基因技术及其产品被证实安全可靠之后才去实现产业化。

3. 对生物安全评价中"实质等同"原则的质疑

目前在对转基因农产品进行食品安全评价时，国际上广泛采用了操作简便、有一定说服力的"实质等同"（Substantial Equivalence）原则。这项原则强调在评价转基因食品安全性时，不是去评价它的"绝对安全性"，而是评价它与非转基因的同类传统产品相比较的"相对安全性"。如果转基因农产品与传统农产品具有实质等同性，可以认为它是安全的；反之，则应对其进行更为严格的安全评价。在评价过程中还要注重"个案分析"，即对转基因产品的安全性不一概而论。可以这样说，"如果采用'实质等同'原则作'个案分析'，则现已批准商品化生产的转基因生物生产的食品都是安全的"。[①]

然而，仍有不少专家对这个"实质等同"原则提出质疑，认为这项原则并不完善，没有很好地解决转基因农产品的安全性问题。对每一产品或一批产品进行个别评价的标准都具有一定的暂时性，也就包含着一定程度的不确定性。更为全面的食品安全评价应该对转基因产品所有的常量、微量营养元素、抗营养因子、植物内毒素、标记基因、次级代谢物以及各种致敏源等都要进行严格分析之后才能判断该产品安全与否。不可否认，这种评价方法很全面，但成本很高，周期也长。正如旭日干院士所讲："转基因生物安全是具体的，种类众多，千差万别，不同的受体生物、不同的外源基因、不同的基因操作方法、不同的接收环境，其安全性都会有很大的差异。要对转基因生物进行个案分析，要搞清楚是否存在危险或潜在风险、危害程度和概率有多大、其后果如何等问题，在具有足够技术资料和试验数据支持基础上才能做出科学判断。"[②] 同时，我们应该看到，"生物安全"概念还具有相对性，人们在不同的国家、地区和不同的时期对生物安全有着不同的标准和要求。随着社会进步和人们生活水平的提

---

① 杜岩：《转基因生物安全性的法律控制》，《中国环境报》2001 年 5 月 25 日，第 3 版。

② 冯华：《把好转基因生物安全关：专家解答能否放心食用》，《人民日报》2006 年 7 月 11 日，第 5 版。

高，人们会对食品安全和生态安全提出更高的要求，这必将加大转基因农产品生物安全评价的难度。

（二）生物安全评价过程中的非科学因素

目前，有关转基因农产品的生物安全争议已经涉及世界范围内的许多国家和地区，在很大程度上超越了科学范畴，演变为一个经济贸易、市场保护、消费心理和社会文化等多种因素相互交织的复杂问题。可以说，生物安全在一定程度上已经成为随着利益而变化、调整的弹性物，成为当事方进行利益博弈的重要筹码。

1. 生物安全评价中的经济因素

随着经济全球化进程的不断发展，世界范围的市场竞争日益加剧。生物安全论争已经涉及国际经济、贸易平衡和传统农产品保护等多种经济因素。对生物安全评价问题的弱化和强化态度已经成为风险与利益博弈的结果。

其一，对生物安全问题的弱化行为。美国是世界上农业转基因技术应用最广泛的国家，也是最大的既得利益者。美国为确保其对转基因农产品的世界市场占有率，就经常以贸易自由为旗号坚决反对别的国家对转基因农产品施加严格的监管手段和歧视政策。美国还通过各种渠道大力宣传转基因食品的安全性，增加消费者的信心。同时，美国在制定转基因农产品风险评价等技术法规上，还加强同国际植物保护协会、国际食品法典委员会、生物安全议定书以及世界贸易组织的合作。通过上述行为，美国"一方面进一步加强对某些环节的技术研究，回答目前转基因生物安全评价中不能解决的问题；另一方面努力使其评价标准国际化，为其转基因产品进入世界贸易市场提供服务，消除转基因产品在贸易上的歧视，继续扩大美国转基因产品的国际贸易份额"。[①]

其二，对生物安全问题的强化行为。欧洲一些国家以转基因农产品不安全为由，借助安全争论，强化生物安全监管，限制或拒绝转基因农产品的大量进口，极力实施贸易保护主义。这样在很大程度上保护了本国农产

---

① 林祥明、朱洲：《美国转基因生物安全法规体系的形成与发展》，《世界农业》2004 年第 5 期，第 14～17 页。

品市场与农民的利益，缓解了转基因农产品进口对国内市场的压力，抵制了美国在农业转基因技术领域的垄断。但是，这样做可能违背了世界贸易组织的有关规则。于是，包括欧盟国家在内的许多国家出台了转基因限量标准与标签制度，事实上造成了对进口转基因农产品的歧视性政策，大大增加了转基因农产品在检测、隔离和标识方面的成本，抬高了其市场价格，从而间接限制了其进口能力。例如，欧盟通过制定食品法，对转基因标签做出了越来越严格的规定，设置了技术性贸易壁垒，增加了美国转基因农产品进入欧盟市场的难度，削减了美国农产品在消费市场上的竞争力。可见，基于转基因生物安全评价的不确定性现实，可以人为地对此安全问题进行强化和弱化，带有浓厚的源于经济利益权衡的主观色彩。

2. 生物安全评价中的消费者因素

农业转基因技术的迅猛发展，确实超出了一般公众的理解和认识能力。在科学界尚对转基因农产品安全问题存有争议时，也就不可能希望普通的消费者会对此有一致的看法。同时，消费者具有不同的信息获取渠道、不同的科学分辨能力以及对新知识的不同理解方式，这就必然导致消费者对转基因农产品产生不同的认知态度。甚至为数不少的普通消费者在没有很好地了解转基因技术、转基因产品的前提下，只是受到一些媒体的炒作和误导影响，就可能因转基因农产品的潜在风险而对其持全面否定的态度。另外，在曾经做过的调查中表明，大多数欧洲人不愿意食用转基因食品，原因还在于转基因农产品没有给消费者带来明显的、真实的益处。例如，"首批转基因食品把好处带给了一些农业化学公司、种子供应商或者农民，但没带给消费者。消费者感受不到它的益处，却还要承担可能存在的风险，自然在心理上难以接受"。[①]

在 2000 年召开的《生物多样性公约》缔约国大会上通过了《卡塔赫纳生物安全议定书》，明确要求含转基因农产品的货物必须附加标识。这实际上是赞同了欧盟已经实施、许多国家即将实施的对转基因农产品的标签制度，这种制度安排把转基因农产品的市场命运交给了消费者。因此，

---

① 陈源：《欧洲对生物技术的回应：研究、规则和对话》，《国外社会科学》2002 年第 1 期，第 121～122 页。

众多消费者的态度将成为转基因农产品市场化的一个关键影响因素。今天，世界各国在转基因农产品安全评价过程中，不可能不涉及或考虑消费者因素，甚至会利用消费者因素来增加或减弱生物安全意识。换言之，通过人为地增加或减弱生物安全意识来影响消费者的态度，让消费者接受或者拒斥转基因农产品。

3. 生物安全评价中的社会文化因素

其一，生态政治文化的影响。由于全球生态危机导致人类的生存和发展日益受到威胁，协调人与自然、人与人之间关系的社会需求导致了生态问题日益政治化，也形成了生态政治文化。今天，生态政治文化的影响非常广泛，而且很容易得到社会公众的广泛认同。"绿色政治运动"已在西方发达国家蓬勃发展。在大面积推广转基因农作物的过程中，生物安全也成为各类"绿党"、"绿色和平组织"和"新卢德运动"等团体的批评武器。一些激进的组织还破坏了转基因农作物的试验田和试验设备，对转基因农产品的加工和贸易持强烈反对态度。不可否认，这些组织及个人过分强调、甚至夸大转基因农产品的潜在风险，无视其正面社会价值，其观点难免偏颇。但是，它们的言行却赢得不少社会舆论的支持，从而影响了生物安全的客观评价。

其二，技术恐惧文化的影响。人们对转基因农产品生物安全的普遍关注和争议，还包含了一种长期形成的生物技术恐惧文化的影响。尽管对于并没有专门背景知识的一般公众来说，对于一个新技术和新产品的恐慌、不安和疑虑是一种正常的反应。但是，在西方国家，有关生物技术恐惧的文化已积淀很久，诸如《弗兰肯斯坦》、《美丽的新世界》和《美丽的新种子》等文学作品以及《侏罗纪公园》、《苍蝇》和《克隆人的进攻》等影视作品，在给人们很多惊险刺激的视听感受和心理体验的同时，引发了人们强烈的生物技术恐惧感——生物技术往往是令人恐怖的、非人性的噩梦。另外，类似疯牛病、二噁英等有害物质引起的食品安全事件在大部分欧洲消费者心理上投下了沉重的、难以消除的阴影，使之对转基因产品比较谨慎。有不少人称转基因食品为"弗兰肯斯坦食品"（Frankenstein food）。再加上一些本身仍有疑问的转基因生物安全事件，如普斯陶（Pusztai）事件和帝王蝶事件等被一些媒体夸大宣传，强化了人们对转基因农产品的现实恐惧感和心理拒斥，阻碍了其市场化进程。

总之，转基因农产品安全性的争论在一定程度上成为不同国家、不同集团利益冲突的表现，也折射出人们不同的社会文化和社会心理。

（三）走出生物安全评价的非科学误区

既然目前科学家不能立即对转基因农产品的安全问题给出一个科学的定论，我们要更为客观地看待这一问题，走出生物安全评价的非科学误区则十分必要。

1. 加强全球生物安全问题的科学研究

随着转基因农作物新品种的不断出现，种植面积的不断扩大，食品工业应用范围越来越广，就有可能不断引入新的风险因素。同时，一些社会公众对转基因农产品仍然持保留态度，仍然会提出有关安全性的疑问。但是，对于不少转基因产品，"目前的生物安全评价多由生物技术公司自身提供，缺乏客观性。因而有必要通过完全科学、客观、公正的安全性评价实践，积累足够的证据和资料来解决这些问题"。① 同时，为避免生物安全评价的地方利益影响，需要在全球范围内建立和不断完善科学的安全评价体系、评价方法、评价指标、评价标准和评价原则，通过有效的跟踪监测和监督报告机制来保障转基因农产品的安全性，将可能的危害控制在最小范围内，给社会公众更为满意的答复。为此，目前特别要加强发达国家与发展中国家之间生物安全问题的科学合作研究、信息交流和人才培养，建立起全球生物安全测量与监控网络，及时公开有关安全数据和资料，以实现信息共享。

2. 为社会公众提供更多真实的安全信息

由于相关信息的缺乏或者获取信息的渠道不畅通，社会公众对农业转基因技术及其产品了解太少，对其安全性就会不可避免地持有较多的疑虑。不可否认，社会公众是转基因农产品的现实和潜在消费者，他们的态度在很大程度上决定了转基因农产品的命运，他们有必要了解更多真实的安全信息。因此，无论是科学共同体，还是生物技术公司都"必须重视

---

① 聂呈荣、骆世明、王建武：《GMO 生物安全评价研究进展》，《生态学杂志》2003 年第 2 期，第 43～48 页。

消费者的呼声，获得公众的认可，做好科学普及工作，让公众充分认识转基因农产品，信任生物技术的科研、产业化体系"。① 特别强调的是，科技工作者要承担起更多的宣传责任，使公众对转基因农产品的性质、特点、可能的风险、风险评价的现状与困境以及该类产品的社会价值等方面的信息有更多的了解，并且为公众积极参与生物安全评价过程提供机会，让这类技术的发展和管理过程更加透明、公正，使人们能够更好地把握技术和产品。

　　为了提高公众对农业转基因技术及其产品的接受程度，"还需要生物技术及其产品所涉及的社会主体即国家代表、经济界代表和消费者代表三方面之间进行持久的、公开的对话"。② 这样做就可以促进当事各方在引入转基因技术和产品方面达成社会共识，或者让大家在了解各自立场方面进行有益的沟通，有助于理性地认识生物安全问题，消除公众对转基因农产品的过分恐惧心理和疑虑，使技术进步赢得公众的信任和理解。可以说，转基因技术的日益普及和公众对这一技术及其产品的了解加深，必将有利于农业转基因技术的健康发展。

　　3. 转基因产品标识的合理性

　　现代责任伦理学认为，"当人们在对某一行为抉择的益处与风险暂时得不到一致的答案且科学知识也无法提供必要的论据支持的时候，决断个体化就是一项十分明智的战略，让公民自己承担选择的责任以及这种选择带来的后果"。③ 同样地，在社会公众对转基因生物及食品的安全性仍然存在担忧的情况下，应当尊重公众的意愿，保障其有选择的权利。因此，实施转基因产品强制性标识管理，维护消费者的合法权益就是一个非常现实、明智的做法，也是落实个体化战略的具体措施。例如，根据《卡塔赫纳生物安全议定书》第 18 条规定，用于食物、饲料和加工之用的基因改造生物应附有单据，说明其"可能含有"基因改造生物。现在，很多

---

① 李尉民等：《〈卡塔赫纳生物安全议定书〉及其对转基因农产品国际贸易和生物技术发展的影响与对策》，《生物技术通报》2000 年第 5 期，第 7～10 页。

② 白锡：《略论农业食品生物技术的影响与接受程度》，《国外社会科学》1997 年第 1 期，第 54～58 页。

③ 甘绍平：《论一线伦理与二线伦理》，《哲学研究》2006 年第 2 期，第 67～74 页。

国家和地区都已经严格执行了转基因农产品的强制性标识制度，通过明示的标签让消费者获得有关转基因食品的详细信息，如成分构成、基因来源和制作过程等。尽管这种做法可能在短时期会影响转基因农产品的出口贸易和市场前景，却从法律和制度层面上保障了消费者的知情权与选择权，由消费者根据自己对风险的承受程度和生活习惯来决定是否接受此类产品。这必将有助于人们以一种平和的、理性的心态来对待生物安全问题，避免了欺诈、激进和莽撞的商业言行，赢得了广大消费者的信任，最终会有利于妥善解决生物安全评价问题。

4. 粮食安全的优先性

在认真思考和处理转基因农产品的生物安全问题时，我们还必须看到，农业转基因技术及其产品具有自身的特点和优势，如高产、优质、抗逆性强等。考虑到世界范围内人口的持续增长、可耕地面积减少、淡水资源短缺加剧和环境压力与日俱增的现状，农业转基因技术对世界农业经济的影响深远，对于维护一个国家甚至于整个世界的粮食安全的意义也十分重大。由于转基因农产品潜在的生物安全问题涉及很多方面，不同国家和不同利益群体之间的争论一时难以调和，要取得全球性共识仍将是一项长期的任务。但是，不能因为某些缺乏科学根据的猜测而限制或阻止发展农业转基因技术，这将会影响世界农业的可持续发展。对于那些仍然在温饱线上痛苦挣扎、在营养不良中饱受煎熬的发展中国家的人民来说，饥饿与贫穷才是最大的敌人、最大的风险。我国作为世界人口最多的国家，也面临着粮食安全这样一个极其重要的社会经济问题。早在1986年，邓小平就高瞻远瞩地指出："将来农业问题的出路，最终要由生物工程来解决，要靠尖端技术。"[①] 这一说法已经得到了我国广大农业科学工作者、生物技术工作者的一致赞同。

（四）结论

在目前针对转基因农产品的生物安全评价陷入困境时，又渗入了较多的非科学因素。当我们努力超越转基因农产品生物安全评价中的非科学因素，去追寻生物安全评价的客观目标时，又不得不优先考虑粮食安全这一

---

① 《邓小平文选》第3卷，人民出版社，1994，第275页。

评价的非科学因素，实在是一个无奈的悖论。但是，这种悖论也正反映了转基因农产品安全评价的复杂性——科学因素与社会因素的相互渗透性，这是人们在思考和制定农业转基因技术研究与未来发展战略时不容回避的现实问题。

三 基因技术实践忧患的人文向度解读

作为一类新兴技术，基因技术以其独特的技术对象、结构和功能，彰显着与人文价值关联的复杂性。它在给人类社会带来许多梦想和希望的同时，也产生或将会产生诸多复杂的实践忧患，这一问题亟待人文主义视野的关照与解读，并寻求一条消解之路。

（一）基因技术实践的社会忧患

基因技术发展产生的社会忧患主要表现在技术经济层面、社会进步层面以及价值观念层面。

1. 技术经济层面

首先，基因技术以生命科学的研究为理论基础。由于生命科学仍处于成熟前阶段，很多基因技术领域的理论基础都有待进一步的完善。科学上的不确定性必将导致技术风险的广泛存在。目前，包括食物过敏、遗传物质缺失、跨物种感染、致癌性、营养成分改变以及潜在生理毒性等在内的转基因技术食品以及生物医药，正在向人们提出越来越多亟待解决的难题。

其次，基因技术产品研发周期比较长，要求有较大的资金投入以及充足数量的人才配置，其进一步发展必将与其他技术领域争夺社会资源。在人类基因组计划取得成功之后，许多国家都倾向于通过早日参与，积极投入人力、物力、财力，在基因技术领域展开了技术竞争以谋求新的发展机遇，力争在"后基因组时代"占据经济制高点。但是，对基因技术的过度资助和人才倾斜有可能影响或限制其他重要技术领域的发展。

最后，由于基因技术高投入的成本含量，基因技术成果的受益人群在一开始未必是社会大众。由于基因技术是在分子水平上进行的操作，其知识含量和资金成本相对要高出其他技术领域很多，这就使得基因技术的受众首先是占社会人口比重很小的富裕、权势阶层，而包括工薪阶层、农民在内的社会大众只能望而却步。可见，基因技术的进一步发展可能会给我们这个已经过分强调商业成功的社会推波助澜，使社会资源流向更加失衡。

2. 社会进步层面

第一，基因技术的发展有可能侵犯个人隐私。基因信息是个人重要的隐私，个人基因信息的泄漏会在入学、就业、婚姻、儿童收养等方面带来严重的歧视后果。目前，基因检测和基因诊断在某些部门已得到广泛地实际应用。比如，司法部门可以运用 DNA 图谱以达到鉴定亲子、鉴定罪犯的目的。同科学上的准确度一样，基因诊断和鉴定的对象、程序、权限和结果值得社会予以关注，因为采集、鉴定 DNA 本身就是对个人隐私权和自由权的一种干涉。一旦个人的 DNA 组成以及家庭的基因隐私通过某种途径传播出去，将可能给受检者及其亲属，甚至给后代带来难以预料的隐患。

第二，基因技术的应用会影响到社会公众的心理走向。破译人类基因组的秘密，其目的无疑是为了改变我们自己，而这种改造既包括对疾病的基因治疗，又包括对个体遗传特性的改变。目前，人们普遍担心科学家既可能利用基因技术设计出具有"优势基因"的"基因贵族"，也可能设计出受人驱使或当工具使用的具有"弱势基因"的"基因贱民"。人们曾展开针对克隆人技术发展目标的严重忧虑和对"克隆人"伦理问题的虚拟论争，无疑充分反映了现代人的生物技术恐惧。另外，基因技术的发展为最终解析人类心理过程、"祛魅"人类精神世界并对其进行人为操作、定向控制提供了有效的手段。将基因技术应用于操纵人类心理过程，有可能消除人类心理过程的复杂性和灵活性，最终可能导致人性的泯灭。一旦基因技术与社会因素结合起来定向改造或者设计出具有特定意识形式的"人"，我们人类的精神世界将会受到极大的挑战。

第三，基因技术的发展还影响到生命科学工作者之间的正常交流。在今天的遗传学、分子生物学领域，几乎没有留下多少"纯粹"的学术研究空间。遗传工程研究越来越商业化，许多高级研究者都与生物技术公司有着密切的联系。另外，基因技术产业过分地依赖于专利保护而获利。对利润最大化的追求驱使基因技术产业尽其最大可能申请专利，使得原本服务于全人类、需要全人类协作攻关的生命科学研究和生物技术创新活动演变成了一个保密程度极高的领域。基于社会功利价值层面的考虑而引起的对基因技术制高点的争夺、对基因技术专利的不懈申请，都会阻碍科学家之间自由的思想交流，影响生命科学的发展。

第四，基因技术发展的不平衡有可能影响国际政治经济新秩序的建立。由于基因技术研究与发展水平的差异性，在世界范围内出现了基因"边缘国家"或"圈外国家"现象，造成了"知识富国"和"知识穷国"之别。以基因技术为主导的新一轮技术革命浪潮有可能进一步拉大南北差距，使发展中国家的贫困问题、医疗保健问题等更加严重。掌握先进生物技术的发达国家通过将发展中国家的生物资源引种、杂交、培育以及基因重组后产生出优质高产的品种，以此来抢占国际市场。在这个过程中，发达国家不但谋取了高额利润，而且还通过申请专利的方法将原产国的基因资源据为己有。这不仅阻碍了公正、公平、互惠、互利的国际经济新秩序的形成，而且加剧了国际经济政治秩序的不合理状况，影响到全人类的健康和可持续发展。同时，世界上的霸权主义和强权政治利用基因技术的新理念、新成果在对发展中国家的奴役和掠夺中采取了更加隐蔽的形式。例如，自20世纪90年代以来，国外一批又一批的研究机构，以联合研究、投资或控股中国基因技术类公司、赞助健康工程等形式进入中国，大量采集中国人群遗传疾病和其他遗传特性的基因资料。①

第五，基因技术日益改变着我们的社会生活方式。当人们宣布基因技术的阶段性积极成果时，必然会渐渐失去一种感性的、具有直接意义的生活方式。不可否认，基因技术在农业中的应用有可能彻底改变传统的耕作方式；在工业中广泛采用基因技术有可能改变人们的饮食结构、生产方式；用基因技术生产的药物进行治疗有可能压制同样有效的传统治疗方式，等等。这些改变会把我们带进一个陌生的境地，使我们茫然不知所措。

第六，基因武器有可能成为比原子弹更为可怕的威慑力量。与传统的杀伤性武器不同，基因武器作用于人的遗传物质和遗传特性，其影响是持

---

① 高崇明、张爱琴：《生物伦理学十五讲》，北京大学出版社，2004，第32页。

久的、不可逆的。利用基因技术制造出来的武器一旦用于战争，就会使全人类的未来发生难以预料的改变，不单单是一代人、几代人受到伤害，很可能使人类的进化过程受到影响。对此，美国学者布罗克（Steven M. Block）曾指出："正如一个世代前世界知名的原子能专家们对应用原子能于和平目的的呼吁那样，现在已经到了世界知名的生命科学家们对他们的研究成果的可能消极应用予以关注，并努力使人类免受其害的时候。"①

3. 价值观念层面

基因技术的发展及其社会应用还衍生出许多价值问题，对传统伦理道德的冲击是巨大的，引发了人们长时间的争议。基因技术在现代医学和食品工业中的应用凸显了对人的价值和尊严等传统观念的违背以及对未来代人权的侵犯。例如，把人的某些基因转入农作物或牛、羊等家畜体内，结果在农作物或家畜的肉、奶中含有人的某些蛋白质，这样做是否违反了人类伦理道德？将动物蛋白质基因导入农作物中，是否会侵犯素食者或宗教信仰者的权益？当代人有随意处置人类基因的权利吗？

基因技术影响到人类的价值取向。基因技术独特的价值负荷直接或间接地涉及一系列的经济和社会过程，改变着人类的行为方式。基因技术将要成为人类社会的"座架"之一，它要求人们诉诸自身发展的技术规范。这种规范注重于近期目标、定量的方法以及技术活动的物理后果，对长期的文化价值和社会后果、对地球维持生命的能力等影响考虑却不多。基因技术通过自身已有的成就和可能的潜力影响着人们看待世界的方式。

基因技术还强烈地影响到人类的代际关系。当代人的技术活动能够有力地影响世界的未来。因此，我们对于后世有着不可推卸的责任，必须处理好技术可能性与其现实应用之间的关系。尽管基因技术的发展总有一天会提供自由操纵人类自身的手段，但是没有任何个人、群体或社会组织能宣布拥有决定未来世代命运的合法权利。

（二）基因技术实践的生态忧患

基因技术的作用对象是生物体及其组成部分，它的作用结果是改变生

---

① Steven M. Block, "The Growing Threat of Biological Weapons," *American Scientist*（2001）: 28 – 37.

物界的组成结构和生物体的自然生长过程。因此，基因技术对生物体的改变所引起的生态忧患可能是深刻的。

1. 对物种多样性的破坏

物种多样性是生物多样性的重要形式，它关系到全球生物链的相对稳定以及人类的存在。人们利用基因技术在提高农作物产量的过程中，大面积地栽培单一品种的作物，降低了物种的丰度和农作物种类的遗传多样性，从而使作物整体的抗逆性大幅度降低。另外，基因技术的进步与市场经济需求在功利层面的结合，使得一些企业和个人为了获得最大利润，不顾及人类生存与发展的长远利益，对生物资源进行掠夺式的开发并极大地改变和破坏着生态环境，人为地造成了物种多样性的大大减少。随之而来的物种灭绝速度的加快，造成了可被人类利用的技术操作对象的愈益减少和人类生存条件的破坏。人们利用基因技术对物种多样性的可能破坏，其危害的严重性并不只是单一物种或某一生态现象的消失或过早消亡的问题，而是可能造成一切有机体的维持生存的生态基质的破坏。

2. 对生物进化机制的扰动

基因技术为了满足人类多方面的需求，以生态系统、生物物种、特定基因为操作对象。在实现人类生产的效率诉求的同时，也在不断地干扰生物进化的自然性。由于基因技术作用后果的不完全预知性，特定基因的人为改变作为一个重要因素对生物进化产生着不可逆的影响。转基因产品、人工生态环境日益成为现时代的强势存在物。在生物进化的外在方面，自然选择的长期及大量作用让位于人工选择的短期定向作用；在生物进化的内在方面，较新层次生物特性的出现不再是"自然而然"。基因技术极大地遮蔽了生物界的复杂性，正愈加严重地破坏生物进化的合作性特征。

3. 对生态系统复杂性的破坏

基因技术对生命体进行改造、重构，不可避免地会为了满足人类的需求而对生态系统产生影响。例如，2002 年 1 月，在加拿大种植的转抗除草剂基因油菜，与周围的杂草出现了授粉杂交，并结出了抗药性的种子。这些杂草的种子萌发生长后，将会变成现有的农药无法控制的野草。①

————————————

① 高崇明、张爱琴：《生物伦理学十五讲》，北京大学出版社，2004，第81页。

转基因生物进入食物链之后有可能会对人类造成意想不到的伤害。又如，一些人在食用某种转基因玉米后就出现了过敏症状。当今，外来物种对于生态系统的负面作用已经引起了社会各界的普遍关注。因此，通过运用基因技术而生产的作物新品种对于特定生态系统来讲也同样是"外来物种"。由于转基因生物对人类功利需求的暂时满足，其负面影响和对于生态平衡的破坏作用则更为隐蔽。

生态学的研究表明，一个健康的生态系统是相对稳定和可持续的，其突出表现为在时间性上能够维持组织结构、自治及对胁迫的恢复力。从人类需求的角度进行考虑，健康的生态系统能够维持其复杂性并提供维持人类社区的多种生态服务。[①] 反思基因技术可能对生态系统造成的破坏，夯实人类生存条件、资源和环境的保育基础，是人类发展基因技术的不可或缺的出发点。

4. 加剧了生物圈对技术圈的依赖

与生物圈相类比，可以把人造的技术及其环境称作"技术圈"。今天的技术圈已经演变成一股占据主导地位的力量，决定着生物圈的状况。基因技术加剧了生物圈对技术圈的依赖。由于在分子水平上对生命体进行多样的操作，基因技术极大地改变着生物圈的运行基础，同时极大地塑造并加强技术圈的运行模式。基因技术将使包括人类自身在内的所有生命体无一例外地成为技术操作的对象。人类不仅作为技术主体隶属于技术圈，而且人的可以操作的衍化过程也成为技术圈衍化的一个组成部分。包括人在内的所有生物共用一套遗传密码，基因技术通过对遗传物质的改变正在改变着生物圈的面貌，基因技术正日益销蚀生物圈运行的基础，从而实现了技术圈对于人、生物圈的绝对霸权。基因技术的巨大成就模糊了天然自然与人工自然之间的界线，给物质实体的自然注入了新的理解方式。当今时代，基因技术的生成演变正在打碎人类的生态迷梦。

（三）结语

基因技术的社会应用伴随了诸多负面效应，这是技术价值两重性的客

---

① 沈文君等：《生态系统健康理论与评价方法探析》，《中国生态农业学报》2004 年第 1 期，第 159～161 页。

观表现。基因技术作为一种"座架"、一种强求的安排，正在与人的本质处于紧张的对峙之中。面对这种"危险"，我们只有在思想上猛醒，正确解读基因技术与人文价值的这种剧烈冲突，才可能付诸有效的行动，通过可行的途径避免用自己创造的技术否定自己。

人类利用技术变革自然、实现自身价值的历史同时也是一个不断为自身创造困惑、使自身异化的过程。我们在经过无数次的挫折与失败之后逐渐认识到：单纯依靠发展新的技术来克服以往的技术带来的生存困惑和伦理疑难是远远不够的。要想摆脱这种困境，除了依靠现代科技的力量之外，还需要改变我们的文化观念、行为方式，变革社会制度中不合理的成分。基因技术的发展同样需要如此来做。

以人类为主体的技术活动是一个具体的社会历史过程，在技术由潜在形态转化为现实形态的运动过程中，人文价值观起着选择和定向作用。日益凸显的世界的整体性向我们显示了崭新的时代要求和人类思想的高度，学科的交叉综合则为我们提供了在困惑中继续前行、消除基因技术人文困惑的有力支撑。① 基因技术的进一步健康发展需要我们从哲学、伦理学、社会学、文化人类学等跨学科的广阔视野予以关注。

四　基因工程技术发展的人文价值原则及导引

基因工程技术与人文价值有着复杂的关联性。基因工程技术社会功能的显现过程，也是人文价值的生成和发展过程。通过确立开放的技术伦理评估框架、推广人文主义的科学教育观、强化生命科学家的道德责任感等途径，协同好基因工程技术发展与人文价值提升的关系，实现用人文价值原则导引基因工程技术发展的目的。

重新审视当代社会的人文价值观，为基因工程技术的健康发展提供一个可供参照的人本坐标和社会文化尺度，是当下一件颇为重要的事情。

（一）人文价值导引基因工程技术发展的可能性

1. 基因工程技术与人文价值之间的关联性

基因工程技术是自然属性和社会属性的统一体。由于基因工程技术的

① 余良耘：《技术追问的三个维度》，《科学技术与辩证法》2005年第3期，第66～70页。

作用对象包括人在内，其发展和运用必然涉及多种人文价值，在个体层面、群体层面和"类"的层面影响到人与人、人与社会以及人与自然的关系。基因工程技术为人类摆脱生物本性上的局限从而实现更大的目标创造着条件，给人类带来无限的梦想和希望。同时，基因工程技术又对人类的文明和智力，甚至对人类的肉体生存和心理健康都带来了新的、更大的限制和风险。基因工程技术的发展并不总是合乎人的本质诉求，其背离人类本性、负面作用于人的本质的一面已经表现出来，已经产生和将要产生更为复杂的伦理、法律、社会和生态等问题，亟须人们从人文价值视角关注。

基因工程技术发展的人文困惑就是这项技术在其发展过程中对现时代人文价值观念的冲击，表现为基因工程技术对价值观念的重构和社会文化价值对基因工程技术的审视。这种困惑折射出社会发展中的物质层面和精神层面的不协调。对于技术与人文价值之间的激荡，我们必须承认和审慎对待。其实，基因工程技术的价值维度与社会人文价值之间有着互惠的影响，基因工程技术与人文价值的协同发展不仅是可能的，而且是必要的。

2. 人文价值导引基因工程技术发展的可能性

现代技术的实体因素决定着现时代人们的生产、生活和精神状况，影响着"人-社会-自然"大系统的衍化，表征着现阶段人类文明的发展水平。同时，人文价值规定了技术发展的方向和目的，通过影响技术制度、体制及其意识形态实现着对现代技术的选择、过滤、扩散和社会整合。因此，用人文价值导引基因工程技术的发展是完全有可能的。

人文价值对基因工程技术的发展有着理性的制约作用。M. 谢勒认为，每次理性认识活动之前，都有一个评价的情感活动。因为只有注意到对象的价值，对象才表现为值得研究和有意义的东西。[①] 基因工程技术的发展从根本上说，要受到人们的情感、态度以及社会伦理规范的影响。基因工程技术活动必然要受到当今时代占主导地位的文化价值——科学精神和人文精神的双重影响。现代基因工程技术体现着科学与人文之间的互补关系：一方面，在探讨现代基因工程技术活动的意义和技术决策的标准

---

① 〔德〕F. 拉普：《技术哲学导论》，刘武等译，辽宁科学技术出版社，1986，第7～8页。

时，离不开对其人文精神的思考；另一方面，要确定解决特定问题的技术方案和预测现代基因工程技术的物质后果，只有运用理性的科学精神才能做出回答。以科学精神和人文精神的和合统一为主导的当今社会文化价值以其解释作用、论证作用和导向作用，创设出基因工程技术发展的社会心理氛围、可行条件并制约着其发展的可能规模、速度和方向。

人文价值导引基因工程技术的发展又是必需的。东北大学陈昌曙教授曾指出，现代技术从根本上来说都是人造的，人在多种情况和相当程度上可以干预和选择技术，即在技术创新的方向，对在何种场合、何种程度上应用技术、运用何种技术发展战略和技术政策都有选择的自由；国家、部门和企业都有技术选择的任务，工程师、企业家都有进行技术选择的能力。[①] 具体说来，人是基因工程技术发生和发展的主体，没有科技工作者的努力就不可能有基因工程技术的产生；基因工程技术的根本宗旨或最终目标是为人类造福，为解决人的问题服务的。基因工程技术是手段，人是目的。坚持以人为本，关心人的价值、尊严、平等、自由和全面发展，应该始终成为基因工程技术发展的首要目标。

总之，基因工程技术与人文价值的逻辑关联提供了人文价值导引基因工程技术发展的可能性，现时代基因工程技术发展的潜在人文困惑又日益彰显了人文价值导引基因工程技术发展的必要性。人文价值必须通过作用于基因工程技术的制度层面和价值观层面对此项技术的社会应用及其发展导引方向。

（二）人文价值导引基因工程技术发展的主要原则

在发展基因工程技术以促进社会福利和提升人文价值的同时，前瞻性地关注其多方面的负面影响，在两者之间形成"必要的张力"，在人文价值的导引下寻求一种既能在当前行得通、又有利于长远发展的基因工程技术发展模式。

1. 人本原则

基因工程技术只有在"人－社会－自然"大系统的协调发展中才能得以发展并最终实现人的价值追求。人本原则要求人们在研制、发展基因

---

① 陈昌曙：《技术哲学引论》，科学出版社，1999，第219页。

工程技术的过程中，有意识地实现人、社会、自然的整体和谐，关注人类的持续生存和发展。

首先，人类与其生物与非生物环境之间的和谐是人类社会长期存在的原初条件和人类文明得以延续的基本保障。基因工程技术的发展要充分考虑自然生态的承载力和可持续性。人们应当充分利用基因工程技术提供的主动性和选择性，在促进基因工程技术发展的同时维持生态系统的完整、稳定和有序发展，通过自身有目的的活动，建立一种符合自然生态系统发展规律的社会实践和组织形式。

其次，社会层面中政治、经济、文化和教育环境等之间的和谐是基因工程技术发展的现实社会条件。基因工程技术的发展既取决于社会的需要，受到特定社会主导文化价值的制约，同时也广泛地影响到社会生活的方方面面。基因工程技术的发展要因人、因地、因时制宜，充分考虑其发展的社会条件和社会影响，在实现自身发展的同时促进社会的进步。

最后，实现人的自由和发展是基因工程技术发展的归宿。当下人们谈论更多的是基因工程技术的可能异化以及基因工程技术发展带来的人性丧失。事实上，基因工程技术从来就不缺乏人性，其发展就是为实现人的自由和全面发展创造着越来越多的条件。基因工程技术正在为更高级的人类生存方式提供机会，为更好的人类生活质量、生命质量创造手段。

2. 技术与伦理观念协同原则

基因工程技术已经成为推动经济社会发展的重要动因，其迅猛发展必然会影响到人类社会固有的观念。例如，早在 20 世纪 90 年代初，欧洲许多公众就开始强烈反对进口转基因食品，他们认为转基因食品有损人类健康，认为他们有足够的可供选择的食物，因此不需要这类食品。一些政治家为了自身利益，也充分利用这场舆论纷争，试图将它演变成一场公众的政治运动。1999 年，奥地利、比利时、丹麦、法国、希腊、意大利和卢森堡等 7 个国家明令禁止销售转基因食品，在 4 年内不得发展转基因食品。但是，随着转基因技术的进一步成熟，到了 2002 年 10 月，欧盟又通过了一项关于最终种植转基因农作物的新的指导方针。[①]

---

① 高崇明、张爱琴：《生物伦理学十五讲》，北京大学出版社，2004，第 85~86 页。

随着包括基因工程技术在内的现代生物技术的发展，人类社会无论从制度方面还是物质方面都已经发生了很大的变革。由人类社会历史实践孵化产生出来的伦理观念同样要适应新情况和新变化，以崭新的姿态解决新问题。我们并不主张人类的伦理观念无条件地完全适应或简单地迎合基因工程技术发展的现实，但至少应该做出相应的调整，改变一些具体的伦理规范和行为准则。伦理学家的研究内容和研究方式不要只被动地适应基因工程技术所带来的挑战，而要能够预见基因工程技术发展中所要产生的问题和矛盾，起到针对防范基因工程技术负效应发生的预见和警诫作用。[①]人文价值作为人类社会存在和发展的基本理想，必然规定着基因工程技术的发展方向。在实践中，通过发展的人文价值以及社会控制可以实现对基因工程技术的导向作用。这种导向作用与生命科学研究和生物技术的自由创造相协调，最终有望促进基因工程技术的人性化发展。

我们在利用基因工程技术改造物质世界的同时，也要分析和改造我们自己的精神世界，从而实现两个世界的和谐统一。在今天生物技术的辉煌与其人文忧患并存的时代，基因工程技术无论是对人文价值的弘扬还是毁灭都提供了更大的可能空间。基因工程技术视野与人文价值视野需要很好的对接，技术的发展应该与伦理观念所展现的高度是相互统一的。

3. 非功利性原则

现代生命科学和基因工程技术已经分别成为目前重要的前沿科学和关键技术，它们相互促进、相互影响，将同时迎来一个迅猛发展的新时代。现代科学整体化趋势以及科学与技术的密切关联，要求我们重视生命科学与基因工程技术的协调发展，把基因工程技术建立在牢固的科学基础之上。

相对于基因工程技术的功利诉求，生命科学基础研究要求更多的是勤勤恳恳、踏踏实实、不懈努力和淡泊名利的心态与行为。这要求人们对待基因工程技术的发展，要适当地超越功利心态并坚决反对急功近利。如果片面追求基因工程技术的快速发展而忽视生命科学基础研究，就会使基因工程技术逐渐失去自身存在的根基并最终导致自身发展的乏力。

非功利性原则还要求人们认真地对待基因工程技术，采取与传统技术

---

① 刘科：《后克隆时代的技术价值分析》，中国社会科学出版社，2004，第208页。

不同的运作方式。例如，由于一般药物的安全性或毒性试验对基因药物不一定适用，再加上种属差异性，基因工程药物对人的药理学活性在动物身上就不大可能得到完全、正确的反应。这样在进行安全性试验和临床应用时，就要求有不同于传统的毒性试验项目、方法、判断标准以及防范措施。由于转基因农作物相对于生态系统来讲属于"外来物种"，我们必须对转基因农作物从实验室走向大田试验的各个环节——中间试验阶段、环境释放阶段、生产性试验阶段进行严格而实时的监控，并且在其大田种植后也要继续依照新的标准采取分阶段的安全性评价。

非功利性原则要求我们统合人类智慧，理性地看待基因工程技术的发展，对基因工程技术要有选择、有限度的利用。这种理性的智慧之光，通过跨学科知识的综合、多元文化的交流，使我们获得一定沟通和共识并开始展现于生物技术实践中。我们深信，人类理性的智慧之光通过文化传承一定会使后代人发扬并继续展现于基因工程技术实践中。

（三）人文价值导引基因工程技术发展的途径探析

1. 确立开放的技术伦理评估框架

在当今文化多元的世界，我们很难在关于人文价值的合理理念方面达成共识，乃至不可能只有一种普适的技术伦理观。然而，人类社会面临着共同的技术应用问题，社会生活有其相通性，并且对"善"的追求是人性的重要向度，这一切都使得人们可以在基因工程技术的发展问题上，将价值存在的抽象性转化为具体规范的可能性并达成一些基础性的共识。然后，人们在此基础上愿意提出和遵守公平合作的条件，愿意承担判断的任务并接受其后果。例如，在已经过去的三十多年中，美国学术界针对生物技术的应用发展出了包括"行善原则"、"自主原则"、"不伤害原则"和"公正原则"在内的四条生物医学伦理原则，在世界产生了很大的影响，得到了广泛认同和实际应用。

为了评估基因工程技术的发展，搭建一种技术伦理评估的新框架在今天是必需的。我们要以生物伦理学理论多元的宽广襟怀，融合多样性的、具有共同基础的基因工程技术发展的指导原则，谋求实际应用过程中的共识。开放的技术伦理评估框架的目的只能是为了使人类生活得更好，使人类免受现代生物技术的可能危害。关涉人类前途的基因工程技术在其发展过程中一定要倾听来自各方面的声音，允许各种话语的自由表达，宽容地对待各种不同的学术观点和立场，这样才可能实现真正的自由并最终实现自身的健康发展。

2. 推广人文主义的科学教育观

科技素养已经成为衡量一个国家国民素质水平及其国际竞争力的重要指标之一，科学教育也日益占据了教育的主导地位。科学教育肩负着提高国民素质尤其是科学素质、引导社会人才勇于在未知领域中探求并走进科学的重任。面对新世纪科学技术高度综合化、整体化、自然科学与人文社会科学相互渗透和融合的发展趋势，科学教育必须以培养大量基础扎实、知识宽厚、综合素质高、创新能力强、既有科学素养又有人文理想的复合型人才为目标。科学技术活动中有人文因素，人文价值的实现离不开科学基础。因此，科学教育中包含着人文因素教育，完整的科学教育既包括科学技术知识的传授和能力的养成，也包括人文精神的熏陶。

造成科学发展的某些环节违背人类愿望的根本原因，是长期以来科学教育和人文教育的分离，人为地制造了科学与人文两大阵营，且相互对立和互不理解，形成了所谓的"两种文化"现象。① 尽管基因工程技术对社会、对人类有很多惠益，人们却必须找到把基因工程技术和我们文化的其他部分结合起来的方法，使"基因工程技术人性化"，让基因工程技术的发展得到理性的规范，而不能让其成为一种与我们的文化无关的纯粹工具来任意发展。如果基因工程技术只是被人们从功利主义的角度来看待，那么它在文化上的价值就没有得到完整而准确的表达，就会在其社会应用过程中给人类带来危害。要使基因工程技术始终服务于人类文明，我们在实践中就必须推广科学精神与人文精神、价值理性与工具理性相融合的新人文主义科学教育观。

加强科学教育过程中人文素养的融入，促进基因工程技术人才养成高尚的人文精神，完善其知识架构，能够极大地夯实人才基础，使他们在内心深处树立以人为本的理念，追求进步、向往和谐的人生理想，在科学实践上自觉地应用人文价值观念主导和支配基因工程技术的决策和选择，从

① 张劼：《萨顿新人文主义科学教育观》，《自然辩证法研究》2005 年第 1 期，第 97 ~ 104 页。

而对基因工程技术的健康发展起到有效的推动作用。

3. 强化生命科学家的道德责任，塑造基因工程师的行为范式

科技工作者对人类进步高度的社会责任感和道德责任感是科技进步的重要推动力。早在1974年，联合国教科文组织就在《关于科学研究工作者地位的建议》中提及科学家的道德责任。在当今大科学时代，发展科学技术已经成为国家行为，科技工作者必须考虑科学技术的社会后果以及自身的伦理责任。运用科技成果为全人类造福是科学家和技术工程师追求的美德。要实现"科学为全人类"的价值目标，迫切需要科学家和工程师自觉树立起新的责任意识。

基因工程技术的新发展赋予生命科学家和基因工程师们以前所未有的力量，同时也加重了他们的社会责任。基因工程技术在给人类带来福利的同时，还带来可以预见的和难以预见的危害甚至灾难。面对基因工程技术带来的诸多现实问题以及人们思想观念的变化，生命科学家和基因工程师作为生命科学知识最主要的载体和基因工程技术活动的主体，有责任、有义务树立坚定的科学良心和职业伦理道德，使基因工程技术为人类创造繁荣的同时，尽可能减少其负面影响。

科学良心是科技工作者内在的思想道德，是道德情感、道德认识和道德意志的具体体现，是科技工作者支配自己的科研工作为人类造福的道德支柱。因此，生命科学家要坚持不懈地加强科学道德修养，逐步将自己培养成为有良心的责任主体。基因工程技术的健康发展有赖于基因工程师在实践中自觉处理好基因工程技术积极社会功能的正常发挥与政治法律约束的关系，逐步形成一个既有利于基因工程技术发展又充分考虑其社会效应的、可操作的行为范式。[①]

4. 重视技术评论，营造公众参与的良好社会舆论氛围

基因工程技术的发展需要良好的社会舆论氛围。社会公众的态度和心理承受程度是基因工程技术发展与应用的重要参量。在现代信息发达的社会中，一种新技术概念在社会的扩散，一种新技术成果在社会的推广，一种新技术产品在社会的应用，均离不开众多媒体强大的中介传播作用。一

---

① 蔡贤浩：《谈现代科学共同体的伦理规范》，《广西社会科学》2004年第5期，第29~32页。

种技术在媒体宣传中的形象，将直接影响到社会公众对此项技术的接受态度。分析公众因基因工程技术的发展和应用而产生的社会心理问题，通过各种媒体开展富有成效的技术评论，及时引导并调适公众心理，对于基因工程技术的发展有着极其重要的意义。

在当今社会，没有公众科学技术素养的提高，在生命科学和基因工程技术研究中实现公众参与和顾及社会伦理道德将只是空谈。生命科学家和基因工程技术工程师在技术评论和公众心理调适中有着不可推卸的责任。他们有预测和评估基因工程技术社会应用的正负效应、对公众进行科学知识普及和技术风险教育的责任；结合自身的研究进程负责任地与公众进行多方面的对话和交流，通过开展技术评论有效地缓解社会公众期待与紧张的心理状态，从而创造一个良好的社会舆论氛围，为争取公众参与搭建一个互动的平台，最终实现基因工程技术的人性化发展。

大众传媒在塑造基因工程技术的社会形象、促进公众理解基因工程技术的过程中有着广泛而深远的影响。媒体通过自己的宣传，既可以起到为基因工程技术的发展争取社会投资、社会支持的作用，也可能招来社会公众对该项技术的强烈抵制。媒体对基因工程技术的理解程度和价值取向将直接影响到公众的心理走向。因此，较为理想的技术评论应以正确理解科学技术为基础，以科学精神为灵魂，坚持社会效益优先原则和进步的方向性原则，努力使社会公众及时把捉到基因工程技术的真实发展状况并积极参与创造条件，切实维护和实现好公众的知情权和选择权。通过公众参与和民主监督，促使基因工程技术以尽可能符合社会秩序和人道的方式发展，最终实现生命科学研究和基因工程技术创新的人文关怀。

5. 通过行业自律、立法和科技政策进行社会调控

在宏观层面，要处理好个人、社会和自然三者之间的关系，注意从社会整体效应和长期利益的角度对基因工程技术的发展做出调控；在微观层面，要着力形成科学技术发展与社会全面进步和谐一体的理念，使基因工程技术行业切实认识到自身的社会价值诉求。通过各方面的共同努力，使基因工程技术的发展实现更多的人文关怀，尽量减少其对社会利益的损害。

第一，行业自律是确保基因工程技术健康发展的基础。在促进基因工

程技术健康发展的前提下，以科学为依据，成立国际层面、国家层面和省（市、区）层面的基因工程技术管理组织及行业组织，全面整合社会资源，推动基因工程技术及产业健康发展。

第二，通过立法使基因工程技术在发展中趋利避害。制定有关法律和法规并不是阻挠基因工程技术的发展，而是对其提供引导和适当限制，由此争得充分的准备时间，以便人们能够充分估计基因工程技术发展的负面作用，建立一套可操作的制度和规则。为防止现代生物技术对人类生命个体的伤害和危及人类社会的发展，在发展生物技术方面一定要谨慎，要在严格的法律规范条件下有序进行。例如，我国制定出台的《基因工程安全管理办法》、《农业转基因生物安全管理条例》、《人类遗传资源管理暂行办法》等，都是对基因工程技术规范发展所做出的积极努力。

第三，宽松的基因工程技术发展政策是基因工程技术发展的重要条件。基因工程技术的发展关系到国家、民族乃至全人类的前途。在进行基因工程技术立法时应十分慎重，不要使基因工程技术工作者和生命科学家们在从事研究时感受到过多的社会压力。只有在一个宽松、民主、自由的社会环境中，科技工作者的积极性、主动性和创造性才能够得到充分发挥，才会真正有利于生命科学和基因工程技术的健康发展。在制定基因工程技术发展政策时要充分考虑到基因工程技术的社会价值、社会心理基础等，最终实现基因工程技术与经济社会的协调发展。

若想从根本上解决政府、企业和公众之间在基因工程技术发展方面的利益冲突，除了像 M.邦格所设想的力争技术的民主控制，即公众参与所有大规模的技术规划之外还需要有整个社会的变革。[1] 基因工程技术的发展和应用离不开社会的整体变革，需要通过适当的社会变革争得良好的社会文化环境。但是，这种有利于协调基因工程技术与其他社会领域冲突的社会文化环境，仅仅依靠基因工程技术本身的发展是无法营造的。

总之，我们希望在人文价值的引导下，寻求一种有利于基因工程技术健康发展的新模式，让本性为善的技术发展得更为完善，去收获一个美好的未来。

---

[1]　曹南燕：《科学家和工程师的伦理责任》，《哲学研究》2000 年第 1 期，第 45～61 页。

第三章 人兽嵌合与基因编辑的道德追问

生物技术在人类生殖领域的应用最容易引起人们的关注和争议，在道德层面属于敏感的技术话题。生育的技术化是当代技术社会化的重要表征之一，它会对人类后代产生诸多影响。不管是把人和其他动物的遗传基因进行融合，还是通过基因修饰实现后代基因的优化和增强，都在道德层面引起了人们的广泛争议。面对争议，我们最终还要有一个理性的选择，过度的情绪化是解决不了问题的。

一 人－动物细胞融合实验的社会焦虑及其价值抉择

人－动物细胞融合实验已成为生命科学前沿领域的一个研究热点，由于其研究对象的特殊性、敏感性和后果的不确定性，社会层面引发了持久而广泛的争议和焦虑。因此，要在概述该实验研究现状的基础上分析此类实验可能蕴含的利弊问题；要基于发展生命科学、促进人类健康事业的积极态度，对实验的潜在风险和价值进行充分权衡，理性辨析其社会评价中的情感定势、恐惧心理，进而主张构建具有开放性和包容性的生命伦理框架，规范并促进人－动物细胞融合实验的有序开展。

近十几年来，人－动物细胞融合实验成为生命科学前沿领域的一个研究热点，其研究动态通过媒介不断传出。作为动物胚胎干细胞研究的一个新方向，人－动物细胞融合实验在社会层面引发了广泛争议。为什么要对此进行研究？会导致怎样的结果？面对种种虚实间杂的局面，我们有必要抛弃情绪化的片面思维，对此实验进行细致考察与梳理。

（一）人－动物细胞融合实验的概念及现状

1. 人－动物细胞融合实验的概念界定

"人兽（畜）杂交""人兽混合胚胎""人兽怪物"等流行说法都是

人们对人－动物细胞融合实验的口语化表达，具有显著的情感标识色彩。"兽（畜）"一般指称不包括人在内的哺乳动物，它们与人有着严格的物种界限、形状差异和价值序列。通常认为，"人兽细胞融合""人兽杂交"是技术行为和过程"人兽混合胚胎""人兽怪物"则是技术结果。与之相关的科学名词有"嵌合体"、"杂合体"等。

嵌合体在英语中指 *Chimera*（喀迈拉）。"喀迈拉"在古希腊神话中是指一种具有狮头、山羊身和蛇尾的能够吐火的雌性怪物，由三种不同的动物杂合而成。该词语最早出现在公元前 9 世纪的荷马史诗《伊利亚特》（*Iliad*）中。在古希腊神话中的嵌合体形象还有 *Sphinx*（狮身人头的怪物）、*Centaur*（人首马身的怪物）等。在世界其他民族的神话故事、文学作品中也有类似的嵌合体形象。这反映了古人对人与动物在生理性状、生理功能和社会属性等方面相互融合的原始想象。

在现代遗传学中，嵌合体用来泛指不同遗传性状混杂表现的个体，或者任何由两个或两个以上具有不同生物遗传成分的组织构成的机体，包括动物与植物、动物与动物、人与动物之间的组合。在科学实践中，把两个来自异种动物的胚胎融合成一个胚胎，可以培育出异种嵌合体动物，如绵羊－山羊嵌合体、马－斑马嵌合体等都已培育成功。已经成功实施的绝大部分重组 DNA 技术的操作目标也是要在分子层面上创造各种嵌合体。杂合体（Hybrid）是由不同动物物种的生殖细胞结合并发育成的机体，该机体的每一个细胞核都包含来自两个不同物种的遗传物质。人们常见的骡子就是驴－马杂合体，是驴的精细胞和马的卵细胞融合发育后的产物。从理论上讲，如果把人的生殖细胞与其他动物的生殖细胞直接融合，将会得到人与动物各占 50% 遗传物质的混合胚胎。把动物的体细胞核移入人的去核卵细胞内，或把人的细胞核移植到去核的动物卵细胞内，都可以形成胞质杂合体（Cybrid），有望发育形成人－动物混合体。目前，这类人与动物之间的杂交方式既存在着"生殖隔离"事实和技术障碍，又会面临社会伦理和法律的巨大阻力，尚未有任何公开的研究报道。

2. 人－动物细胞融合实验的研究现状

迄今为止，研究人员在实验中创造出的所谓"人兽混合胚胎"，都是把人体细胞核移植入常见的雌性哺乳动物（牛、羊、兔等）的去核卵细胞中发育而来。近年来，相继通过媒体报道并产生广泛舆论争议的实验案例主要有以下四个。

1998 年 11 月，由美国先进细胞技术公司（ACT）资助的科研人员通过媒体宣称，他们把人的面颊细胞核融合到牛的卵细胞中产生了嵌合体，从中分离出类似人类干细胞的细胞团。该实验的研究论文被多家权威学术期刊拒绝发表，最后以科学新闻的形式发表在《纽约时报》上。这表明了美国科学界对人－动物细胞融合实验的谨慎和怀疑态度，如美国国立卫生院（NIH）在 2001 年初曾宣布，不资助任何人与动物嵌合体的科研项目。

2001 年 1 月，中山医科大学实验动物中心的陈系古教授及其研究小组使用体细胞核移植技术，将医院割除包皮手术废弃的一男孩皮肤细胞核注射进家兔的去核卵细胞中，用电刺激方法使分别来自不同物种的供体与受体融合。第三天，混合胚胎细胞分裂到具有 32 个细胞的"桑葚胚"阶段。这个实验成果首先通过国内媒体报道出来。[①]

2003 年 8 月，*Cell Research*（细胞研究）杂志发表了上海第二医科大学发育生物学研究中心的盛慧珍等 22 人科研小组的研究论文，报告他们成功地将人类皮肤（医院外科废弃的皮肤组织）细胞核转移入新西兰兔的去核卵细胞内，培养了 400 个人－兔融合胚胎，其中 100 个存活若干天，发育至囊胚阶段，并提取到胚胎干细胞。盛慧珍教授指出："研究小组绝对不会将这些混合胚胎移植入妇女子宫内，主要是为了提取干细胞进行科学研究。"[②] 该研究论文发表后，盛慧珍等人立即成为国内外媒体瞩目的焦点人物。这个实验提出了以下观点："人体细胞核可以被重新编程发育到囊胚阶段；用非人哺乳类动物卵母细胞可以启动人体细胞核；从人体细胞重编程获得的囊胚中可以分离出人的 ntES 细胞（即核移植胚胎干细胞）。人的 ntES 细胞具有和普通 hES 细胞（即人类胚胎干细胞）类似的生长特性、表面标志、基因表达和分化成三胚层细胞的能力。"[③] 该实

---

① 廖怀凌：《中山医科大学走在国际治疗性克隆领域最前沿》，《羊城晚报》2001 年 9 月 7 日，第 2 版。

② Ying Chen et al. "Embryonic stem cells generated by nuclear transfer of human somatic nuclei into rabbit oocytes," Cell Research（2003）：251 – 263.

③ 盛慧珍：《通过异种核移植获取人胚胎干细胞》，《中国基础科学》2007 年 5 期，第 22 ~ 23 页。

验证明了动物治疗性克隆的现实可行性。

2007 年 3 月，美国内华达州立大学的伊斯梅尔·赞加尼（Esmail Zanjani）研究小组历经 7 年研究，将人类干细胞移入绵羊胚胎，培育出世界首只人兽细胞混种羊。这只人兽混种绵羊体内拥有 15% 的人类细胞、85% 的绵羊细胞。研究人员表示，他们将深入研究并完善培育"半人半羊"技术，希望最终实现混种羊与器官移植患者的完美配型。人兽混种绵羊将成为"活体工厂"，可为患者提供大量适宜的组织和器官。①

（二）人－动物细胞融合实验的社会焦虑与期望

在对人－动物细胞融合实验的热议中，反对者与支持者都基于不同的视角和理由。

1. 反对者的焦虑及其主要理由

反对者除了质疑人－动物细胞融合实验的现状外，还忧虑那些从逻辑上推测的风险以及虚拟的伦理议题。

（1）难以预测的研究风险。随着人－动物细胞融合实验的开展与新闻传播，不少人从直觉上开始担忧此类实验将会存在着一些未知的风险。研究人员也对实验潜在的风险从事实与逻辑两个层面做出了预先评估。

首先，技术手段不成熟所蕴含的实验风险。尽管人－动物细胞融合实验的报道不断出现，人们却无法否认此类实验的可重复性低、成功率低的"双低"事实。目前，此类实验尚无更多的同行认证和更多的在权威科学期刊上发表的论文，其技术操作的可行性和安全性依然没有得到根本解决，与人们普遍乐观设想的真正医学实践还有漫长的距离。研究者认为："目前存在的问题是嵌合体获得率还比较低，嵌合体分析还需要寻找更好的标记。实现胚胎干细胞途径的还只有部分品系的小鼠，在许多大动物方面，建立稳定的胚胎干细胞系还未成功。"② 事实上，在此类实验中仍有许多基础性问题需要深入探究。就连陈系古教授也公开承认自己只是做一些"很基础的研究"，只是处于起步阶段，尚不能分离出胚胎干细胞。生

---

① 杨孝文：《全球首只人兽混种绵羊诞生含 15% 人体细胞》，http：//tech. sina. com. cn/d/ 2007－03－26/08191432321. shtml，最后访问日期：2013 年 9 月 10 日。

② 马芸、陈系古：《嵌合体动物技术研究进展》，《中国实验动物学报》2002 年第 4 期，第 250～254 页。

命科学实验表明，细胞分裂越到后期越难操纵成功。目前，这类探索性实验存在诸多基于知识空白和技术操作不成熟带来的风险问题。

其次，跨物种疾病或病毒感染的健康风险。早在 1996 年美国食品与药品管理局就公布了跨物种移植器官的指导原则，主要防止一些动物疾病通过器官移植传染给人类。基于转基因猪器官的安全性问题，美国决定从 1997 年起暂停用转基因猪作为供体器官给人体做器官移植。有科学证据表明，人和动物之间的病原体可能会发生种间跳跃，进而产生病原性改变的重组病毒，对人体健康构成威胁。另外，动物身上存在的一些未知病毒可能对动物没有什么危害，在到达人体后却有可能变成对人体的致命伤害。因此，人－动物细胞融合实验存在着跨物种病毒感染的风险。

最后，自然界物种失衡的生物风险。人们担心，人－动物细胞融合实验可能会对长远的物种群体遗传和进化产生不良影响。这些混合胚胎是用人与其他动物杂交得到的异种产物，动物的种系将由此发生人为的技术改变，这是否会破坏物种间的平衡？毕竟经过数亿年进化而来的生命系统十分复杂，其难以预测性会超出人们的预料。任何的实验管理疏漏或技术偏差都有可能导致新物种失去控制，给社会带来不确定的生物风险。如果科研人员不去认识这种潜在的风险、不计较任何后果，无疑是一种冒险的科研行为。

上述三类可能的风险成为人们质疑乃至于反对进行人－动物细胞融合实验的重要理由。这也促使科研人员在实验中必须采取更为谨慎、负责的态度，甚至要具有特别的前瞻性思维。

（2）情感纠结的社会伦理。人－动物细胞融合实验已经引发了伦理学者、宗教人士以及社会舆论的激烈反对，他们对该实验的可能后果持有多种疑虑。

其一，此实验冲击了人类的基本情感。人－动物细胞融合实验展现的可能图景挑战了人类的基本情感，引发了人们的厌恶和抵制。2000 年 10 月，美国和澳大利亚的两家生物技术公司把人体细胞和猪细胞融合在一起，并试图申请专利。这种行为遭到一些人的强烈反对。他们指责科研人员是"弗兰肯斯坦"式的人，会创造出令人恐惧的、情感上难以接受的"半人半猪怪物"。具体说来，当人兽嵌合体与人的区别存在体内时，人们"眼不见心不烦",从情感上容易接受。例如,对于移植猪心瓣膜或其他动物器官的病人,人们一般不会感觉很奇怪;相反,动物的形状一旦出现在人体外表,若人体安个"象鼻"或续个"狗尾",这种外观的怪异性就容易使人们产生反感情绪。不少人的焦虑心理就基于这些实验可能会产生外观异常的"半人半兽"。

其二,此实验沦落了人类的尊严。有人认为,人–动物细胞融合研究挑战并违背了人类的尊严。从道义论的视角,康德明确指出:"人……是作为目的本身而存在的,并不是仅仅作为手段给某个意志任意使用的,我们必须在他的一切行动中,不管这种行动是对他自己的,还是对其他理性动物的,永远把他当作目的看待。"[1] 事实上,人类的尊严体现在人为自己确定目的并为实现这些目的而行动的能力之中。一些西方学者将人的尊严概念应用于人的受精卵、胚胎和胎儿,也扩展到人类细胞占多数、因而可能具有"人性"的嵌合体中。从理论上讲,人类生命个体的技术物化、工具化和过度操纵,其实就是对人的技术异化,无疑会降低人之为人的价值和尊严。长此以往,人类作为道德的主体地位也会下降。在当今对人类生命个体的技术操作已经变得非常普遍的时代,确有必要对这种技术行为在道德层面进行深刻反思。国内有专家不无忧虑地指出:"让人担心的是居心叵测者将人兽嵌合体胚胎植入人类子宫发育,有可能产生出一个人–兽杂交种,这将是一个涉及人类尊严的更深层次、更加严峻的伦理问题。"[2] 另外,许多人更为坚决地反对将人的配子与动物的配子进行混合去尝试产生什么"杂交物种"。

其三,此实验模糊了人种的界限。在人们固有的观念中,同种动物才能交媾、产生后代;相反,异类相交,甚至是乱了代际的人类交配都属于乱伦,将引起社会秩序、伦理秩序的混乱。上述行为属于人类社会的重要禁忌,人们在正常心理上根本无法接受,社会也会惩处此类行为。反对者认为,尽管在人–动物细胞融合实验中混合的只是细胞,或者准确地说只

① 〔德〕康德:《道德形而上学的基础》,载《西方哲学原著选读》(下卷),商务印书馆,1995,第317~318页。
② 张咏晴:《专家质疑人畜细胞融合认为有悖伦理原则》,《文汇报》2001年9月10日,第1版。

是遗传物质（基因或 DNA 片断），但是，这在逻辑上与异类相交没有什么实质上的不同，至少是在细胞或分子水平上的人兽杂交。虽然人－动物嵌合体胚胎的形成主要以人的体细胞核遗传物质为指导，但动物卵细胞质中的线粒体 DNA 对混合胚胎的形成也会起一定作用。那么，既有人类遗传物质又有动物遗传物质的嵌合体，到底具有什么特性？是人抑或是兽？这些问题必然会涉及对人－动物嵌合体的本体身份认证，进而引起一系列其他问题：人们应该赋予人－兽嵌合体什么样的社会地位、道德地位和法律地位？它是否超越了物种的界限而导致物种界限模糊？它是否破坏了物种的整体性和独特性？甚至有人更为超前地设想：当人兽混合体具有人类思维却不能行使人的功能时，它会想什么？做什么？它会心甘情愿地接受人类社会的管理吗……总之，人们为这些虚拟的、棘手的非技术问题争论不休，难以形成共识。

2. 支持者的期望及其主要理由

人－动物细胞融合实验潜在的医疗价值是其获得科技工作者和社会公众支持的基本理由。通过与之相关的干细胞研究，将有助于理解人类许多疾病，有助于器官移植，有助于开发治疗药物和方法，有助于拯救数以万计的人类生命，进而提高其生命质量。

（1）人－动物细胞融合实验的科学研究价值。其一，有利于干细胞研究。科研人员设想，从病人体细胞中提取细胞核，移植到去核的动物卵细胞中，使之发育成混合胚胎。在其分化初始阶段，从中提取具有全能分化潜能的胚胎干细胞，在体外可以诱导分化为人类所需的各种细胞，构建机体组织或器官。这将为人类寻找治疗老年痴呆症、帕金森综合征、脊髓性肌萎缩症和唐氏综合征等多种疑难疾病创造机会。有学者甚至认为，这项研究将是一场新药物发现领域的革命，是为了理解各种疾病的病因及治疗方法，是整个生物医学界的宏伟目标。但是，干细胞如何分化、发育和形成新的组织？其内在活动机制和遗传规律如何？这都是需要人们长期艰苦探索的基础研究课题，需要人们不断地观察和实验，从而获取更多的干细胞知识。

（2）有利于缓解干细胞实验材料的紧缺状况。作为研究人类胚胎干细胞重要实验材料的人类卵细胞，其来源是困扰研究的非技术问题。在当前研究水平下，培育人类胚胎干细胞的实验往往需要几十乃至上百个人卵细胞。基于妇女生理、心理以及社会伦理、法律因素的限制，大量人卵细胞的获取在实践中很难实现。相比而言，动物卵细胞容易获取，也少有社会伦理争议。选择哺乳动物的卵细胞作为人卵细胞的替代品是胚胎干细胞研究的重要路径，而其科学意义并未减少。如果能从人与动物混合胚胎中取出胚胎干细胞，将其培养成稳定的细胞系，就可以在不利用人体卵细胞的情况下，在避免生命伦理争议的前提下，打开了一扇理解人类疾病病理的大门。

（3）人－动物细胞融合实验的医学实践价值。首先，有利于开展异种器官移植。器官来源不足、排异反应仍是当前器官移植中两个关键难题。为了解决这些难题，研究人员把注意力转向与人类接近的哺乳动物器官，计划实施"异种器官移植"——从适宜的哺乳类动物体内摘取器官为病人提供可供移植的器官。这种设想是否可行？研究人员已经试图通过转基因技术将人体的一些关键基因植入动物体内，以此达到人们所期望的医学目标。这就有可能避免排异反应，为顺利实施器官移植奠定基础。然而，这种实验也会涉及人与其他动物细胞的融合问题。其次，有利于建立人类疾病研究模型。在医学实践中，用一般的动物模型来表征人类的疾病状况往往会有较大的误差，如果直接进行人体实验则会存在很多未知的风险，还会引起很多社会争议，甚至不被允许。研究人员设想，如果利用包含有人体基因的动物嵌合体就可以建立起较为理想的人类疾病研究模型，将会得到大量对医疗保健事业有益的、精确的实验数据，蕴含着重大的医学价值。例如，美籍科学家杨向中教授创建了兔子的人类心脏病模型，可以表达人类引致心脏病的基因。又如，"美国塔夫特大学的研究人员曾创造了具有人类乳腺组织的小鼠，建立了研究人类乳腺癌的动物模型。研究人员将人的乳腺细胞移植到有免疫缺陷的成熟前小鼠体内，可在小鼠体内观察正常人的乳腺发育状况，研究乳腺癌的病理，检测药物的治疗效果"。[1]

可见，从生命科学发展和医学实践需求来说，人－动物细胞融合实验

---

① 邱仁宗：《如何看待"开米拉"》，《文汇报》2007 年 4 月 1 日，第 5 版。

研究具有现实合理性，而不仅仅是为了满足研究人员的某种好奇心。

（三）对人－动物细胞融合实验的分析与价值抉择

如何看待目前人们对人－动物细胞融合实验的担忧与争议？这种担忧与争议背后的原因是什么？我们该如何估算此类研究的利弊得失？这类实验应该"停止"还是"继续"？这都是值得我们进一步思考的问题。

1. 利弊权衡与理性选择

在生物医学发展的历史与现实中，似乎不存在什么有百利无一弊的事情，人们经常会遭遇各种利益－风险的权衡与抉择问题。在对人－动物细胞融合研究的争议中，是否也需要我们在生物医学进步与社会伦理风险代价之间寻求一种相对的平衡呢？功利主义者往往主张那种能使最大多数人获得最大利益的抉择。在生活实践中，难道我们大多数人的价值选择不是功利主义的吗？难道我们不赋予生命以最高价值吗？众所周知，不伤害、对人有益是生命伦理的基本原则，这要求我们有义务避免、减少对他人的伤害，有义务使他人受益，或使伤害最小化。因而，我们在实践中要采取受益大于风险的行为。在我国赞同和支持治疗性克隆研究，就是因为这种研究是以牺牲早期人胚（即发育14天之前的细胞团）为代价而获得治疗多数病人生命的方法。利弊权衡是人们理智与情感纠结的必然结果。无论如何，我们势必要体现出对现实人生命的尊重。假如通过一定的技术手段，从一位心脏病人身上取出一些皮肤细胞，进而诱导发育出一个完好的心脏，病人会指责医生的上述行为吗？

由于对生物遗传基因的干预，嵌合体研究冲击了传统的自然生命神圣观，随之提出了涉及人类尊严等方面的伦理问题。人－兽嵌合体研究有损人类的尊严吗？其论证主要在于人体的完整性和不容亵渎性。但是，对于人－动物遗传物质的融合，如果只用于医疗实践和基础科学研究，不用于生殖方向，不去产生所谓的人兽个体，就很难说这是挑战人类的尊严。不少专家认为，早期的混合胚胎至多是一个生物学意义上的生命，不能称之为人。英国医学研究慈善协会的发言人曾指出："尽管反对者提出了所谓的道德问题，但遭受遗传疾病折磨的患者的权利同样应该得到尊重。这些患者清楚病痛让他们生不如死的滋味，大家也应该明白，如果不能减轻患者的痛苦，这同样是一个严重的道德问题。"① 同样，美国加州斯坦福大学癌症/干细胞生物和医学研究所主任艾弗·魏斯曼认为："把个人道德观念融入生物医学研究方法中的任何人，都是想用自己的意愿来影响研究方法——而不仅仅是参与争辩。如果这最终导致一项禁令的出台或实验暂停……他们就是在阻止能够拯救人类生命的研究。"② 为了挽救更多人的生命，通过干细胞研究产生甚至毁坏一些混合胚胎，这种实验行为可以在伦理层面得到辩护。因此，英国皇家学会发表声明指出，对于动物嵌合体研究无端的人为干扰是对患者的一种不公平。

如果认为某项研究存在可能的技术风险就坚决反对这项研究，这是不足为凭的，因为人们完全可以通过采取更为审慎的研究态度，不断完善实验技术手段和路径去规避一些技术风险。假如存在着风险，也只能通过探索性研究才能确证风险、化解风险；如果认为凡是有可能危害人类健康的研究都要停止尝试的话，这些问题也许永远不可能去解决。可见，目前没有什么充分的理由去禁止人 – 动物细胞融合研究，从而牺牲生物医学进步和人类的福祉。

2. 对非自然事物的厌恶情感定势

人们往往具有一种较为顽固的心理定势——"自然的往往就是好的，非自然的就是坏的。"在他们看来，生物界的"非自然性"主要指违反既定的生物进化秩序，导致了怪异的后果。既然杂合体和嵌合体是非自然的，就是坏的，就不应该去研究，更不应该付诸实践。这种心理定势会引起人们对这类研究产生厌恶情感。然而，值得我们注意的是以下三点。

（1）自然物是变动的，现存的自然秩序也会发生不同程度的改变。随着人类改造和控制自然能力的加强，越来越多的天然自然变成人工自然。人类生活世界充满了越来越多的非自然事物，纯粹自然的东西却越来越少。"非自然"的论证方式将生命科学实验事实与伦理规范混为一谈，不能充分说明对自然的干预是否在伦理上具有可接受性。可见，"自然"或"非自然"不应该是简单区分"做"与"不做"人 – 动物细胞融合实

---

① 杨孝文：《英国人兽混合胚胎 99% 为人类细胞 1% 来自动物》，http：//tech.sina.com.cn/d/2007 – 09 – 06/11271722688shtml.

② Maryann Mott：《人兽杂交生物体引发争议》，《英语文摘》2005 年第 4 期，第 44~47 页。

验的界线。

（2）人们的情感常常是情绪化的，直觉也可能是错误的。人们对人－动物嵌合体的反感往往基于人们对非自然事物的厌恶和直觉，但是，情感和直觉并不能为我们的理性论证提供扎实的逻辑基础。人们的厌恶情感往往可以因理性的认识而消失。当人们真正明白人－动物细胞融合实验的医学意义后，反过来也可能会支持这类研究。

（3）人－兽嵌合体破坏了自然物种的整体性吗？事实上，物种的界限并不是永久固定的，物种在不断地进化，特别是随着人工育种的广泛开展，会不断出现一些新的动植物新品种。在人类生产实践中，人们促生了骡子（驴马杂交而致），满足了农业生产和生活的需求，并没有产生什么负面后果，人们已广泛接受了这种现实。生物学的物种分类是经验的和实用的，与规范性的伦理判断也没有直接关联。为什么不能跨越人与动物之间的界限呢？如果这样做能使我们更好地认识生命、维护生命和拯救生命的话，为什么不去做呢？

3. 生物技术恐惧心理的社会影响

在古希腊神话中，当 Chimera 还是幼兽时，它曾经是小亚细亚国家卡利亚的国王的宠物。但它狂暴的个性很快显露出来，它不安于做家养宠物而流窜到邻国利西亚，它喷出的火烧毁了村庄、道路，吃掉妇女、儿童和牲畜，所到之处一片荒芜。从神话故事中可以看到人们面对跨物种的杂交兽类所表现的恐慌，Chimera 已成为恐惧的创造和恶的象征。人们把"喀迈拉"引入现代生物医学领域，正是对"人兽杂交"胚胎长大后的一种隐喻。人兽混杂的背后预设了一个深层次问题：对人类是进步还是毁灭？

随着生物技术的迅猛发展，人们已经隐约地感受到它对人类社会的冲击。如海德格尔所指："……生命掌握在化学家手中的时刻不远了，化学家将随意分解、组合和改造生命机体。人们认可了这样的一句名言，人们甚至惊诧于科学研究的大胆而什么都不想。人们没有考虑到，这里借助于技术手段在为一种对人的生命和本质的侵袭作准备。"① 人们从技术发展

---

① 〔德〕海德格尔：《泰然任之》，孙周兴译，上海三联书店，1996，第 1237 页。

的逻辑推测出恐惧的技术风险图景。随心所欲地改造生命个体形态，必将会给这个世界带来不测的风险。人们对生物技术的焦虑源于人们对技术的应用可能会对人类个体及其后代造成伤害的一种心理拒斥。人们对虚拟"人兽怪物"的强烈感受充分反映出现代人对生物技术的恐惧感。当有好事者通过绘图技术在计算机上制作出"半人半兽""人面兽身""人头兔身"等怪物形象的图片，并通过网络在更大的范围传播，这就进一步扩散、放大了人们对人－动物细胞融合实验的恐惧心理，不少网民从这些制作的人兽胚胎产品中感到了恐惧与忧虑。网络上有不少言论暗示，"半人半兽的妖怪"很快要从实验室里走上大街了。这类言行引起网民对人兽混合胚胎研究持反对或质疑态度，甚至担忧人类被"半兽人"灭绝。这种恐惧已超越了人们认知的界限和对科技成果的心理接纳空间。这就是所谓的"人兽杂交恐惧症"！

我们要对人－动物细胞融合实验有一个科学的认知态度，生命科学知识的普及和宣传仍然是十分必要的。我们既不需要对此类研究美好前景的过度渲染，更不需要夸张描绘的恐怖情状，唯一需要的是实事求是的理性分析，使人们走出迷惑与茫然。一般公众很难能了解生命科学前沿科学领域的情况，容易被媒体牵着走。在对人－动物细胞融合实验的关注中，有不少观点反映了人们对现代生命科学进展的简单化理解和片面性认识。有人就如此虚幻般地设想："人兽杂交创造出的新物种绝对是可以优秀的新物种，既有人类的聪明，又有动物的优点"；"有朝一日人类能飞，或者住在水下；妇女可以像鸟类一样下蛋生孩子，免去了分娩的痛苦"；人将会有"鹰的眼睛，豹的速度，熊的力量"……这类异想天开背后包含着对生命科学知识的误读，甚至是知识贫乏的表现。然而，要评价科学技术的社会价值和影响，无疑需要有相关的科学知识、确切的证据和合理的逻辑。科技工作者和主流媒体都担负科学传播的社会责任，对于那些言过其实之论应该有所纠偏，特别是不能利用普通公众的知识欠缺而去制造热点和轰动效应。

4. 人－动物细胞融合实验虚拟论争的责任诉求

通过各类媒体的报道与演绎，仍然处于初级研究阶段的人－动物细胞融合实验在世界各地掀起一场轩然大波。基于研究的不成熟性，无论是人们所期望的或是所焦虑的事情在短期内都不可能成为现实，人们的论争实质上是一场超前的"虚拟论争"。无论如何，生物技术的迅猛发展将会对人类社会产生深远影响。但"技术在伦理上绝不是中性的（像纯科学那样），它涉及伦理学，并且游移在善和恶之间"。① 诚然，生物高技术的发展可能会带来诸多负面影响，也会遭遇社会伦理的多重挑战。这场虚拟论争还使人们深刻地反思了科技工作者的道德与社会责任问题。科技工作者要有职业道德，要告知公众生物技术的潜在危险性，让公众来参与讨论，辨明是非。现代生物技术的新发展赋予人们前所未有的"塑造生命"的力量，同时强化了科学家的社会责任，要努力预防和避免现代生物技术可能伴生的风险、伤害和灾难。因此，作为生命科学知识最主要的载体和技术活动主体，生物技术专家有责任树立科学良心和职业道德。正如许智宏院士所指："科学家自身的道德意识和伦理觉醒至关重要。面对生命科学研究可能带来的巨大经济利益，科学家要自觉地依据理性和符合人类利益的原则做出选择。任何科学技术的应用都有双重性，科学家有责任向社会说明技术的价值和可能带来的风险及危害。"②

总之，人－动物细胞融合实验在基础研究和应用治疗方面有着诱人的前景。正如邱仁宗教授所说："没有充分的理由禁止嵌合体研究，而应该进行合适的管理，使之既能为人类造福和推进科学知识，又能防止伤害当事人的不良事件发生。"③ 事实上，科学家对未知领域的不懈探索精神和伦理学家为维护正常的人伦之序、社会秩序的不断质疑勇气都是我们这个时代必需的。可以遵循程序伦理的要求，对人类胚胎干细胞研究计划、研究进程和研究成果加强伦理审查和评估，为规避研究风险提出建议，积极支持以预防、治疗疾病为宗旨的人类胚胎干细胞研究，使其在有效社会知情和监督的条件下有序发展。切记，我们要选用的伦理框架必须具有前瞻性、开放性、包容性和务实性。

---

① 〔加〕邦格：《技术的哲学输入和哲学输出》，《自然科学哲学问题》1984 年第 1 期，第56～60 页。
② 许智宏院士在上海生命科学研究院谈科学道德建设和科学家的社会责任做的报告。
③ 邱仁宗：《嵌合体的伦理问题》，《中国新闻周刊》2006 年第 5 期，第 51～52 页。

二　生命从自然编辑到基因编辑的转变与反思

生命的起源与进化过程首先是一个自然编辑的过程。技术产生以来，生命的演化就逐渐进入一个自然与技术共同编辑的时代，技术编辑的程度越来越大、能力越来越强，直至进入基因编辑的范畴。本书通过比较自然编辑与基因编辑的关系，分析了这种历史转变所蕴含的革命意义与社会挑战，进而指出对待技术编辑的理性态度。我们不要随意按照"有罪推定"的思维去否定技术、恐惧技术，而是要在理解、包容和规范的框架下去完善技术，为它创设适宜的成长空间。

通常而言，"编辑"是指对一部作品的编写、修改和完善。简言之，自然编辑是自然界形成并利用生物自身的进化机制对生命的修饰行为，体现了一种自然性和客观性；技术编辑是人们利用技术手段对生命个体性状和功能的修饰行为，体现了人为性和主观性。目前，对生命个体的技术编辑已经发展到基因编辑的阶段。

（一）生命演化：从自然编辑到技术编辑

生命世界从无到有，从低级到高级，从简单到复杂，整个过程是极其漫长的自然编辑过程。

1. 生命的自然编辑阶段

大约 46 亿年前开始诞生地球，大约 32 亿年前才开始出现生命形态。原始海洋中的无机物经过长期复杂的相互作用，相继产生了有机小分子、生物大分子、多分子体系和原始生命的雏形。之后，生命开始了长期的进化过程。这一过程始终处于自然演化的状态，是一个自然编辑的过程。自然的选择、剪辑与组合，加上时间的积淀，使得地球上的生命物种以丰富多样化的形态存在着。自然编辑体现了随机性与目的性的统一。自然编辑也包含一定的神秘性，人们至今还并不十分清楚生命的许多演化细节，生命的起源与演化仍处于科学假说阶段。

2. 技术的产生及其对生命的编辑

人类的起源与发展本身就是一个自然编辑的结果。与其他生命体不同的是，被自然所编辑的人类居然掌握了技术知识，能够有兴趣持续发展和积累技术知识，能够制造和使用工具去改变环境、改变自身，进而影响其他生命体的存在状态。正如彭加勒所言："人的伟大之处在于有知识。人要是不学无术，就会变得渺小卑微，这就是为什么对科学感兴趣是神圣的。"① 在早期的生产实践中，人类祖先逐步掌握了初步的农业技术。他们在发现野生植物的种子和果实可以食用时，学会了种植技术、杂交育种等；他们在狩猎时，学会了对野生动物的驯化和养殖等。尽管生命演化的轨迹仍然主要沿着一种自然状态，却已经深刻打上了人类的痕迹。人类在微观上启动了对生命的技术编辑程序，也开始了人类的自我编辑进程，相对稳定的生命基因型开始出现了重组或变换。

（二）基因编辑是生命技术编辑的高级阶段

近代自然科学产生以来，生物学得到迅速发展，其分支学科越来越多。人们对生命现象、生命本质、生命结构和生命规律等的认识越来越深刻，从宏观到微观，从现象到本质，从组织到细胞，从细胞到基因……积累了越来越丰富的生命科学知识。这些知识的积累，蕴含对生命进行技术编辑的强大能力。特别是20世纪末期以来，先后出现了重组DNA分子技术、基因编辑技术等，这都归属于人类对生命的技术编辑范畴，它们是对生命的修饰和强化，属于对生命进行技术编辑的高级阶段。

1. 基因编辑的特点

现代遗传学和分子生物学的进展，把技术对生命编辑的深度和精准度推向一个新的阶段，出现了基因编辑。所谓的基因编辑是指"天然基因的部分被合成的DNA链所取代或填充，或者是自然修复过程除去DNA中的缺口或错配"。② 具体说来，基因编辑就是科研人员利用分子工具，在微观水平上对生物的基因组进行修饰的过程，从而达到定点改造基因的目的。基因编辑具有以下特点。

（1）基因编辑的精确性和可操作性

在基因编辑研究的前期，科研人员主要利用同源打靶重组的原理进行，即转入具有同源臂的外源基因，利用同源重组作用来实现基因编辑。但上述方法操作周期长、效率低、作用有限。近年来，生物学家基于

---

① 彭加勒：《最后的沉思》，商务印书馆，2011，第137页。
② 《英汉遗传学词典》，上海科学技术出版社，2004，第255页。

"规律性重复短回文序列簇（CRISPR/Cas9）"技术实现了对基因组的高效靶向修饰。CRISPR技术被媒介誉为"基因剪刀"，可以对基因进行精确的定位切割，用来删除、插入、替换生物体内的目标基因，实现对基因功能的深入研究，彰显了人们对生物基因进行技术操纵能力的强大性。CRISPR技术在其问世之后，已连续三次入选 *Science* 杂志年度十大突破，并在2015年被评为头号突破。该杂志认为"基因编辑技术精确度高、成本低、操作简便，势必对研究产生革命性影响"。[①] 相比而言，传统的转基因技术只能让外源基因随机地结合到基因组的某一个不确定的位置上，限制了转入基因的表达，还可能对基因组原有序列造成破坏。基因编辑技术在特定的蛋白或RNA的引导下，只对目标位置进行操作，不会破坏基因组原有序列。这类技术将开创精准医学的新时代，打开治疗基因缺陷的大门，更好地实现人们的愿望。因此，基因编辑技术已经成为世界生命科学研究的热门领域，成为社会舆论关注的焦点。

（2）基因编辑的通用性和市场性

基因编辑技术对生命体的定向修饰和强化功能，有较强的通用性，使其在医学基础研究、免疫细胞治疗、遗传缺陷修复、肿瘤防治、药物制备、动植物基因改造、农业生产、环境保护等领域均显示出良好的应用前景，其蕴含的经济效益和社会效益巨大。例如，当前基因治疗面临的关键问题之一是缺乏理想的靶向基因修饰技术，基因编辑技术则提供了有效的手段，将会有难以估量的发展空间。据预测，未来全球基因编辑市场规模有望达到上千亿美元。

基因编辑技术快速发展，应用成本呈现下降趋势，为该技术的市场化和社会化奠定了基础。基因治疗公司作为高回报的科技企业，获得了金融资本的高度关注。2013年以来，"五家基因治疗公司在A/B轮融资中，总计获得3.74亿美元的风险投资，其中包括富达、盖茨基金、谷歌风投等著名投资机构，反映了相关公司在资本市场的炙手可热程度。资本的大量投入将极大地推动产业的发展壮大"。[②]

---

① 吴晓丽：《2015年生命科学热点回眸》，《科技导报》2016年第1期，第23～35。
② 国泰君安：《基因：新技术孕育大市场》，《股市动态分析》2016年第3期，第47页。

2. 基因编辑的哲学意义

正如恩格斯所讲："推动哲学家前进的，决不像他们所想象的那样，只是纯粹思想的力量。恰恰相反，真正推动他们前进的，主要是自然科学和工业的强大而日益迅速的进步……随着自然科学领域中每一个划时代的发现，唯物主义也必然要改变自己的形式。"① 基因编辑作为生命科学纵深发展的产物，其蕴含的哲学意义是长久的。

（1）基因编辑的革命性

基因编辑技术使生物控制进入精细的微观层面，实现了对细胞和基因的重组编程与发育调控，实现了干细胞多功能的获得与维持。这一独特的操控能力、操控目标使基因编辑与其他现代技术有了重大区别，充分彰显了人们基于自然规律、生命规律的主观能动性，其革命性意义不言而喻。当下，基因编辑作为能够对生命个体实现技术操纵和控制的强大力量，无疑会产生许多颠覆性的深远影响，让人们重新思考人与自然、人与自我、人与其他生命形态的关系与价值定位。

（2）基因编辑的自由性

在现代社会，技术进步与经济发展紧密联系在一起，甚至具有一种等价关系。经济效益成为技术发明、技术成就的通用评价尺度。因此，人们对技术进步的追逐从来就没有停止过，"技术创新"成为最响亮的社会口号之一，技术也成为人们强大的"梦想工具"。正如德国学者波塞尔所讲："'技术是欲望的实现'这一简单定义后面蕴含许多问题。技术发展不仅受经济欲望推动，也受文化欲望和精神欲望的影响。"② 换句话说，技术的根本特性就是去实现理论与逻辑上的可能性，实现人们的自由选择，实现人们物质和精神两大基本层面的愿望。今天，基因编辑充分体现了人们内心的期待，体现了技术的自由本性，扩大了人们的行为空间。可以推测，随着基因编辑技术的发展，生命个体的可塑性将进一步加强，生命世界的动态性将进一步加大。

自然界是伟大的母亲，她长期哺育了人类并赋予人以新的生命活力，她

---

① 《马克思恩格斯选集》第4卷，人民出版社，1995，第228页。
② 吴晓江：《技术的特性、欲望、评价和预防性伦理——德国技术哲学学者波塞尔、李文潮演讲述评》，《世界科学》2004年第11期，第37～39页。

充满神秘，令人敬畏。但是，自近代以来，在强大而又自由的技术影响下，人们习惯性用工具理性对待自然，这种认知态度和思维方式背后是对自然界价值的漠视。自然界被人们所拥有的技术支配和利用，自然界被实实在在地祛魅了，其地位经历了一个巨大的变化："从母亲发展到物质乃至材料。"①

（3）基因编辑的选择性

目前看来，基因编辑技术的应用涉及医学和非医学两大目标，具有预防、治疗和增强等多项基本功能。对于基因编辑的医学目标，人们基于社会伦理、社会习俗的考虑并没有多少异议。毕竟基因编辑有望实现对人类疑难病症的救治，解除人们的病痛，满足人们回避苦难的愿望，终归是起到了善的作用。对于非医学用途，特别是应用到与生殖领域相关的基因优化、基因增强方面，人们却对此产生了较多的忧虑。众所周知，生命已经相当完美，何须再去"扮演上帝"。

基因优化。人们推测，基因编辑技术具有强大的变革基因序列的功能，如果它被应用于生殖领域，对人类的胚胎基因进行修饰和优化，这些被改变的基因会遗传给下一代，将持久改变人的基因序列。因此，这就存在着对基因操作随意性以及对后代人产生不良影响的隐忧和挑战。这使得基因编辑在科技政策领域成为有较大争议的热点问题。

基因增强。在人们的认知与情感中，人类个体之间存在着外观、体能等方面的自然差异，人们对此尚能理解和包容。但是，对于通过技术手段来实现的差异性则难以接受，这涉及社会公平、社会正义和价值判断等问题。用这项技术使人类个体获得在自然状态下未曾具有的"优越"和"强大"性状，可能会重现优生运动所蕴含的社会命题。这些命题往往是内在的、难以克服的，将在社会层面引起极大的舆论反响。如李建会教授表示："利用基因编辑技术进行的生殖细胞的基因增强会引发更多的伦理问题。人类就此可能分成增强的个体和没有增强的个体，增强的个体就会比没有增强的个体获得更多的机会；如果增强的个体在能力上非常强，就有可能形成超人群体，会导致整个人类的伦理法律体系发生改变。"②

---

① 张荣、李喜英：《约纳斯的责任概念辨析》，《哲学动态》2005 年第 12 期，第 45~51 页。
② 张清例：《守住基因时代的伦理底线》，《中国社会科学报》2016 年 1 月 15 日，第 2 版。

（4）基因编辑的风险性

生物技术的发展及其与社会的深度融合，使现代社会面临的风险大大增加。正如邱仁宗教授所指："这些风险包括对自然环境的破坏……转基因食品和作物；新瘟疫：异种移植和重组病毒基因可能引起的跨物种感染；通过操纵脑和基因控制身体、精神和行为：脑的电/化学刺激、脑芯片、纳米装置、基因工程、人的生殖性克隆、设计孩子、大规模的人体研究等；对未来世代的可能威胁：生殖细胞基因治疗和功能增强等。"[①] 还有人预测，对生命的过度技术编辑可能会破坏人类基因的多样性，人类的可遗传变异会越来越少，人类是否走到生物进化的尽头？在看似强大的生物技术面前，由于存在着难以控制的不测风险，人类反而成为生命的脆弱者。

当前，现代生物技术的应用总会引起一系列的舆论争议和学术争鸣。既然技术意味着一切皆有可能，那么"好的""坏的"结果都有可能。但是，许多人首先关注的重点不是基因编辑能带来什么"好东西"，而是它能带来什么"坏东西"。这是人们习惯于对技术采取批判性思维的基本体现，尽管这种"未雨绸缪式"的思维是有积极意义的。正如唐凯麟教授所讲："必须要注意和尽量避免过分追求科学技术可能导致的人的物化和异化，否则，不仅人的全面发展无从谈起，生产力的发展也必将因环境的恶化和人的主体性的丧失而走向无发展的增长。"[②] 因此，基因编辑技术就充满了人们"想象的风险"，让人们处于两难选择中。事实上，基因编辑尚处于发展阶段，其效率和安全性问题仍然困扰着此项技术的发展，其实际效果与人们当前的期待也会存在一定的差距。基于技术本身的不成熟现状，其技术风险难以完全排除。作为一类新开发的技术手段，基因编辑必将有一个发展完善的过程，需要一个成长的时间和空间。

（5）基因编辑的规范性

技术是归属于人类智慧活动，人是技术的承受者，也是技术的操控

---

① 邱仁宗：《脆弱性：科学技术伦理学的一项原则》，《哲学动态》2004 年第 1 期，第 18 ~ 22 页。

② 唐凯麟：《现代化的前鉴——几种与财富伦理建构有关的理论述评》，《道德与文明》2016 年第 5 期，第 119 ~ 122 页。

者。技术的产生、发展、完善与应用均离不开人的活动。一项技术的进步是否真正有益于人类，关键在于人们如何对待和应用它。约纳斯指出："普罗米修斯终于摆脱了锁链：科学使它具有了前所未有的力量，经济赋予它永不停息的推动力。解放了的普罗米修斯正在呼唤一种能够通过自愿节制而使其权力不会导致人类灾难的伦理。"①

因此，基因编辑作为一类技术活动，会涉及技术主体、技术规范等。能够对生命进行技术编辑的人无疑要具有以下资格：对生命科学知识的深刻把握及熟练的基因操作能力。重要的是，他们必须遵循一定的操作程序和行为规范等。

其一，生命研究规范。

在科学技术发展的历史上，绝大多数科学家具有自觉的科学良知和社会责任感。在基因研究的过程中，先后有科学家主动告知同行或向社会报告研究存在可能的风险性。例如，基于风险考虑，伯格（Paul Berg）等美国分子生物学家联合签名呼吁同行暂停重组 DNA 分子的试验。他们指出："我们很清楚评估此类重组 DNA 分子对人类风险的理论和实践上的难度。然而，我们忧虑那些随意应用此类技术可能会造成的不幸后果，这使我们要敦促所有在这个领域工作的科学家加入我们的行列，同意在风险被评估和能找到解决那些关键问题的办法之前不从事上述实验。"② 因此，科学家的自我规范将是保证科学技术健全发展的重要动力。正如约纳斯所指："除非有一种控制意志的力量，使欲望得以平息，否则社会将不可能存在。而且，内在的东西愈少，外在的东西必然愈多。这在事情的永恒结构中是注定的，无节制精神的人不能自由，其激情锻造了他们的脚镣。"约纳斯试图借此说明一个事实："自我约束向来都是自由的代价，自由往往只能在一个强大的、约束性的道德背景面前，通过放弃放纵，通过自愿的自我限制茁壮成长。"③ 对于基因科学家来讲，"能够控制意志的力量"

---

① 李文潮：《技术伦理与形而上学——试论尤纳斯〈责任原理〉》，《自然辩证法研究》2003 年第 2 期，第 41～47 页。

② Paul Berg, etc. "Potential Biohazards of Recombinant DNA Molecules", *Science* (1974): 303.

③ 〔美〕汉斯·约纳斯：《技术、医学与伦理学——责任原理的实践》，张荣译，上海译文出版社，2008，第 13 页。

就是一种对科学研究事业、对人类社会发展高度负责的伦理精神。

其二，生命伦理规范。

人们围绕生命伦理学的研究已经提出了许多伦理规范和行为规范，对科学家的行为起到了一种他律、限定或引导作用。这些生命伦理规范既有与其他伦理规范类似的一般特征，又具有针对生命科学研究与实践特点的特殊性。人们特别提出了如下技术道德调控的程序性原则。

预防性原则。如果某项行动可能会给人类的健康和环境带来某种严重或不可逆的潜在伤害，那么最好不要实施该项行动，尽管对于这种潜在伤害的可能性、严重程度或因果联系仍存在科学上的不确定性。那些主张实施该项行动的个人和组织应承担相关责任。因此，又如约纳斯所讲："人在技术上怎样损害了生命，人就有义务怎样保护生命。从中可能得出的结论是：人既不能漠然地同人以外的生命世界打交道，又不能漠然地和人自身打交道，而要肩负起对自然和未来人的责任。"① 今天，负责任的技术创新已经逐渐成为人们的共识。

公正性原则。生物技术行为会涉及利益公平分配问题，可分为代内公正和代际公正两个方面。代内公正是指当代人生物技术利益的分配和共享问题，要强调公众利益优先；代际公正是指现代人支配后代人的权利限度问题，因为现代人通过技术行为可以极大地影响后代人的生活状态、生活环境。如约纳斯所说："今天的权力的阴暗面是以后活着的人面对的桎梏。"② 因此，基因技术权力的行使务必要遵循社会公正原则，实现技术发展利益共享，让最大多数人受益。

平衡性原则。基因编辑行为涉及利益与风险、伤害与安全、代价与补偿的平衡，涉及发展中国家与发达国家的平衡，涉及经济效益、社会效益以及生态效益的平衡等。基因编辑既能解决许多问题，也会带来诸多矛盾。因此，在基因编辑的技术开发和管理中会涉及平衡原则。至少在技术研究与开发中，要保证不伤害受试者，避免形成安全隐患。如果伤害不可

---

① 〔美〕汉斯·约纳斯：《技术、医学与伦理学——责任原理的实践》，张荣译，上海译文出版社，2008，第15页。

② 〔美〕汉斯·约纳斯：《技术、医学与伦理学——责任原理的实践》，张荣译，上海译文出版社，2008，第132～133页。

避免，至少要在知情同意的基础上对受害方进行合理的补偿。

其三，生命法律规范。

基于生命伦理的研究，人们还要制定针对防范基因风险等问题的法律规范，对生命科学研究和应用起到一定的规范作用。例如，近年来我国就已经制定出台了《基因工程安全管理办法》《人类遗传资源管理暂行办法》《农业转基因生物安全管理条例》等，这都是对基因技术发展进行规范、消除技术风险所做出的积极努力。

（三）对基因编辑的恐惧与包容

当前人们对于基因编辑技术，无论忧虑什么、恐惧什么似乎都有一定的合理性。毕竟我们需要面对这类技术本身的不成熟问题，需要面对它的未知后果，需要面对它的社会应用可能带来的伦理挑战与法律空白。但是，只有恐惧是不够的。

1. 对基因编辑的"有罪推定"

从目前学界和社会舆论对待基因编辑的态度来看，人们往往采用了"有罪推定"的思维方式。人们对技术现实合理性的关注远远比不上对此项技术可能会展现的"不合理性"的关注度。这正是我们这个时代批判性的重要体现，也是人文学者习惯性的技术批判思维。但是，这种对技术过度的批判性思考容易引发恐惧的社会舆论和社会思潮，反而不利于技术的成长和进步。

生物技术的风险一旦有所呈现，就会被舆论无限放大。即使基因编辑的风险没有出现，人们也要假设它有风险，视之为"潜在的风险"，可能会对生物的"基因完整性"和"物种完整性"带来难以估量的损害。重要的是，人们当前的知识和手段也无力或无法完全排除那些潜在的风险因素。既然无法排除，那些风险就会迟早来临，人们又该做些什么呢？例如，20世纪70年代的美国，曾出于宗教与道德的理由禁止试管婴儿技术的研究与应用，后来却发现这个决定是错误的。事实表明，"道德无法从根本上阻挡技术进步。一种富有生命力的道德，应当促进技术进步"。①

---

① 高兆明：《技术祛魅与道德祛魅——现代生命技术道德合理性限度反思》，《中国社会科学》2003年第3期，第42~52页。

科学技术的社会应用过程中，如果出现什么问题，不应当归罪于作为工具性存在的技术本身，而是与运用这种技术的人相关。要实现技术与道德的统一，必须首先实现技术的工具理性与价值理性的统一。

事实上，从生物技术发展的历程来看，人们对该技术风险的恐惧大多是一种主观判断，特别是从逻辑上推测这类技术会带来诸如"伦理风暴""潘多拉的盒子""魔鬼的诅咒"等。正如肖峰教授所言："有的风险和代价很大程度上是心因性的，尤其是道德风险和伦理代价，是因为我们过度的恐惧和过强的人文情感建构出来的；我们的心境和主观视角不同时，就可能倾向不同的态度……在这个意义上，这样的伦理代价确切地说，应该是代价感，而不一定是真实的代价。"① 正是这样的虚拟代价感成为人们恐惧基因技术发展的重要心理来源。

2. 基因编辑技术恐惧的启迪

在生命科学领域，每一项新发现、新进展都会引发人们的广泛争议。过去，人们已经对辅助生殖技术、克隆技术、人兽嵌合体技术等进行了多视角的争论。今天，我们又开始对基因编辑技术进行类似的争论。对生物新技术的医学临床、社会伦理和法律等意蕴进行前瞻性、综合性研究有其现实意义，有助于人们规范和监管技术的发展，实现人们以一种积极的心态、审慎的行为来对待基因编辑技术。

在现代人文学者看来，"恐惧"是带有一种宗教性的情感作用："从情感中会产生启迪，迫使我们善待生命，谨慎从事。因此，学会敬畏应是这里所说的责任伦理的第一义务。"② 具体说来，恐惧让人思虑、慎行，不去鲁莽行事；恐惧预见风险、规避风险，让人远离伤害；恐惧呼唤责任、敦促行动，对自己的行为负责，对社会负责。因此，在恐惧的启迪下，对基因编辑技术的研究要有所为，有所不为，正如邱仁宗教授所讲："基础研究和临床前研究应该置于优先地位；应该允许将基因编辑技术应用于体细胞基因治疗；目前应禁止将基因编辑技术应用于生殖系基因治

---

① 肖峰：《伦理代价：科技自由主义与保守主义之间的张力》，《武汉科技大学学报》（社会科学版）2007 年第 2 期，第 119～124 页。
② 李文潮：《技术伦理与形而上学——试论尤纳斯〈责任原理〉》，《自然辩证法研究》2003 年第 2 期，第 41～47 页。

疗；目前不考虑将基因编辑技术用来增强；对非人生物基因修饰也必须有规范和管控。"①

3. 对基因编辑的包容性

任何一类新技术在产生之初都会引起人们的广泛争议，基因编辑技术也不例外。由于此项技术与人类利益的密切相关性，所以其更引起了人们的高度关注。人们既为这项技术所展现的美好前景而欣喜，又为这项技术潜藏的可能风险而忧虑。这都涉及对基因编辑技术的态度问题。技术态度的形成应该基于对技术现状的正确认识和理解，基于对技术发展前景的科学预测与判断，避免情绪化的主观臆测，特别是不要主观放大可能的风险。今天，我们要对基因编辑技术的发展有更大的包容，倡导一种包容性的技术观。

（1）包容意味着理性。基因编辑技术是一类新技术，具有技术目标和技术功能，也具有一个艰难反复的发展过程。有学者指出："基因编辑技术是后基因组时代研究基因功能的重要手段。但即使是 CRISPR/Cas9 这些能精确进行基因修饰的人工核酸酶技术也处于发展的初级阶段，很多问题有待解决，如怎样提高打靶效率获得纯合的基因编辑子代，外源基因的定点敲入等。"② 我们对生物新技术进行争议的目的是什么呢？仅仅是要叫停新技术的发展吗？当然是为了寻求共识、更好地促进新技术的健康发展。在此，我们应该对基因编辑这类新技术有更多的包容，包容它的不成熟性，包容它与人们心理预期的暂时差距，包容它可能给人们带来的社会伦理风险，给它留下充分的成长时间、修复时间。要鼓励此项技术在发展中完善，允许其在探索中失败。既不要拔苗助长，也不要因噎废食，而是要树立一种科学的理性精神。我们要对基因编辑技术形成共识、凝聚共识、发展共识，对其未来发展要充满信心、学会等待，而不是在袖手旁观中对其进行无意义的指责。

（2）包容意味着理解。我们对基因编辑技术要有更多的认识和理解，

---

① 邱仁宗：《基因编辑技术的研究和应用：伦理学的视角》，《医学与哲学》2016 年第 7 期，第 1~7 页。

② 支大龙、季维智、牛昱宇：《后基因组时代的基因编辑技术》，《科学》2015 年第 6 期，第 28~31 页。

认真倾听来自主流科学界的声音，进而从跨学科的视角分析其对生命和社会的意义与价值，做好风险与利益的权衡。在当前科学技术与社会关联性越来越密切的时代，虽然我们不可以说："科学家的归科学家，哲学家的归哲学家"。但双方总是有针对新技术发展进行沟通的必要，前提是相互理解。在此，包容性的技术态度则必不可少。周琪院士认为："我觉得我们没有必要近期在存在很大的伦理风险和安全性挑战的领域投入太多的精力。除了发展技术本身之外，我们应该更多地考虑，在技术还没有完全成熟的情况下，如何利用基因编辑技术来发展基础研究……在所有这些从技术、科学、到动物水平上的疾病研究前期工作有一定的基础之后，我们再来考虑将基因编辑技术应用于人类上做更多贡献。"[①] 当前，最重要的事情应该是激励、引导科研人员密切关注技术本身，严格遵循学术规范，努力实现基因编辑核心技术、关键技术的新突破，而不仅仅是模仿或借鉴国外已经开发的技术。

总之，生物技术进步的主题不是固定的，在人们获取技术利益的同时必然会付出一定的代价，或至少要扰动我们的心理世界，让我们心神不宁。当人们要追逐基因编辑技术带来的美好前景时，就要接受技术本身的阴影。因此，我们要学会理解技术，多一分理解，就多一分包容，少一分矛盾。特别是对处于发展阶段的基因编辑技术，我们不要去过多地限制和干涉技术的发展，要努力克服技术发展的障碍，在技术内容、技术方法、技术手段上都有较大的突破，使技术的实用性、可操作性、可控制性都更强一些。诚然，这都不是一蹴而就的事，智慧和耐心缺一不可。

三　人类生育技术化与传统伦理框架的开放

人类自身的缺陷和与之相关的社会需求促成了生育技术的产生，而该技术引发出的有争议性的问题，往往又与技术所应用的社会环境的复杂性和人们某些观念的滞后有关。我们主张传统的封闭型伦理框架应该趋向开放，具有弹性的边缘区，以便在较大的程度上适应科学技术大发展的时代。同时，相应的法律和法规也应建立起来，以便对技术的应用加以调控

---

① 赵欣、赵迎泽：《对话周琪：华盛顿共识》，《科学通报》2016 年第 3 期，第 283～284 页。

和引导。

在人类进化发展的漫长历史中，人类依靠自然的两性结合的生育方式繁衍后代，生生不息。然而，在1978年7月26日，随着世界上第一例"试管婴儿"在英国的诞生，这个名叫路易丝·布朗的女婴的一声啼哭，标志着人类的自然生育过程开始融入了技术操作，自然的生育方式有所变化，一个新的时期开始了。此后，在许多国家和地区都相继诞生出"试管婴儿"。如今，"试管婴儿"这个名词，对于许多普通人来讲已是耳熟能详了。这得益于在现代生物学和医学大力发展的知识背景下人类辅助生育技术的进步。

尽管人类干预自身的生育过程由来已久，但是在细胞水平上对其进行技术操作与干预是在现代技术社会中才可能实现的。当前，人类辅助生育技术已经形成一个比较庞大的技术体系，并对人类的社会生活产生了比较广泛的影响。与其他科学技术进步相比，生育技术给人们带来了更多的机遇与挑战、欣喜与忧虑。人们既看到了在技术上补偿不孕症和实现优生的希望，又似乎看到了由于人工操纵使生命失去神圣性及生育失去神秘性的可能和在伦理、社会上带来的某些危机。无论是对生育技术的健康发展还是对于社会的进步而言，都需要我们对人类社会生育技术化现象进行一番思考。

（一）技术对生命扰动的内在合理性

有史以来，生命现象，特别是人的生命，由于其神秘莫测而被神圣化，人们百思不得其解，于是只有敬畏与赞叹了。生命岂能容许你任意操纵或制作？若此，不是对生命的亵渎吗？

然而，"试管婴儿"的出生，"标志着医学上成功地取得了一项突破，其意义，绝不仅限于这一技术成果本身。单就体外授精的象征性意义而言——一直在人体的黑暗中发生的过程，不但被带到了实验室的光明之中，而且还被置于技术控制之下，它超越了通常意义上的技术进步"。[1]在此基础上，人们还要试图对于整个生育过程，从技术上来加以模仿和操纵。也许，人类社会将面临从生育人到"制造"人的一个转变。生命的

---

[1] 〔德〕库尔特·拜尔茨：《基因伦理学》，马怀琪译，华夏出版社，2000，第1页。

秘密被渐渐揭示，生命的神圣性还有吗？对此，人文学者们为之不安与忧虑。当生命可以生产、可以制作并如同其他自然产品时，生命的意义安在？有人也可能不会再去敬畏生命，从而对生命进行恣意地作践。这难道是我们人类为技术进步所应付出的代价吗？

我们承认人文学者对生命敬畏的意义，这对尊重生命、爱护生命，维护人际关系、促进人类社会的和谐与发展都是有着重要的作用。但是，在对生命过度诗意和浪漫的理解下，就难以容许科学技术接近生命了。事实上，在人类社会中正是通过对人类生命的"侵犯"与"扰动"，才发展出了人体解剖学、生理学、病理学，才有了以此为基础的医疗技术的进步，才能为生命的健康提供有力的手段与保证。我们深信，使不健康的生命变为健康的生命，这更是对生命的尊重与爱护。所以，"对生命理解的过度人文化是不可取的，在一定程度上需要破除它的神圣性才能使它更加神圣，需要将它搁置到技术操作的平台上，才能使它获得更强大的生命力从而更加伟大，在以（人的）生命幸福为宗旨的生命的技术操作活动中，生命并不一定会飘逝，而是在现实上或可能性上获得更好的生命体，以及意义更加丰富的生命"。① 当然，如果仅仅把生命看作一个完全可以用技术手段来操作的对象，会使生命失去很多东西的，可在现实中这又是不可能的。例如，技术人员在实施"试管婴儿"时，也只是提取了人的精子与卵子，并加以分离、融合、培养，最后移植到妇女的子宫中去孕育。在此，技术人员并没有造出什么精子、卵子与子宫！在生命面前，人类技术手段存在有一种不可超越的极限，不正反映了生命的神圣吗？不管人们对人类生命体采用何种措施，都影响不到生命的本质。基于以上的分析，我们可以说，技术对生命的扰动具有一定的合理性。但是，人们为什么要对生育进行扰动呢？

（二）对人类生育技术本质的认识

在自然界中，人类生活及生产方式的发展与技术活动密不可分。这是人类这个物种兴旺的原因，更是社会进步的重要推动力。关于人类的技术创造能力，还有一个包含隐喻的古希腊神话故事。这则故事是柏拉图借普

---

① 肖峰：《生命的神圣性与可操作性》，《大自然探索》，1999 年第 3 期，第 98～102 页。

罗泰戈拉之口讲的：在古代，众神创造了各种动物之后，就委托普罗米修斯和爱比米修斯分配给每一种动物一定的性能。但是，爱比米修斯要求把分配的工作自己做，让普罗米修斯去检验。他给某种动物以力量，却不给它速度；他让弱小的动物行动迅速；他让有些动物获得利齿，对无此特长的也想到了给它们自我保护的性能。他不想让任何一个动物种类消亡，却偏偏忘记给人类分配应得的能力！当他想起人时，性能已经分配完，而人还一无所有。当普罗米修斯来检验时，人什么性能都没有，于是他悲天悯人，就从天神那里盗来了技术的创造机能和火，而他也从此遭受惩罚。从这个隐喻里，我们看到了人类是有缺陷的。正是由于有缺陷，人类才要依靠技术手段来弥补。这正是人能从动物界中提升出来而成为人，动物仍只能为动物的原因。

生育后代是一个家庭的基本功能，既平凡又神圣。绝大多数夫妻都有自然的生育能力，也有为数不少的夫妻因种种原因而失去了生育功能。这虽不是人类的共性，但不能不说是一种缺陷。

在多元化的、追求民主和个性张扬的现代社会中，人们的生活观和价值观虽然发生了很大的变化，例如出现了少数丁克家庭。在这样的家庭中，夫妇能够生育，但是为了保持较高的生活质量或者是其他方面的原因不去生育。可是，对于许多不育夫妇来讲，在他们心头挥之不去的愿望仍然是要有一个属于自己的孩子。他们往往受到来自家庭和社会方面的较大的压力，生活也因而被蒙上了一层阴影。他们值得社会的同情和理解，也应该得到来自社会方面的热心帮助。关于他们的要求，按照人道主义的原则，并没有什么不合理之处。在过去，这类人群往往只好听任于命运的安排了。而今天，不要忘记了我们还有"普罗米修斯"。

在人类技术化生存的时代中，只要是难题，人们就会尽力想办法去解决。如果生育孩子算是一种社会或者情感上的需求的话，哪里有需求，哪里就会产生为满足需求而解决实际问题的技术手段。任何技术都不是无缘无故产生和发展起来的，它总是对应一定的社会需求并去实现一定的社会目的。所以，"试管婴儿"这类辅助生育技术的产生和完善也正是为了试图解除那些不育夫妇的痛苦并满足他们生育后代的实际需求。从这个意义上讲，这类技术具有积极价值，是为了一个"善"的目的而产生的，是助人的，亲人性的，而不是反人性的。并且，人们的需求和愿望是没有止境的，这也是推动技术持续进步和发展的重要动力。在生育方面，人们希望从不能生育到能够生育，再到优生，需求的标准在不断地提高。事实上，通过"试管婴儿"技术的实践活动，人们可以逐渐揭示出人类的生育机制，推动生殖医学的发展，从而可以调控人类的生殖过程。若再和分子生物学等学科结合起来，就可以在分子水平上改变当事人的遗传基因，则可望达到有目标指向的优生目的。生育出健康、聪明的后代，难道不是很多家庭共同的美好愿望吗？

根据技术目的的不同，我们可以说有些技术性本"善"，有些技术性本"恶"。技术哲学专家陈昌曙先生指出，"难道能说植树造林技术本身不是善的，研制化学武器、细菌武器的技术本身不是恶的吗"？① 像本文所讨论的人类生育技术无疑是属于性本"善"的，而对于可以毁灭整个人类和地球的核武器的研制与生产技术，我们不能不说它性本"恶"。所谓技术的性"善"、性"恶"，其实质不过是人性"善""恶"的一种体现或反映。作为性"善"的技术引发出社会方面的争议，绝不只是技术本身的原因造成的。在这里，我们明确地为人类生育技术的本质做"无罪"的辩护。我们认为，评判一项技术的"善"与"恶"一定要从该项技术的原初目的出发，而不能仅仅从它的应用后果来看。

（三）生育技术所产生的社会后果的多样性

技术的发展与进步，总会在哲学层面和社会层面引起争议。如果说前者是少数哲人、学者的一种担忧，那么后者就是我们这些生活在技术社会中的普通大众对技术影响我们自身命运的一种直接反应或关心。我们已经看到人类的生育过程开始融入技术操作。人类辅助生育技术的发展，导致了人们行为选择权的扩张。我们看到了生育技术直接改变了部分人的命运，也间接地对其他人在思想观念上产生了影响。

人类生育技术对部分人的生育过程的干预本来是非恶意的，它的益处是不言而喻的，如给不育家庭带来希望与欢乐，对稳定家庭和婚姻关系也发挥一定作用。但是它又引发出有争议的伦理道德、社会关系、法律等方

---

① 陈昌曙：《技术哲学引论》，科学出版社，1999，第 240 页。

面的问题。下面简要地列举几个方面。

（1）"代理母亲"。有些患子宫类疾病的妇女不能受孕，在人工授精后，将胚胎移植到另一妇女体内，即是"借腹怀孕"，后一位妇女就成为"代理母亲"。然而，"借用"或"出租"子宫的行为，合乎伦理道德吗？"代理母亲"还可能要承受放弃孕育过的孩子的痛苦，这人道吗？把妇女当作生育的工具，是对有理性的人的异化吗？代理生育还可能导致一些民事纠纷，如何处理？依据什么来处理？

（2）"母代女孕"。尚有生育能力的做母亲的 M 代替不能生育的女儿 D 怀孕下一代？生下的孩子又该如何称呼 M 呢？是"妈妈"还是"外婆"呢？

（3）"不只一对父母"。若用 A 的精子和 B 的卵子在试管内融合，将胚胎移植入妇女 C 的体内，而产生的婴儿由 D、E 夫妇领养。可以说，A、B 是"遗传父母"，C 是"代理母亲"，D、E 是"社会父母"。在此又该如何定义"父母"这个概念呢？谁是他（她）的真正父母？

（4）"技术性通奸"。在丈夫不能提供精子，不能进行同源授精，而妻子不得已采用异源授精时，能说是"技术性通奸"吗？①

（5）"近亲婚配"。如果采用了匿名的精子或卵子进行"试管婴儿"手术，免不了会产生"同父异母"或"同母异父"的人群，在他们不知情的情况下，彼此之间进行婚配，不会造成人伦关系混乱吗？

（6）"非法生育多胞胎"。为达到多生的目的，有人采用此类技术生育多胞胎……

人类生育技术在社会层面引起的争议还有其他方面，已经有不少的文章讨论过。我们又该如何客观地认识这些争议呢？能否找到一条解决问题的出路？

人所共知的是，科学技术是社会这个大系统中的一个子系统，科学技术与社会有着一种强烈的互动关系。一项技术在开发之后，肯定要应用于社会中去，而社会环境与社会中的人都是复杂的。任何一项技术的应用后

---

① 刘大椿等：《在真与善之间——科技时代的伦理问题与道德抉择》，中国社会科学出版社，2000，第 339 页。

果可能是多种多样的，也会超出它的原初目的。普通大众也正是通过技术的应用过程及其产生的社会层面的后果来认识技术和评判技术的价值。哪里有技术和它的应用，哪里就有围绕技术社会影响的不同争议，这是很正常的事情。

"试管婴儿"类技术本来的目的是简单明了的，就是为了解除不孕夫妇的痛苦或者是在此基础上进一步实现人的优生。在多数情况下，"试管婴儿"类技术是在夫妻二人范围内实施操作的。这一切基本合乎传统生育方式，几乎没有引起任何争议。在这里，"试管婴儿"技术起的只是助产的作用，实施技术的医疗人员仍然是助产士，而助产士这个职业是由来已久的，并为人称道的。

我们发现，前文提及的所有有争议的问题有一个共同点就是：在实施生育技术的过程中，超越了夫妻关系的范围，有第三者的干预（肯定也是有原因的）。这好比是"把自己的种子植入别人的田地；把他人的种子植入自家的田地；把他人的种子植入别人的田地而收获果实"。这些均不同于"把自己的种子植入自家的田地去收获自己的果实"的传统生育观念和与之相对应的伦理观。通过这样的比较，我们就可以说问题的产生不只在于技术本身。复杂的人类关系和社会环境，以及人类相关观念的滞后，是使这项技术在应用中产生问题和争议的重要原因。带着浓厚的情绪色彩简单地、不加分析地一概反对此类技术是没有道理的，也是不公正的。不过问题既然已经出现了，我们还是要努力去找到解决问题的出路。

（四）解决社会层面问题的出路

1. 建立开放的伦理框架

我们相信，在现实生活中，如果有可能依靠自己的力量来解决生育问题的话，绝大多数夫妻从心理上、情感上是不会求助他人的（何况还需要支付价格不菲的手术费用）。可是对于那些不能生育的夫妇，他们有着普通人不容易理解的难言之隐。不得已而求助技术和他人的方式，反而带来了在传统伦理框架内不能满意解释的问题。

我们认为，关于"代理母亲"，如果妇女是自愿相助，这是值得称赞的高尚利他行为。至于妇女能怀孕而不愿意孕育，而去租用"代理母亲"，则是不道德的。因为这不但丧失了做母亲的人格，而且是把别的妇女当作自己生育的工具。这是两种有区别的情况。"代理母亲"要承担妊娠、分娩的辛苦和风险，合理得到一定的补偿也是应当的。在"母代女孕"中，生出的孩子又何尝不可叫 M 为外婆呢？当他长大成人，了解到自己的特殊身世后，肯定会为外婆的高尚与无私而感动，这只会加深他对外婆的感情。如此，我们不也为之感到欣慰吗？在"不只一对父母"问题中，我们认为，"父母"的含义在以前就不是唯一的。在"试管婴儿"出现之前，人类社会不是就有"生身父母"、"再生父母"和"养父母"等概念和事实吗？现在出现的"不只一对父母"问题又有什么稀奇？当事人完全可以通过协商来解决。至于"技术性通奸"，是没有什么道理的。通奸是一种不合乎家庭伦理和社会道德规范的男女不正当的性行为。通过人类生育技术进行异源授精，并无通奸之肉体接触的实质与目的。这其实是提出这种观点的人的一种误解。真的不应该把这种技术成果同一种比较无耻的言论联系起来。虽然在这里我们似乎是消解了所提出的部分问题。但是，我们并不否认人类生育技术的社会应用为伦理学提出了新的研究课题。为此，伦理学要通过研究、分析，提出人们在对待新的行为方式时所应遵循的原则和价值观。

其实，技术的发展应与伦理的高度应该是相互统一的。现代社会中人们多元化思潮与宽容倾向的增加，即是一个明证。随着人类社会的迅速和科学技术日新月异的进步，世界已经发生了很大的变化，传统的伦理观念在某些方面已不符合现实发展的需要。为什么传统的伦理框架不从封闭走向开放呢？当然，我们并不主张人类的伦理道德去无条件地完全适应科学技术的发展，而至少应该做相应的微调。像"代理母亲"和"母代女孕"这样极少数特殊现象的产生是有深层次原因的（也有一些无奈的成分），但在数量上、比例上，它们又怎能冲击得了传统伦理的基本框架呢？人们完全可以另类处理，而不必要完全拘泥于传统。我们认为，新的伦理框架应该是开放的，既有保持长期不变的基本内核，也应该有颇具弹性的边缘区。应该从人性关怀的角度出发，包容像"母代女孕""代理母亲"这样非常特殊、为数稀少的现象，给予充分的同情、理解与支持。

2. 必要的管理和监督

虽然说在前面我们已经讨论过传统伦理框架要走向开放，这只是解决问题的一个方面，而且有些问题并不属于伦理框架内的问题。对于性"善"的"试管婴儿"技术，要使之更好地为人类服务，还需要制定相关的法律和法规，来加以引导、调控和制约。政府有关部门对此项技术本身的应用与管理应建立严格的管理体制，使之走上科学化、规范化和法制化的轨道，避免其被误用和滥用。目前亟待解决的问题有以下几个。

如何解决好精子库和卵子库的建立工作？

如何解决社会捐赠问题而又防止完全趋向商业化？

如何避免出现一个人的精子（卵子）被多次使用？

如何看待"代理母亲"，能否作为一种特殊的有偿服务？

如何建立保密制度？如何对待知情同意原则？

如何与计划生育和优生、优育结合起来？

（五）结语

通过对人类社会生育技术化现象的认识与思考，我们感觉到：如今，技术时代中的技术力量是太强大了，它实现着人们的梦想与追求，也会带来一些预料不到的事情。有思考力的人们对技术的复杂情结也许是既爱又恨！对于人类社会出现的生育技术化现象，我们要正视它的存在，更要认识到它的历史必然性。毕竟，我们对新的技术现象的理解和接受有一个渐进的过程，我们也会对它引发出的各种问题想到一个良好的解决办法。现代社会的技术化程度越来越高，我们对技术的依赖性也越来越强，反技术的观点是错误的、不现实的。人类的命运已经同技术的命运紧密联系在一起，人决定技术的命运，但技术也影响人的命运。这是一种让人有些无奈的现状。人要努力地生存，更要努力地去发展技术。人类生活幸福与否，肯定不只是科学家和技术家的事，还要有各行业人们的共同努力。这里始终有一个科学技术与社会发展的协调问题，也始终有一个科学技术与人文精神的对接问题。

总之，人类生育技术及其应用，给人类社会平添了不少故事。这些故事以及故事中的争论，为我们如何正确地认识技术提供了不少思考素材。我们只是希望，把性"善"的技术发展得更完善，应用得更好。

第四章　生物技术恐惧的理性解析

生物技术的发展及其社会应用，引发了人们的恐惧感。基于生物技术恐惧，人们反对生物技术，对这项技术的发展产生了悲观情绪和不信任感。人们也许在误解生物技术的基础上才产生了恐惧感，或放大了这种恐惧感。我们需要理性地解析生物技术恐惧的实质。既要消除那些虚拟的恐惧感，又要在恐惧的合理启迪下发展好生物技术。

一　技术文化视野中的生物恐惧心理

在人类拥有的恐惧心理构成中包含了许多生物元素，这些元素强化了技术文化的恐惧色彩。由于生物恐惧与人类生存直接关联，我们有必要深入了解它们的类别、特征、扩散和社会影响。在保留必要的恐惧启示意义的前提下，积极探索消解生物恐惧心理的路径，防范生物风险，促进生物技术的理性发展和应用，使人们拥有一个安全的社会生活环境。

在此充满机遇与挑战的生物技术世纪，从技术文化视野系统反思并梳理生物恐惧，有助于预防和规避潜在的生物风险，有助于生物技术的健康发展，从而更好地实现人类福祉。

（一）生物恐惧心理的来源

人们何以对生物产生恐惧心理？在人类社会生活中，存在各种各样以生物为载体的风险。这些风险可直接、广泛地作用于人体和其他生命体，往往具有较强的致死性，这是人类对生物产生恐惧的根本原因。从来源看，人类既有自然形成的生物恐惧，又有技术伴生的生物恐惧。

1. 历史上的生物恐惧

在人类历史长河中，各种疫病的区域性流行几乎就没有停止过。其中既有鼠疫、天花、麻风、伤寒、霍乱、麻疹、炭疽热等等，也有口蹄疫、禽流感等，前者严重侵害了人体健康，夺去了无数的宝贵生命，后者则危及农业和畜牧业的发展。如在 1918～1919 年发生的"西班牙流感"是一场病毒引起的人间惨剧，"全世界共有 6 亿人患病（当时总人口约为 20 亿），大约有 3000 万人死亡"。① 疫病的发生既给社会经济和人类文明带来了沉重灾难，也使人类痛苦地体验到病毒、细菌的致死性，在人类文化史上形成并积淀了厚重的生物恐惧记忆。

通过技术手段利用病毒、细菌和生物毒素的危害性，制作、实施各类杀伤性生物武器，感染、伤害大量无辜生命，攻击目标地区的经济生物而造成大面积农作物减产绝收、经济动物大量死亡，则会激起人们对生命技术发展的恐惧感。在第二次世界大战期间，德国纳粹分子和日本军国主义分子不但实施了一系列灭绝人性的人体细菌试验，还进行了以细菌利用为主的生物武器的研制和使用。有证据表明，"侵华期间，日军的五支细菌战部队仅仅在人体试验中杀害的中国人（含少数朝鲜人、苏联人和蒙古人）就达 2 万人以上。日军还通过飞机播撒、向江河水源投放鼠疫、霍乱、伤寒病菌等方式实施细菌战，杀害的中国民众大约有 120 万人"。②

2. 现实中的生物恐惧

生物恐惧具有时空的延续性。历史上的生物恐惧并没有随着社会发展和文明进步而消失，旧的噩梦仍会重演，人类的生物恐惧心理一再被唤醒，而新型的生物恐惧又不断出现。

（1）引发新疫病的微生物

这是一些危害性极强并与人类非正常死亡密切相关的生物恐惧元素。在过去五年内，世界卫生组织"在全世界范围已经核实 1100 多起流行病事件。疫病离人类社会并不遥远，世界存在着人类流感大流行的持续威胁，将会产生更为严重的后果"。③ 在此，有几种情况需要说明：其一，

---

① 〔日〕加地正郎等：《西班牙流感病毒是杀人病毒?》，《日本医学介绍》2004 年第 6 期，第 252～253 页。
② 刘庭华：《侵华日军使用细菌武器述略》，《学习时报》2005 年 6 月 16 日，第 5 版。
③ 世界卫生组织：《2007 年世界卫生报告》，http://www.un.org/chinese/esa/health/whoreport07。

新的疫病不断出现，全世界在最近二十多年新发现了 39 种传染病，其中约半数为病毒病，如埃博拉、艾滋病、登革热、疯牛病、手足口病和 H1N1 流感等；其二，原有的致病微生物不断发生变异，产生抗药性或毒性增强；其三，在全球化背景下，因旅游和贸易而致的大规模人流、物流极其频繁和迅速，使疫病的传播更为容易，增加了预防和控制难度；其四，世界尚有不少贫困落后和动荡不安的国家和地区，其公共卫生环境和医疗保健条件令人担忧，极容易成为新一轮疫病的发源地。因此，疫病防治不仅仅是一个简单的医疗保健问题，而且已成为极其重要的社会、经济和政治问题。

（2）潜藏风险的现代生物医学实验室

在世界各地有数以千计的微生物、分子生物学和基因工程实验室。有不少实验室都能培养多种微生物甚至重组出新形态的病毒和细菌，而在管理上的任何疏漏和其他意外事故，都可能导致病原体和重组微生物的逃逸，不仅会给实验室工作人员的安全带来威胁，还可能造成大面积的人群感染和环境污染。一些生物类实验室已成为事实上的"风险之源"。现代意义的科学家不但要充满智慧和耐心，更要满怀社会责任意识，既要对实验室的研究行为高度负责，还要在更大的社会范围担负其社会责任。

（3）生物武器的扩散及生物恐怖主义

生物武器是目前面积效应最大的武器，其现实威胁和恐惧影响依然存在。生物技术的发展及其滥用、非和平应用增加了生物武器扩散的潜在风险。美国发表的《21 世纪的生物防卫》报告指出："生物技术和生命科学的进步，包括创造变异生物体的专家数量的增加，展示出新的毒素、生命媒介物和生物调节器产生的前景，从而使将来防止并控制生物武器的威胁更有挑战性。"[①] 目前，不排除有一些国家和地区拥有生物武器的研究计划。同时，生物恐怖主义活动的威胁仍然存在。生物恐怖分子比较容易获取、培养和携带一些感染生物媒介，其个体行为具有很强的隐蔽性和灵活性，增加了生物恐怖活动的防御难度。据世界卫生组织预测，"天花这个早在 1979 年已被根除的人类疫病，可能在 20 余年后被恐怖分子作为故

---

① 刘建飞：《生物武器扩散威胁综论》，《世界经济与政治》2007 年第 8 期，第 49～55 页。

意暴力手段以达到致死效果。天花病被根除后，已停止了大范围的天花接种，形成了大量未获得免疫力的易感人群以及对此病缺乏临床经验的新一代公共卫生从业人员"。① 如果天花病毒被人利用，将会产生极其严重的后果。毕竟在这个极其复杂多样的国际环境中，潜伏着威胁人类生存与发展的凶险力量，人们无从知道生物恐怖袭击的下一个目标是谁，采用什么方式以及这种袭击会发生于何时、何地。

3. 概念中的生物恐惧

依据生命科学和生物技术的发展现状和趋势，人们推测可能会出现一些危及人类生命、社会生活、生态环境和道德秩序的新问题。这些问题具有风险的不确定性和难以排除性，给人们留下了更多想象和忧虑的空间。目前，这些问题带来的恐惧大多停留在人们的思维建构中，尚不能准确认识和详细解释，这是人们超前技术风险意识的体现。例如，"魔鬼食品"、"超级杂草"、"克隆人"、"基因超人"和"人兽杂合体"等概念的出现，更多地体现了人们对生物技术可能被误用和滥用的恐惧心理。

（二）生物恐惧心理的社会扩散

人们的生物恐惧心理既源于历史记忆和生活实践，也受一些文学和影视作品的感染。另外，生物恐惧借助现代传媒在更大的时空范围蔓延，呈现出非理性放大的趋势。

1. 反乌托邦作品对生物恐惧心理的设定与演绎

19 世纪以来，西方社会出现了不少预测和反思科学技术社会价值的反乌托邦作品，其中一些作品专门描述和展示生命科学和生物技术滥用的恐怖前景。英国作家玛丽·雪莱（Mary Shelley）在 *Frankenstein*（《弗兰肯斯坦》）这部小说中讲述了一位同名的青年科学工作者为揭示生命奥秘而创造"人造人"的悲剧故事，预言了未来科技革命的悲观前景，揭示出当时人们对即将到来的科学技术革命的极度恐惧。*Frankenstein* 一词在西方技术文化中具有非常重要的影响，使数千种小说、电影及漫画等作品得到了创作灵感。正如伯纳德·罗林教授所指："弗兰肯斯坦的故事引起

---

① 世界卫生组织：《2007 年世界卫生报告》，http://www.un.org/chinese/esa/health/whoreport07。

了社会共鸣，提供了一种清晰地表达人们对科学技术恐惧与疑惑的方式，还成为包装科学技术并赋予其人格化的工具，让我们为之战栗。"[1] 这类作品以生动的情景语言演绎了生物恐惧心理，具有很强的恐惧感染力和忧患意识，激发了人们对科学技术社会价值的批判性、否定性思维。

2. 科幻影视对生物恐惧心理的引导与建构

以致命细菌或病毒入侵人类社会为主题的灾难影片，如《卡桑德拉大桥》、《恐怖地带》和《惊变 28 天》等作品展现了病毒不断夺走人类鲜活生命的恐怖场景。人类面临严重的生存危机，必须同瘟疫进行有效斗争。这些作品把幻想与现实融为一体，给人们带来了挥之不去的恐惧心理，激起人们对现实生物恐惧的普遍关注，促使人们思考如何应对未来可能出现的生物灾难。由于受众面广泛，以高技术为主题的科幻影视给人们带来的不仅仅是娱乐性的视听冲击，而且对现代技术文化内涵的扩展和社会建构起到不容忽视的重要作用。《侏罗纪公园》、《苍蝇》、《第六日》和《克隆人的进攻》等科幻作品借助现代特技效果创设恐怖情景，为人们演绎未来生物科技发展震撼的场面，展示了恐龙、食人兽和克隆人等虚拟生物恐惧形象。影视业在赚取高额票房收入的同时，高度渲染了生物技术的负面形象，在人们的意识中增添了许多生物恐惧感。正如一位美国学者所说："对'克隆'的广泛排斥源于悲观绝望的科幻故事或电影的熏陶而导致的恐惧，但它们并不是真实的信息。"[2] 这种恐惧氛围是人为营造出来的，由于具有艺术夸张和煽情色彩，在一定程度上误导了人们对生物技术及其社会价值的认识。

3. 现代传媒对生物恐惧心理的扩散与强化

电视、广播、报刊和网络等现代传媒以其即时性、直观性、交互性和强渗透性，对现代技术文化和社会心理产生了十分重要的影响。传媒在密切关注生物技术的发展和生物恐惧元素时，如果不及时或者不能辨别信息的真假就去反复炒作和渲染，或单纯地利用恐惧元素去吸引眼球，就会导致生物恐惧心理在更大的社会范围扩散。邵培仁教授认为，在传媒运作过

---

[1]　Bernard E. Rollin. *The Frankenstein Syndrome*, Cambridge University Press, 1995, pp. 3 – 4.

[2]　Gregorg E. Pence, *Who's Afraid of Human Cloning*, Rowman and Littlefield Publishers, 1998, p. 23.

程中，"这种渴望发生大新闻的心理和面对突发事件所暴露出来的兴奋状态，它引发的如果不是大量的恐慌，就是普遍的不安，甚至还有可能产生一系列非理性的、直觉式的反应。"① 这正是传播学中的"媒介恐慌"现象。在此情况下，生物恐惧心理的放大和扭曲就不可避免。如果在媒体中充斥太多夸张虚构的生物恐惧信息，则会造成公众对生命科学和生物技术发展价值的严重误解和普遍焦虑。

4. 知识界对生物恐惧心理的关注与反思

生命科学的发展让人们掌握了更多的生命秘密，生物技术的进步使人们在分子水平上获得更多有效的遗传操作能力。生物技术正在深刻地影响和改变着人类自身和社会面貌，孵化了众多的基因工程产业，对农业、医药、食品和环保等领域的发展具有重大意义。正如美国学者里夫金所指："遗传工程既代表着我们最甜蜜的希望，同时也代表着我们最隐秘的恐惧。在讨论这门新技术时，人们很难保持心平气和。这项技术直接触动了人对自身的定义。这项技术是人类控制自身和自然的终极象征——帮助我们按照我们的理想来塑造自身和我们周围的生物。"② 生命科学的深层次发展既衍生了对生命本质的侵扰，也会带来许多潜在的危害以及有争议的社会问题，人们有充分的理由对生物技术的发展产生疑问。迅猛发展的生物技术所蕴含的巨大能量及不确定性已经超出人们的心理阈值，让人们焦虑和恐惧，也就有了美国未来学家托夫勒的预言——"我们是否将触发一场人类毫无准备的灾难？世界上许多第一流的科学家的观点是：时钟滴答作响，我们正在向'生物学的广岛'靠拢"。③ 生物技术恐惧已经出现并弥散在我们这个风险社会，这类前瞻性的忧虑和反思已成为生物技术悲观主义的重要心理基础。

（三）生物恐惧心理的现实社会影响

生物恐惧心理对人类的现实影响是多重的。这种心理既让人们感到了

① 邵培仁：《媒介恐慌论与其兴起、演变及理性的抉择》，《现代传播》2007年第4期，第27～29页。
② 〔美〕J. 里夫金：《生物技术世纪：用基因重塑世界》，付立杰等译，上海科技教育出版社，2000，第2页。
③ 〔美〕A. 托夫勒：《未来的震荡》，任小明译，四川人民出版社，1985，第220页。

生存威胁，会对生物技术的发展和某些生物制品产生排斥心理，也对人类社会发展起到有益的警示。

1. 生物恐惧心理的排斥效应

生物恐惧心理已经影响到许多公众的技术态度，影响到人们对生物技术及其产品的社会评价。例如，对生物安全问题的过分恐惧使不少人很难理性地对待和接受转基因农产品的益处，往往对其产生厌恶、疏远和敌视，甚至出现一些极端行为。2001 年 8 月在法国发生了数起摧毁转基因农作物的事件。法国农民协会、绿党和反全球化组织的 100 多名成员，手持镰刀、砍柴刀，先后在法国南方三省摧毁了多处转基因玉米试验田，在田头竖起了"转基因 = 危险 + 污染""对转基因说不"等标语牌。① 又如2002 年，干旱和内乱导致赞比亚等非洲国家遭受严重的粮食危机。据报道，"赞比亚有大约一半的人口已断粮，只能靠树皮、树叶和有毒的野生坚果来果腹。赞比亚政府却拒绝美国提供大量转基因玉米援助，担忧这些转基因玉米会带来新的病毒，食用者会产生过敏性反应、甚至死亡"。② 可见，过度的生物恐惧感会制约相关生物技术的研究、开发和产业化进程，影响其产品的推广。

2. 生物恐惧心理的威慑作用

公众的生物恐惧心理所具有的高度敏感性和虚实并存性，使之成为一种可被利用的有效威慑力量。一些组织和个人往往通过一定的事端，借助传媒来炒作和夸大生物恐惧色彩，实现包括影响政府或其他机构制定政策在内的政治和经济利益诉求。例如，在转基因农产品的实际推广中，生物安全并不纯粹是一个科学问题，还包含了政治、经济、文化和宗教等社会因素。公众对转基因农产品的生物安全恐惧心理常常被一些集团、组织和个人利用，成为平衡贸易、保护本地农产品市场和实现某些政治主张的重要借口。另外，在复杂多变的世界局势中，一些恐怖组织及民族极端分子、宗教狂热分子等也会利用生物恐惧心理对目标政府和人民进行威胁和挑衅，不但造成一定的事实危害，还企图通过利用各种媒体引发社会心理

---

① 郑园园：《摧毁转基因作物起风波》，《人民日报》2001 年 9 月 5 日，第 7 版。
② 《新一轮生物技术恐惧加剧》，《科技日报》2002 年 9 月 13 日，第 8 版。

恐慌和社会动荡而达到其要挟目的。

3. 生物恐惧心理的社会警示意义

哲学家克尔凯郭尔指出:"恐惧是人们害怕的一种心情,即一种厌恶的东西;恐惧是一种威慑个人的外来力量,然而,人们却摆脱不了它。"①事实上,人类的恐惧心理是不可能完全消除的,人类社会发展史也是人类不断面临恐惧又不断克服恐惧的历史,而保留一定的恐惧感对于人生和社会发展也有着不可或缺的意义。恐惧是人类近乎本能的自我保护反应,恐惧让人警觉,让人思虑,让人谦恭,让人敬畏,让人慎行,让人仁爱,让人远离伤害。在当今人类社会,有时候真正可怕的并不是某种恐惧的存在,而恰恰是人们遗忘了历史上曾经出现过的恐惧元素及其重要启示,出现了恐惧的集体无意识,以致当真正的恐惧来临时,人们却没有任何防范措施和心理准备。

各种生物恐惧在给人们带来忧虑的同时,也在不断地提醒人们要居安思危,促使人们对其社会行为进行有益的反思和纠偏,促使人们深入思考生物技术的社会价值,促使人们更为谨慎地对待生物技术发展中的不确定性,加强生物风险的防范意识,规范生物技术发展。具体说来,由于恐惧,人们在国家层面促进了防治疫病的公共卫生制度的确立,加强了基础卫生设施建设;由于恐惧,人们质疑转基因产品,督促科学工作者积极寻找科学证据去说明问题,形成了"风险推定"的预先防范意识,出台了一系列规范转基因技术研究与发展的法规、条例等;在哲学层面,德裔哲学家汉斯·约纳斯提出了"恐惧启示法",人们必须清楚所面临的可能危险是什么,这导致了"对厄运的预测应优先于对福佑的预测",因为"只有当我们知道某事物处于危险时,我们才会去认识危险。"②

人们只有预测到未来恐惧的可能性时,才能唤醒自己沉睡的责任感,才能防患于未然,才能在一种被启发出的忧患意识中采取减弱或消除恐惧的行动。我们应该在免于生物恐惧的自由与存有一定的恐惧感之间保持必

---

① 〔丹麦〕克尔凯郭尔:《颤栗与不安:克尔凯郭尔个体偶在集》,阎嘉等译,陕西师范大学出版社,2002,第110页。

② Hans Jonas, *The Imperative of Responsibility: In Search of an Ethics for the Technological Age*, University of Chicago Press, 1984, p. 27.

要的张力。

（四）生物恐惧心理的消解路径

虽然说在人类社会保留一定的生物恐惧感是有启发意义的，但消除那些致命性生物恐惧元素以及认识那些虚拟成分又是必需的，这有助于人们摆脱过度的生物恐惧感。

1. 通过生命科学知识的增加与普及来消除生物恐惧心理

人类生物恐惧的产生和恐惧的强度与拥有科学知识量的多寡有一定的关系。科学知识的缺乏无疑会使人们丧失对于生物恐惧元素的识别能力和评判标准，造成恐惧事实的恶化和恐惧感的放大。生命科学知识的普及对认识和消除生物恐惧有着重要的意义，有助于人们了解生物恐惧的真相，消除生物恐惧元素中的虚构和夸大成分。随着人类对复杂生命运动规律认识的深化，生命科学知识总量会日益增加，这有助于人们去认识、熟悉那些恐惧的生物元素，减少人们的生物恐惧感，帮助人们保持针对生物恐惧的警惕性，采取有效的自我预防和保护措施。例如，通过普及艾滋病及其传播途径的知识，将大大减少人们对艾滋病的过度恐惧心理以及对艾滋病人的社会歧视，帮助人们积极、合理地预防艾滋病。为此，科技工作者与教育工作者要积极承担起普及科学知识的责任，促进公众理解生命科学和生物技术，科学地对待生物恐惧。传媒也要担负传播科学知识和科学精神的社会义务，客观地传播生命科学知识，提高社会公信力。

2. 通过生物医学和生物技术的发展克服生物恐惧心理

为切实克服现实的生物恐惧，人类社会仍需要通过发展生物医学和生物技术来提供有效的知识和手段。生物医学的深入发展使人们对许多种疫病的病理学以及致病微生物、病毒、昆虫的繁殖、生长和传播途径及规律有了更多的认识，也使人们发现了人体免疫机制的秘密。在此基础上，人们开发出各种有效的抗病毒药物、抗生素和疫苗等，使人们对疫病的控制能力越来越强，人们对疫病的恐惧感也相应地减少了。对不少生物恐惧的认识和克服给人类带来了许多自信，这直接源于人类对于生命世界认知水平的提升和生物技术的发展，是人类理性的胜利。尽管生物技术的高度发展可能会出现一些令人忧虑的技术异化，甚至会带来一些新的生物恐惧，但我们谁又能否认生物技术的发展对克服生物恐惧的重大意义呢？

3. 通过社会法规、社会机制预防生物恐惧事件，创造安全环境

由于生物恐惧在社会层面的实际扩散可能会危及许多社会成员，生物恐惧事件往往会演变为社会事件。这需要从国家和国际层面上设定法规、建立机制，采取各种手段和措施来预防和应对生物恐惧事件的发生。

其一，对于非技术层面的生物恐惧，首要任务是对已发生的生物恐惧事件，从公共卫生政策和制度等许多方面进行深刻反思，总结经验、汲取教训、认真防范。针对 SARS 事件，邱仁宗教授认为，目前我国还没有公共卫生法，全国很多地方还没有建立起有效的疫病预警、监测、调查和报告机制。SARS 事件也提醒人们要注意跨物种疾病感染问题，建议修改"保护野生动物法"，全面禁止食用野生动物及宠物动物。① 我国需要加强此方面的法律法规建设，使疫病的防治工作常态化、法制化，严格责任主体和奖惩机制。同时，还应加强公共卫生方面的国际合作和信息交流，增强透明度，与国际社会一起建立起全球疫病的监测、预防、通告和控制信息网络。

其二，对于技术层面的生物恐惧，需要分清恐惧的虚实程度，以便有针对性地采取防控措施。例如，国际社会已经为全面禁止生物武器进行了不懈努力，到 2006 年 9 月已有 155 个国家签署了《禁止生物武器公约》。这种合理的行动指南和规范在一定程度上会限制人类技术行为的随意性。通过制定法规去规约现代生物技术的发展和应用，增强科技工作者的社会责任感。这既是减弱公众生物恐惧心理的需要，也是现代社会良性运行的需要。比如，许多国家针对转基因产品的生物安全问题制定法规，实现趋利避害的目标。为防止生物恐怖主义的袭击，在生物实验室的安全管理、危险媒介的保存、敏感生物知识和技术的保护等方面也进行了积极探索。

总之，人类社会存在着各种生物恐惧因素，各国政府要有积极主动的风险管理意识和行为，在形成真正的生物恐惧威胁之前尽早从其根源上予以制止。让人类免于过度的生物恐惧心理，拥有一个安全的生活环境，这是全球社会共同的目标和责任。

---

① 邱仁宗：《SARS 在我国流行病提出的伦理和政策问题》，《自然辩证法研究》2003 年第 6 期，第 1~5 页。

二 技术恐惧文化背景下的克隆人概念

在今日之技术社会中，令人恐怖的"克隆人"概念产生于一种与"造人"有关的技术恐惧的文化背景中，但这种技术恐惧感有人为加重的趋向。我们在分析和部分消解人们对"克隆人"概念恐惧的同时，主张把防范克隆技术风险和创造出一种理性的技术文化背景有机地结合起来，并保持在免于技术恐惧的自由与一定技术恐惧感之间的必要张力。

1997 年 2 月，英国胚胎学家威尔莫特等人在《自然》杂志上发表研究论文声明，他们采用动物体细胞核移植技术（人们常说的克隆技术）克隆出一只后来被命名为"多莉"（Dolly）的绵羊。"多莉"绵羊的出现掀起了一场"克隆风暴"，席卷整个世界。于是，令很多人感到恐惧的"克隆人"概念就再现了。它到底是在一种怎样的文化背景下产生的呢？

（一）技术恐惧的文化背景

1. 人类对技术恐惧经验的积淀

通过社会性学习，人类对自然灾害（如地震、洪水、火灾）、瘟疫和战争等都会产生某种恐惧感。近代以来，随着技术对人类社会、自然界的影响在广度和深度两方面的日益加强，人们又开始结合自己的经验对技术及其后果产生了某种恐惧感。人们对技术产生恐惧的原因主要来自以下两个方面。

一方面，正如有学者认为的那样："任何技术都有产生、发展到成熟的过程，处于成熟前期的技术存在某种缺陷、不足在所难免，即使是成熟技术也会出现难以意料的问题；大型复杂技术系统的故障，可能会带来灾难性事件，如核泄漏导致的严重核辐射污染、飞机空难等。例如，20 世纪的大型技术灾难就有一百多起，每一次事件都会引起公众的广泛关注，引发人们强烈的心理震动。"[1] 因此，不管是原子弹在日本广岛、长崎的爆炸，"挑战者"号宇宙飞船的爆炸（此后又发生了"哥伦比亚"号宇宙飞船的解体事故），还是切尔诺贝利核电站泄漏、计算机病毒和"疯牛病"等一系列事件的发生，都为人们积淀了厚重的有关技术负效应的恐

---

[1] 陈红兵：《国外技术恐惧研究述评》，《自然辩证法通讯》2001 年第 4 期，第 16~21 页。

惧经验。另一方面，技术的失控、误用、滥用和军事化应用，已经为人类社会造成了许多难以逆转的痛苦和灾难。例如，在现代社会，一些人利用高科技手段从事各种犯罪和恐怖活动，已经是十分平常而又棘手的社会现实问题。另外，随着科学技术的发展而产生的环境安全、经济安全、生物安全、信息安全、网络安全和金融安全等时代问题已经成为社会公众日益关注的焦点。于是，人们既对技术对自身的伤害和对生存环境的威胁恐惧，又对技术的社会失控和发展方向的不确定性恐惧。

2. 一种"造人"的技术文化主题

"clone"一词源于西方，对它的争论最早属于一个西方技术文化问题。虽然，"多莉"羊的产生在世界范围内掀起了一场巨大的"克隆风暴"。但是，以"造人"为主题的西方技术文化早就产生了，它是与近代科学革命和工业革命相伴相生的热门话题。当时，人们就惊诧于科学技术的发展可能会造出"怪物"和"魔鬼"，从而成为毁灭人类的对立面。如果没有这种技术文化背景，"克隆人"给人的感觉也许不会那么强烈而又恐惧。

早在1818年，在英国女作家玛丽·雪莱（Mary Shelley）出版的小说《弗兰肯斯坦》（*Frankenstein*）中，就表现了一位揭示"生命奥秘"的名叫弗兰肯斯坦的学者的悲剧。小说中的这位学者讲道："有可能，我的知识带来了某种奇迹；对万物之情状，我洞察无遗，分辨得清清楚楚……能够揭示出一切生殖和一切生命的原因！对呀，还有呢，我现在能够让死的物质获得生命。"① 因而，"制造"一个更好的"新人"的想法再一次被召唤出来。然而，这种想法付诸实施的后果是那位学者难以预料的一场令人心酸的灾难。由于弗兰肯斯坦本人无法控制他"制造"出的"怪人"，无法阻止"怪人"罪恶的报复行动，双方在一场追逐战中同归于尽。这部小说其实反映出当时的人们对即将发生的科技革命的深深恐惧，因为一切"造人"的活动必须由专家借助于科学技术知识和手段来完成。在1931年，美国好莱坞据此小说改编成同名科幻恐怖电影，促进了"造人"技术文化主题在社会的广泛传播。这样，《弗兰肯斯坦》一书在西方技术

---

① 〔美〕库尔特·拜尔茨：《基因伦理学》，马怀琪译，华夏出版社，2000，第31页。

文化中占有非常重要的地位，其主旨似乎就在于警告人们不要去扮演上帝（playing God），仅仅因为人们能够做到这一点。事实上，在不少智者的眼中，控制和创造生命的力量是一种不祥的力量，一旦"怪物"被创造出来，人们将没有时间去后悔。因此，在做有关科学实验之前，人们最好找点儿时间去仔细地想一想。①

3. 现代社会文化传播系统加重了人们的技术恐惧感

1997 年以来的一个时期，在西方国家的一些刊物上可常看到如下类似的画面：被人为"克隆"出来的"希特勒"排着队走向了世界。这当然是通过计算机技术制作出的虚拟效果图。但给人的感觉是，动物克隆技术的发展，特别是在人身上的应用，将导致各种各样的"妖魔鬼怪"跳出来危害人类社会，从而引发许多社会问题，社会秩序也将受到极大的挑战。因此，许多国家都公开表示坚决反对克隆人，并采取立法等措施明令禁止用克隆技术制造"克隆人"。"克隆人"就成为一个极其严格的不允许跨越的科研"禁区"。

事实上，在现代社会，许多人从心理上拒斥平淡乏味的生活，喜欢那些充满激情、离奇、恐怖甚至有点儿骇人听闻的东西。现代文化传播系统的一些做法就迎合了部分公众的这种心理需求。当现实生活中没有更多的给人以强烈视听刺激的事物时，人们就想方设法通过高科技手段"制造"出它们。于是，恐龙、食人兽、未来战士、魔鬼终结者、克隆人和基因重组人等就陆续出现了，从而给人们更多恐怖的视听感受和恐惧的心理体验。在西方文化世界中，以高技术为主题的科幻影视类作品大多在散布着对技术的极度恐惧感。这些作品常常有如下情节：在科技高度发达的未来社会，一些掌握某种尖端技术的人或集团利用手中的技术反叛人类社会。这暗示着，当掌握先进技术的人或利益集团在价值观念上发生严重偏差，或者在道德理念上出现谬误时，很可能就会使技术的发展危及人类自身。并且，技术对人类社会造成的危害与其能量的大小成正比。例如，未来世界中的一些人利用生物高科技进行犯罪的故事，一向是好莱坞电影人感兴

---

① Bernard E. Rollin, "Keeping up with cloneses-issues in human cloning," *The Journal of Ethics* (1999): 51 – 71.

趣的题材，他们借助专业技术人员并通过数字电影技术、多媒体技术等现代高科技手段，不断为人们制作出有关未来生物高科技发展的强有力视听刺激。娱乐业在赚取高额票房收入的同时，也促使人们日益加深了一种印象：未来生物技术往往是令人恐怖的、非人性的和"离经叛道"的。

今天，技术就是一种不可言说的"力"，人类倾注自己的智慧来塑造它，它反过来又极大地影响甚至改变了人类的命运，还会给人类带来一些经久难忘的噩梦。在人们的思想意识中，科学技术知识的增加表明了人类认识自然（自身）与改造自然（自身）能力的增强，同时意味着人类要为自己的技术行为承担更大、更多的社会责任。因此，人们担忧技术的未来发展，其实就是在担忧自己的未来。

（二）对"克隆人"及克隆技术恐惧感的部分消解

令人困惑的是：在还没有发展出成熟的体细胞克隆技术时，许多人就如此强烈地对克隆人目标做出了几乎一致的反应——坚决反对克隆人！但是，如果在技术成熟后能够克隆出一个人，难道我们这个世界就走向毁灭了吗？难道就会出现美国未来学家托夫勒所预言的恐怖的"生物学广岛"吗？人们的这种担忧中难道没有不实的成分和夸大的因素吗？

1. 不真实的克隆信息

在"克隆风暴"之后，美国好莱坞及时地推出了科幻制作片《第六日》和《克隆人的进攻》等，为人们超前展现了未来克隆技术世界的可怕模样，产生了利用"克隆人"犯罪的概念。但是，此类影片无视克隆后代与"原型"之间存在着不可逾越的时间差和年龄差，无视从婴儿开始的生命成长过程，把一个成人的克隆体视为成人。但是，即使克隆技术成熟到可以去实现"克隆人"，"克隆人"与被克隆者完全相同也是根本不可能的。由于生长环境、教育环境等种种因素的影响，克隆后代与被克隆者在体质、智力、行为等诸多方面都会表现出很大程度的不同。其实，以科学技术为主题的娱乐作品在本质上仍属于娱乐范畴，而不是真正科学技术知识的普及。此类作品影响面较大，给许多人以强烈的视听刺激，在社会上大肆渲染了技术恐惧的心理，增加了人们对克隆技术的恐惧感，误导了人们对克隆技术及其价值的正确认识，建构了该技术的重要社会文化背景。正如美国学者格雷戈里·佩斯（Gregorg E. Pence）分析的那样，对"克隆"的广泛排斥源于悲观绝望的科幻故事或电影的熏陶而导致的恐惧，但它们并不是真实的信息。[①]

看来，人们对克隆人行为的强烈抵触情绪，既与一定的技术文化相关，又源于对克隆技术本身的误解。在克隆技术概念不适当的传播影响下，在不真实的克隆信息误导下，多数人认为有关克隆人行为的想法是令人恐惧的：它似乎表明克隆技术的发展速度和发展方向都失去了控制，一些人可以为所欲为了。在科学界也有人持类似的观点，如英国物理学家、诺贝尔和平奖获得者罗特布拉特就把克隆技术的突破与制造出原子弹相提并论。他通过英国 BBC 电台说道："我所担心的是，在人类科学领域取得的其他大规模毁灭性手段，遗传工程很可能就是这样一个领域，因为它具有令人恐惧的可能性……尽管科学家们可能对科学研究必须在某种程度上受到控制而感到不悦……但我希望看到建立一个国际伦理学委员会。"[②]

因此，在克隆技术尚不成熟的情况下，人们强烈的反应不仅仅是针对克隆技术本身，而更多的是这项技术可能要展现出的东西，并且人们倾向于首先考虑这项技术坏的、消极的影响。这是对不确定性事物的恐惧，也是对陌生事物的一种本能警惕，更源于人们对生物技术的恐惧文化背景。反之，这种恐惧感将不可避免地影响到克隆技术的进一步发展。

2. 克隆技术是恐怖的手段吗

可以说，在 20 世纪末期，没有什么技术能够比得上克隆技术对人类心理世界产生的强大冲击了。在围绕"克隆人"的许多争论中，我们确实看到了人们对克隆技术以及其他类别生物技术的恐惧。这种恐惧感弥散在我们这个已经变得高度敏感的技术世界里。人们似乎有充分的理由担心，当一种力量不受控制时，它可能做的就是漫无目的地往前乱冲乱撞、到处惹祸。同样，如果人们随心所欲地改造生命形态，将会给这个世界带来诸多不测的风险（生态混乱、伦理道德的冲突等）。在人类社会中涌动的新忧患中，无疑包括了对生物技术及其发展的忧患。但是，克隆技术是恐怖的手段吗？

---

① Gregorg E. Pence, *Who's Afraid of Human Cloning*, Rowman and Littlefield Publishers, 1998, p. 23.

② 林平：《克隆震撼》，经济日报出版社，1997，第 149 页。

　　人们在反对克隆技术以及克隆人研究时，常常提出如下一个理由："克隆技术有可能会被滥用和非道德使用，如果被一些恐怖分子、科学狂人和战争狂人掌握在手，就可能成为实现其罪恶目的的手段，将会产生一个可怕的后果。"按照这种推理方式，我们则可以说，一切物品和技术手段都有可能成为恐怖分子的工具。如果只允许研究不可能成为恐怖分子、战争狂人工具的技术，也就只好不去进行任何科学技术研究。正像清华大学的赵南元教授认为的那样，克隆技术最不可能成为恐怖分子的工具。理由如下：克隆技术不容易操作；从制作"克隆人"到"克隆人"能够执行任务，恐怕至少需要一二十年的时间，周期太长，成本太高；"克隆人"也并不是什么具有特殊本领的"超人"，很难想象有什么任务是普通人完不成而"克隆人"却能完成的；"克隆人"的特征只是和被克隆者长得相像而已，但年龄的差异使他（她）根本不可能冒名顶替原型。[①] 可见，在人们对克隆技术基于恐惧感的反对理由中，往往隐藏着很大的片面性和不真实性。具体到本书，克隆技术本身并不值得我们惧怕，重要的是我们如何运用技术。技术能产生最好和最坏的结果，而真正的危险在于人类自己！

（三）"克隆人"概念的现代启示

　　1. 保持免于技术恐惧的自由与一定技术恐惧感之间的必要张力

　　现代人对"克隆人"概念的广泛争议和对其社会意涵的恐惧感给我们诸多启示。我们清楚地记得，在1941年1月6日，美国总统罗斯福曾用非常精练的语言表述了一个基于四项"人类最根本的自由"之上的世界秩序。这"四项自由"即是：言论自由、信仰自由、免于匮乏和免于恐惧的自由。无疑，这"四项自由"在当时包含着相当卓越的进步思想。然而，我们在此要大声疾呼的是，在当今技术时代，人们应该拥有"免于技术恐惧的自由"！技术的发展和应用应该更多地体现出"以人为本"的根本宗旨，而不是对人类造成伤害和恐惧的心理。

　　辩证地来讲，在人类社会中是不可能完全消除恐惧感的，并且在人类

---

① 赵南元：《不可妄称"人类"——评"克隆人面临的五大问题"》，http://www.blogchina.com/new/display/437.html。

社会中存在一些恐惧感是很有必要的。从某种意义上来讲，人类社会的发展历史就是一个不断克服恐惧心理的历史。在一个社会中，有时真正可怕的并不是某种恐惧感的存在，而恰恰是人们没有任何恐惧感了，从而可以为所欲为了。事实上，一定的技术恐惧感是必要的。人们在已有技术恐惧经验的基础上，往往就产生了对时下技术发展的某种敌视态度。在不能避免技术滥用和误用的情况下，人们就希望放慢或停止技术发展的步伐。但是，这种敌视态度并不是完全非理性的，它至少源于技术价值负荷的多元化，它至少可以表明人们对同一类技术发展方向的社会期待心理是不一样的，它也促使人们进一步反思技术的价值和技术责任主体等问题，并成为保障技术健全发展的一种约束性力量。例如，人们对"克隆人"的恐惧已经使政府、科学家更加审慎地发展克隆技术，并积极促进这项技术的健康发展。人们需要做的是，在免于技术恐惧的自由与一定技术恐惧感之间保持必要的张力。

2. 技术生成于社会土壤中与技术社会价值的全面透视

技术生成于一定历史条件下的社会土壤中，人们应该多从技术研制、开发和应用的复杂社会环境中去寻找人们对有关技术恐惧的根源。我们在认识和理解技术时，一定要结合人、技术所产生和应用的社会文化背景，只有这样才能充分理解技术。这正如美国技术史专家斯塔迪梅尔所说："……脱离了它的人类背景，技术就不可能得到完整意义上的理解。人类社会并不是一个装着文化上中性的人造物的包裹，那些设计、接收和维持技术的人的价值与世界观、聪明与愚蠢、倾向与既得利益必将体现在技术的身上。"①

具体说来，生命科学在走向技术实践以后，它的社会后果从一开始就引起科学家、政府和社会的高度关注。面对生物技术的每一项新进展，人们都会产生某种相应的忧虑。例如，20 世纪 70 年代初，当转基因技术刚刚取得突破时，曾引起世人（包括科学家）很大的争议。人们担心基因的改变会引起物种变异，会人为地构建出难以控制的"超级病毒""超级杂草"等，会影响食物链和自然界的生态平衡，从而给人类社会带来灭

---

① 高亮华：《人文主义视野中的技术》，中国社会科学出版社，1996，第 14~15 页。

顶之灾。但三十年已经过去了，人类并没有因为转基因技术的迅速发展而遭受巨大灾难。相反，不少转基因药品和食品已经大量上市，人类社会已经能在不同程度上享受到基因工程发展所带来的一些实惠。至于体细胞克隆技术的发展究竟能给人类社会带来什么，这正是人们在生物技术加速发展时代所必须面对的一项现实研究课题。生命本身所具有的复杂性，也就决定了利用克隆技术改变生命体后果的复杂性。因而，克隆技术可能引起的诸多社会问题值得人们去关注和思考。但是，人们在做出任何判断之前，最好先倾听不同的声音，了解相关的事实，再全面、理性地分析其利弊。令人欣慰的是，现在越来越多的人愿意冷静地立足于技术的社会土壤，从不同的角度去考察克隆技术的发展将会带来的种种后果。

3. 构建理性分析的综合技术文化

英国著名学者 C. P. 斯诺在其名著《两种文化》的前言中曾经这样写道："我们需要有一种共有文化，科学属于其中一个不可缺少的成分。否则我们将永远也看不到行善或作恶的各种可能性。"① 这应是一种科学文化与人文文化相统一的"综合文化"。对于现代克隆技术的健康发展而言，同样需要一种理性分析的"综合文化"。在这种"综合文化"还没有出现时，就需要人们努力去构建。

人们应该以理性的态度来看待克隆技术发展中的"克隆人"问题争端。因为，由此而产生的盲目担忧和反对，实际上为客观地讨论"克隆人"问题制造了一定的障碍。曾经多次对世人声称要去实现克隆人宏伟目标的美国生育专家扎沃斯，在为自己的克隆人行为辩护时，声称公众对克隆人的敌意和困惑在很大程度上与一些新闻媒体和好莱坞电影的误导有关。类似的，英国医学协会也指出，《美丽的新世界》《来自巴西的男孩》一类的幻想小说，使人们形成了有关"克隆人"的强烈负面形象。这些负面形象在公众的潜意识中根深蒂固，造成了一旦提及"克隆"一词，马上就会引来各种担忧和反对。

动物体细胞克隆技术作为一项正在发展的高新技术，对人类生存和发展无疑有着一定积极的意义。我们深信多数人反对的并不是克隆技术本

---

① 〔英〕C. P. 斯诺：《两种文化》，纪树立译，三联书店，1994，第5页。

身，而是克隆人研究可能会对人类自身价值和社会关系方面带来的一些负面影响。在现实社会中，技术的选择问题实质上多是经济价值和人文价值两方面的选择问题。对于克隆技术方面，人文价值层面上的问题确实需要人们去关注，也必将引起现代思想家的深层思考。但是，非理性和情绪化的抗议可能会阻碍克隆技术的发展和社会的进步。我们应该理性地对待这项技术，在社会中形成一种有利于克隆技术健康发展的技术文化背景，而不是过分地渲染一些影响该技术发展的不真实的恐惧感。

三　对克隆技术矢量的恐惧及人类中心主义的技术观

在有关技术哲学研究的历史上，技术往往是作为批判的对象。如存在主义、法兰克福学派、罗马俱乐部、环境保护主义、后现代主义等各种各样的学派或思潮，都对技术人文价值的缺失及其成因做了程度不同的分析。在此，我们结合现代生物技术特别是克隆技术发展的实际却认为，对技术的批判固然重要，而对技术的发展作一些辩护并用人文价值导引现代技术的发展将是更为重要和迫切的事情。

（一）关注现代生物技术的人类生存价值

在谈及生物学和生物技术发展的社会价值时，美国著名生物学家恩斯特·迈尔（Ernst Mayr）曾说过："当考虑生物技术的未来时，让我们想一下在过去生物学已经给人类带来的巨大利益。无疑，生物学将可以继续在未来给我们带来难以预料的益处，特别是在医学和农业方面。"[①] 的确如此，现代生物学及生物技术在解决人类社会发展进程中所面临的食品、营养、医疗保健等重大问题时，都将为之提供一种可能的有效手段。现代生物技术具备针对人类社会发展而言的重大科学价值、社会价值和经济价值等。与其他类别的技术相比，现代生物技术具有鲜明的技术研究对象、独特的技术发展路径以及与人类社会生产、生活的密切相关性，无疑都在表明它是一类非常重要的、属人的"生存技术"。今天，有着非常充分的理由让我们去关注此类技术的研究与发展以及在发展、应用过程中可能会产生的各种社会问题。在某种意义上可以说，关注现代生物技术的发展也

①　Ernst Mayr, "Biology in the twenty-first century," *Bioscience* (2000): 895 – 897.

就是在关注我们人类的生存与发展。相反，任何反对生物技术发展的理由在现实面前都将变得不再充分而略显苍白无力。

事实上，现代生物学和生物技术已经分别成为重要的前沿科学和关键技术，它们相互促进和影响，将同时迎来一个迅猛发展的新时代。现代生物技术已经创造出不少"奇迹"，并且肯定要创造出更多惊人的"奇迹"来。在现代生物技术蓬勃发展的大背景和大趋势下，我们坚信动物转基因技术、人类基因组研究、人体基因疗法、人体器官克隆等诸多领域都将会取得重大的突破性进展，对人类社会生活产生广泛而实际的深远影响。

当前，人们在展望未来时，在认真考虑深刻影响未来人类命运的各种技术力量时，不考虑现代生物技术的力量是绝对不行的。由于现代生物技术的开发和应用在更大程度上会直接涉及人类自身的利益，所以也更加需要我们理性地对待此类技术，使其沿着健康的道路发展并得到有效、合理的应用。然而，在当今着力发展市场经济的、日益复杂的社会环境中，科研投资主体及成果应用主体变得日益多元化。对于这样一类如此重要的技术，人们往往是以急功近利的心态待之。在人们既缺乏智慧又无充分耐心的情况下，无疑会导致生物技术的畸形发展和不加限制地滥用、误用，从而引发出更多让人忧虑的问题来。这种状况令人担忧，也更加需要我们去仔细地审视。尽管具有一些悲观情调的人士曾经这样认为，未来生物技术的力量是很难预测和控制的。但是，我们目前能够做到去积极、主动地了解生物技术的发展现状、特点和趋势，并对其进行深入的探讨，以便早日采取一些应对措施。总之，在现代生物学及生物技术迅速发展这一"火热"的现实中，有划时代的发现、深远的意义、复杂的虚实论争，也隐藏着深层次的有待进一步挖掘的东西。在此，我们完全可以让哲学的反思功能得到比较充分的发挥。

（二）克隆技术恐惧与技术的矢量性

20 世纪末期以来，没有哪一项技术能比得上体细胞克隆技术对人类心理世界产生的强大冲击了。人们的心理根基竟然如此脆弱，被一只"克隆羊"弄得不知所措。

在围绕"克隆人"的虚实论争中，我们能清楚地看到人们对克隆技术发展的沉重恐惧感。这种恐惧感弥散在我们这个已经变得高度敏感的技术世界里。克隆技术的发展毕竟会对人类的自然生存状态产生一种更深程度的影响。如今，这种强大的技术能力正在渐渐地朝向生命个体的深层次领域不断拓展。人们担心，如果随心所欲地改造生命形态，将会给这个世界带来不测的风险。当"人造"生命体突然出现在人类世界时，这正是令人感到震惊的时刻。人们为人类技术能力不可抑止的强大而感到震惊，这背后又隐含着某种无奈的感觉。在当今人类社会涌动的各种忧患中，无疑包括了对克隆技术及其发展的忧患。

另类"克隆人"出现与否，不是哪一个"科学人物"随便说了就算的事情，而是需要历经一定的时间并用技术实践来加以检验的。但有关"克隆人"的现代技术隐喻，已经使在技术化生存状态下的、以追求新奇感觉为时尚的现代人有了更多的谈资，同时也有了对技术的更多深层次理解与多维诠释，并伴随着喜忧交加的复杂情感，这其中浓烈的滋味已经足够人们品尝很长时间了。这个技术隐喻至少还暗示了如下较为深刻的道理：因人而生、而长的技术力量是一种强大的"矢量"，有大小更有方向。其实，人们对技术发展的恐惧，更多的则是源于技术发展和应用方向上存在着的不确定性。于是，对技术发展方向要求进行社会调控的呼声日益高涨。但是，人们还是应该更多地从技术应用的复杂社会环境中去寻找技术恐惧的根源。正如 1980 年的诺贝尔生理学和医学奖获得者让·多塞（Jean Dausset）所说："我还想打破遗传学在公众心目中产生的神话。人们对这一领域的新进展感到恐惧是十分自然的。问题在于，他们的恐惧是否有道理？或者说得确切一点，这种恐惧心理合理到什么程度？人们常常对那种似乎无所不能的科学家感到畏惧，其实，可怕的不是科学家，而是那些被权欲所驱使，被集权主义意识形态所毒化的个人，或是由个人集结而成的团伙。我们应当平静地看待这场正在发生的革命。这应当是一场造福人类，给人们带来健康、幸福和长寿的革命，这正是我们的全部希望所在。"①

我们承认，在现代社会中，人们不断地去追逐科学技术的发展与进步

---

① 〔法〕让·多塞：《消灭遗传疾病》，《南方日报》1999 年 3 月 13 日，第 11 版。

来维持已有的所得并实现已存的希望。人们借助于科学技术在试图解决老问题的同时，又会引发出一些新问题。这却是两类性质完全不同的问题，人们的焦虑不安也许正是在这里。但是，我们还是应该对这个技术世界增加一些信心，因为我们毕竟要生活下去。事实上，人类生存和发展的过程也就是一个不断认识世界和自我的过程。我们思想的发展必须与科学技术的发展相适应，要具有时代性。我们在分析世界变化的同时，也要分析我们自己；我们在改造客观世界的同时，也要不断地改造我们自己的主观世界，从而实现两个世界的和谐统一。在面对各类生物技术的迅速发展时，我们确实应该在心理上做好充分的准备。

（三）人类中心主义的技术观

在这样一个非常忙碌的、大多数人都在为个人生存而不懈奋斗的人类社会里，人们有什么理由去操心与自己毫不相关的事情呢？许多人关注克隆技术和"克隆人"问题，并不只是为了赶什么时髦，更主要是因为这项技术与人类自身有着比较密切的联系。

毕竟，克隆技术与生命的繁育过程是直接相关的。这就触及生命个体繁育的自然界限问题，也可能触及人类生命神圣性的问题。并且，生命个体的形态、性状与性别正在强大技术手段的操纵下进行着比较精确的定向改变。人们已经产生的普遍感觉是：克隆动物并不十分可怕，可怕的是克隆人。这些年来，反对动物克隆的人越来越少，只有一些动物保护组织成员的态度比较鲜明。然而，当这种强大的技术手段可能扩展到人类生命个体时，也就触及了以人类为中心的社会价值观。人们在意识中对于把技术对生命的"侵害"延伸到自身表现出了高度的警惕性，这是人类自我保护意识的一种直接反应。这种技术力量的强大，使人们感觉到某种可怕威胁的存在。人们惧怕没有"神秘性"保护的生命个体会遭受技术的恣意侵害。因为技术在改变生命发育和生长的过程中，在不经意间就可能会造成对生命的一种肉体的或精神上的无法弥补的严重伤害。于是，"生命神圣""尊严""尊重""不伤害""知情同意""安全有效""防止商品化"等口号被许多人喊了出来。这其实更多的只是人的"生命神圣"、人的"尊严"、人的"尊重"、人的"不伤害"、人的"知情同意"等。"生殖性克隆"与"治疗性克隆"技术目标的分别确认与人们相应的不同态度，进一步印证了人类中心主义技术观的普遍存在。

"人类中心主义"口号的高涨，并不是人们完全无视其他生命个体和自然界价值的存在，而是人们自身在因人而生的技术的严重威胁下无暇他顾罢了。人类逐渐向其技术能力所及的领域不断扩展，在这种社会背景下，在许多人文学者心中牢固地树立起这样一种观念：技术上可行的事情，不一定对社会是有益的或可取的，在道德上也不一定是被容许的事情。为此，要限制人类技术行为的任性和放纵，要有一个类似的行动指南和规范。这就意味着技术行为要受法理和伦理原则的影响和支配。从现在起，技术的价值观、技术的基本信念、技术的规范等都将成为一类极其重要的东西，成为人们日常社会生活中所要面对的问题。

我们知道，技术总是归属于人类智慧活动的结晶。某项技术的产生、发展与完善离不开人的活动，人是技术的"主人"。一项技术进步是否真正有益于人类及社会，关键在于人们如何对待和应用它。其实，克隆技术探索者的初衷也不是用这项技术来克隆人类，"克隆人"的目标是后来设想的，也可以说是社会文化赋予的。因此，为有效研究一项新技术的社会后果，需要建立社会评估机制，要以社会伦理、人的价值为标准。在评估的基础上，对技术引起的消极后果做出合理解释，阐明技术与其他非技术因素之间相互作用的机制。这样做，目的就在于防止和控制消极后果，防止滥用新技术，让技术真正造福人类。

总之，面对目前这场对克隆技术的价值及其社会作用的仍然没有结果的虚实纷争，一切崇尚科学精神、尊重科学技术发展规律的人们，应该做出自己相应的科学思忖和审视，还需要抛弃那种庸俗化、简单化的思维方式。同时，我们要努力走出对技术价值的认识误区和情感上的困惑。但是，"唯有树立一种价值观，借着科学的分析、理性的行为才能做到"。[①]我们还要认识到：技术不是什么"天使"，更不是什么"魔鬼"，它只是人类解决所面临问题的重要手段之一，它不会决定什么，它只会影响和改变一些什么，它是矢量，它还需要人文价值的积极导引。克隆技术同样如此！

---

① 〔德〕迈尔·莱布尼茨：《人·科学·技术》，胡功译等译，三联书店，1992，第82页。

四 转基因技术恐惧心理的文化成因与调适

转基因技术的迅猛发展和产业化给社会带来了巨大的影响，也给人类生活带来许多意想不到的冲击，使人们对其产生了恐惧的心理反应。从文化视角探析转基因技术恐惧心理的形成，应在相应政策的修订、心理调适和接纳的基础上，为转基因技术的健康发展营造一个适宜的生长空间，使其更好地为社会服务。

随着现代生物技术的发展及应用，尤其是转基因产品越来越多地涌入人们的日常生活，人们的生物技术恐惧感在日益增加。其中，社会文化因素增强了这种恐惧心理。我们有必要从文化视角审视正在蔓延的生物技术恐惧心理，分析此种心理的来源与扩散，抚慰人们的脆弱心灵，做好生物风险的防范工作，促使生物技术与社会的协同发展。

（一）转基因技术恐惧心理的表现与传播

20 世纪以来，科学技术的高速发展及其滥用和误用，使人们日益感受到来自技术层面的威胁，各类技术恐惧心理便在高度技术化的社会普遍产生了。现代生物技术隐含的巨大力量给人类社会带来不容忽视的负面影响，甚至会出现人们始料未及的不良后果，导致人们产生焦虑、恐惧、不安和迷茫的消极心理反应，形成一种针对生物技术恐惧的非主流社会现象。

1. 转基因技术恐惧心理的表现

近十几年来，生物技术恐惧的对象变得越来越具体，越来越多地渗透到人们的生活细节中，其表现为人们日常生活中所能接触到的与生物技术关联的实物，如转基因玉米、转基因大豆等。基于恐惧心理，有学者指出："与其说转基因植物是幸运契机，倒不如说它是恶性威胁。"[1] 1983年世界首例转基因植物的诞生，标志着人类利用转基因技术在分子层面改良作物的开始。1986 年，美国批准转基因作物进入田间试验。1990 年，北美地区开始大规模种植转基因作物。面对转基因技术迅速产业化和市场化的形势，人们的担忧和争论与日俱增，相继发生了英国的转基因土豆事

---

[1] 〔法〕R. A. B. 皮埃尔等：《美丽的新种子：转基因作物对农民的威胁》，许云错译，商务印书馆，2005，第76页。

件 (1998)、美国的斑蝶事件 (1999)、墨西哥的玉米污染事件 (2001) 和中国的 Bt 棉事件 (2005) 等涉及生物安全的舆论事件，激发了人们的生物技术恐惧心理，延迟了公众对该技术成果的接受。转基因农产品的批评者认为重组 DNA 技术从根本上改变了主要传统农作物的遗传特性，"通过对基因的改造，修改生物特定的本质并将其市场化，农业社会失去了它原来拥有的和生物世界特定的关系"。[①] 不少人推测转基因农产品可能潜伏着危及人体健康和生态平衡的风险，需要进一步去证实或消除。相反，赞同者却从"实质等同"的原则出发，认为转基因技术的应用不会导致相关食品的安全性比传统方法降低。由于缺少强有力的科学评判数据和标准，这些对立的观点至今仍让公众无所适从。

当人们发现社会缺乏有效的生物风险预警机制时，对生物技术产品的接受意识就会更加趋于保守，甚至采取强烈的抵制行动。例如，2000 年 3 月，在"生物 2000 年"大会召开之际，3500 人汇集在美国波士顿举行反基因改造食品的示威活动，抗议食品制造商未对转基因食品进行安全试验就进行销售。2006 年 8 月，250 多名敌视转基因试验者闯入法国南部的一块田地，捣毁了大约 2.5 公顷正在生长的转基因玉米。这些事件说明，人们对生物技术的恐惧心理可能会汇聚成一股不可小觑的社会力量并以激进的方式爆发出来，从而影响生物技术的产业化进程。

2. 转基因技术恐惧心理的社会建构与传播

人们早就开始对生物技术恐惧心理展开了多角度探讨，相关的文化产品也为数不少。诸如 *Frankenstein* (《弗兰肯斯坦》)、*Brave New World* (《美丽的新世界》) 等文学作品以及《侏罗纪公园》《苍蝇》《克隆人的进攻》等影视作品，在给人们惊险刺激的视听感受或心理体验时，也都在有意无意地向公众妖魔化生物技术的社会形象，散布了生物技术恐惧感，成为建构恐惧心理的主要因素。在作品的影响下，这种恐惧心理具有自我扩散性和强烈的人际感染性。人们往往通过想象力将恐惧感放大，赋予其厚重的悲观色彩，使生物技术的负面形象留存在记忆中。

---

① 〔法〕R. A. B. 皮埃尔等：《美丽的新种子：转基因作物对农民的威胁》，许云谐译，商务印书馆，2005，第 88 页。

现代科技信息的社会传播在很大程度上依赖各类媒体。媒体的报道与评价可以影响人们的判断力，甚至可以决定某些知识贫乏者的社会认知行为。在当今媒介发达时代，到处充斥着克隆人、人兽杂合体、基因治疗和转基因食品的报道，有关生物技术的负面信息扑面而来。人们对转基因农产品所形成的恐惧心理大多源于媒体对转基因食品负面效应的过度报道，并非由直接经验所致。1998 年 8 月，英国科研人员普斯陶（A. Pusztai）在其试验中发现老鼠食用转基因土豆之后其免疫系统遭到了破坏，这一敏感结果首先通过电视而不是学术刊物公布出来。尽管英国皇家学会组织专家进行同行评议，证实上述试验存在设计缺陷、试验动物数量少和统计方法不当等问题，然而，此报道的负面社会影响已经产生，强化了人们对转基因食品安全性的怀疑和恐惧。我国也有许多媒体报道转基因食品的负面消息，如 2003 年末对雀巢转基因产品的报道，把食品安全问题推到风口浪尖，引起了国内众多消费者的关注。其间，媒体不断出台调查报告和评论宣称转基因食品具有危害性，有些文章用词极具刺激性和情绪煽动性，使得人们对转基因食品的恐惧感越来越深。正如美国作家爱默生所说，恐惧较之世上任何事物更能击溃人类。在转基因农产品安全问题尚需进一步求证的情况下，在媒体大肆渲染和人类非理性因素的多重作用下，生物技术恐惧心理被建构和放大，具有很大的片面性和虚拟性，误导了人们对转基因技术及其价值的客观认识。

（二）转基因技术恐惧心理的文化成因

生物技术恐惧心理的实质，是人们对生物技术运用过程中可能产生的风险及负面影响的忧虑。我们有必要从技术发展的历史和技术文化的社会建构等方面来理性地探析这种恐惧心理。

1. 生物技术发展的阶段性

科学技术的发展具有阶段性，"任何技术都有产生、发展到成熟的过程，处于成熟前期的技术存在某种缺陷、不足在所难免，即使是成熟技术也会出现难以意料的问题；大型复杂技术系统的故障，可能会带来灾难性事件……每一次事件都会引起公众的广泛关注，引发人们强烈的心理震动"。[①] 这些灾

---

① 陈红兵：《国外技术恐惧研究述评》，《自然辩证法通讯》2001 年第 4 期，第 16～21 页。

难为人类积淀了技术风险的恐惧经验和敏感心理。人们有理由担心，当技术力量不受控制时，它可能会给人类带来不测的厄运。同样的，在生物技术的发展与完善过程中，人们既对生物技术对自身的伤害和对环境的威胁恐惧，又对它发展方向的不确定性恐惧。

　　生物技术的社会功能在逐步强化，伴随而来的风险也越来越突出。这些风险以何种方式、何时、何地发生，发生概率有多大等问题都处于不确定状态。因此，树立和强化生物技术风险防范意识就变得十分必要。在不能避免技术滥用和误用的情况下，人们希望放慢甚至停止技术发展的步伐。这种态度并不是完全非理性的反科学，它旨在促使人们进一步反思生物技术恐惧产生的社会与文化根源，成为保障生物技术健康发展的一种预警力量。生物技术既可能产生好的也可能产生坏的结果，而真正的危险在于人类自己。人类社会必须建立一种针对技术风险的防范机制。

　　2. 社会意识的滞后与防范

　　现代生物技术爆发出来的强大力量和展示的前景远远超出了人们的预想，给人们带来了喜忧参半的新型生活方式和内容，挑战了人们长期形成的观念和行为习惯。毕竟社会意识的改变具有相对的滞后性，当生物技术发展的变化超越了人们的认知和经验范围，人们就会感到生疏和不安，也会产生一种本能的警惕性，进而引起恐慌和不满。诸如克隆人技术与人的本质、人兽杂合体与人类的道德情感、转基因食品的安全性与消费者的知情权、基因治疗的有效性与生命的神圣性等之间的冲突，不可避免地引起人们内心的疑惑和恐惧，导致人们对生物技术的发展前景充满疑虑。

　　人们对自己所熟悉的技能和知识，具有较为完善的防范意识和解决能力。面对新技术的出现，人们必然要趋吉避凶，就会感到一定的乏力、无奈和恐惧。"技术恐惧主义是人类走向成熟的关键一步，是人类成长的一个重要阶段。从对技术的恐惧、害怕、厌恶、抵制中，必然产生对技术的有意识的反思和批判的理解，从而开始人类真正有效控制技术的历史。"[①]对生物技术产生恐惧心理，是生物技术发展的一个必然环节，我们要把它放在特定的历史阶段去认识和理解。人们不愿意接受转基因食品，体现了

---

① 　乔瑞金：《马克思技术哲学纲要》，人民出版社，2002，第 7 页。

人们对未知风险的恐惧心理和防范意识。人们迫切期望能够有效地控制转基因技术，消除其中潜藏的风险。"我们对技术发展的必然性不仅应该控制，而且能够控制，这既是一个人类认识发展的过程，更是一个历史的实践的过程。"① 可见，在一定技术恐惧心理的引导下，人们将会不断地完善技术，规范技术的应用，最终设法达到控制技术的目的。诚然，如果人们完全不接纳生物技术，也就排除了它在发展过程中对人类社会发展的积极作用，其更长远的预期利益只能被暂时的负面影响抵消了。

3. 技术风险文化的影响

人类已经进入一个高度风险的社会，科学技术成为一类重要的风险源泉。可以说，"在这个世纪，科学越成功，就越反射出其自身的确定性方面的局限，它们就更多地成为反思性的人为不确定性的源泉。科学在可能性范围内发挥作用，这并不排除最坏的情况"。② 近些年发生的诸如疯牛病、禽流感等社会影响甚广的疫病事件，给许多人的生存和发展带来危机。这些危机与生物技术的发展虽无直接关系，却促使人们更加谨慎地关注食品安全问题，成为质疑转基因农产品风险的撒手锏。技术风险文化的形成，人们对科学技术发展的矛盾心理，使公众对科学家和新兴技术的社会信任度有所降低，不愿意那些携带可能风险的新生事物给他们的传统生活带来冲击。尤其是随着生物技术产品的日益生活化，人们已经感觉到"危险"就在身边。有调查数据显示，许多欧洲人不想吃转基因食品，并且坚决反对在食品中添加任何转基因原料。

在风险社会，技术恐惧者通常对新技术持不信任态度，"他们排斥技术的自发性，强调人类的自主性，突出技术、技艺和技能的人性意义，认为必须理解技术和自我之间的关系，理解自然和技术以及技术与社会之间的关系，并把人类的进步过程看作有固定方向的而非随机的"。③ 但是，我们不可能完全地接受或者放弃技术，退回到一种更为原始的生活方式，而应该在两者之间找到一个平衡点。事实上，生物技术恐惧心理与技术风

---

① 韩小谦：《技术发展的必然性与社会控制》，中国财政经济出版社，2004，第4页。
② 〔德〕乌尔里希·贝克：《风险社会政治学》，《马克思主义与现实》2005年第3期，第42～46页。
③ 盛国荣：《技术哲学语境中的技术可控性》，东北大学出版社，2007，第5页。

险文化是相互影响的。人们在已有技术恐惧经验累积的基础上，对当前和未来的生物技术发展产生不同程度的敌视态度。但是，这种敌视态度并不是完全非理性和情绪化的，它至少源于技术价值负荷的多元化和技术价值的可分裂性，促使人们深入反思技术的价值和技术责任主体等问题，成为保障技术健全发展的一种约束性力量。

（三）转基因技术恐惧心理的社会调适

有人视生物技术为构造 21 世纪经济的原材料，认为它将会深刻影响全球经济社会的面貌，谁也无法阻挡生物技术的发展步伐。如果公众对生物技术的疑虑或抵触态度得不到有效缓解，将会直接或间接地妨碍现代生物技术的发展。有必要调适人们的技术心理承受能力，为生物技术的健全发展创造条件。

1. 法律政策层面的应对

现代生物技术的发展已成为世界各国所关注的社会经济问题。"生物技术的发展不仅是一个技术积累的过程，更是一个体制积累的过程，它与政治、经济和社会体制具有密不可分的关系。"[①] 公众的技术态度无疑会影响生物技术的发展和产业化进程。特别是转基因生物的安全性问题，若不妥善解决就会限制生物技术的发展。从法律政策层面来应对和调适人们的生物技术恐惧心理，就凸显其重要的现实意义。对科学技术事业进行有效的管理、监督和调控，已经成为并将继续成为各国政府的一项重要社会职能。在对生物技术的发展进行社会调控过程中，各国政府扮演着重要和有效的角色。在宏观层面，要处理好个人、社会和自然三者之间的关系，注意从社会整体效应和长期利益的角度对生物技术的发展进行调控；在微观层面，要着重树立生物技术发展和社会全面进步的理念，使科技工作者和产业界认识自身的社会责任，使生物技术的发展体现更多的人文关怀。

我国政府应借鉴他国经验，紧密结合国情，时刻关注公众对生物技术的恐惧心理反应及其疏导问题。具体来说，应重视生物安全基础研究，强

---

① 李晓龙、刘建亚：《生物技术产业发展战略与政策研究》，经济科学出版社，2006，第337 页。

化风险防范机制，制订自己的生物安全对策和操作规则，通过生物技术法律法规建设，对其进行规范管理，使其在有序发展中趋利避害。十多年来，我国先后制定出台了《基因工程安全管理办法》《农业生物基因工程安全管理实施办法》《农业转基因生物安全管理条例》《人类遗传资源管理暂行办法》等，都是对转基因技术规范发展所做出的积极努力。这对减少生物风险和人们的恐惧心理有着重要的现实意义。但是，我国生物安全的法规体系、风险评估和管理的技术体系尚不完善；生物安全管理机构之间缺乏有效的协调和沟通等。

2. 社会舆论的客观化与公开化

要减缓人们对生物技术的恐惧心理，决不能忽视大众传媒的社会影响力，加强社会舆论的公开宣传力度、提升公众的认知水平、建立和完善生命科学普及运行机制势在必行。目前，有关生物技术发展的信息渠道并没有完全为公众敞开，应该专门为公众提供一个理解生物技术研究与发展成果的交互式媒介平台。媒体传播的差别也会影响公众对生物技术应用态度的差异。某一个地区大众传媒对生物技术方面的报道在内容和倾向上的不同，往往会导致当地公众对生物技术恐惧的应对表现不同。媒体不仅能影响或者加重人们的恐惧心理，也能培养人们的乐观态度。对社会舆论力量要有一个正确的引导，使公众的生物技术心理能够得到正确的调适。在报道生物技术发展动态时，媒体应尽量避免使用危言耸听或哗众取宠的字眼，做到信息传递的真实和全面。"技术评论，包括对技术的社会影响的评论，要以确切反映某种技术的真实情况为前提，而不要凭一知半解就去想象发挥，夸大或缩小……尤其不要语不惊人誓不休和炒新闻。"[①] 人们应该拿出积极的心态来迎接生物技术的挑战，既不能盲目地接受，也不能因为一些虚拟的恐惧去阻碍生物技术的发展潜力。我们要结合国情，通过媒介对社会公众进行长期的广泛宣传和科学普及工作，使公众认清生物技术存在和发展的合理性与必然性，创造一种普遍认同和接纳的社会氛围，"不必要的安全质疑一旦消除，公众就会增加对转基因食品的接纳度"。[②]

---

① 陈昌曙：《技术哲学引论》，科学出版社，1999，第122页。

② 张玲、王洁、张寄南：《转基因食品恐惧原因分析及其对策》，《自然辩证法通讯》2006年第6期，第57~61页。

3. 科学家与公众对话机制的常态化

科学家与公众应保持一种常态的、富有建设性的对话机制，既促进公众理解科学，又接受公众对科学活动的监督。具体说来，科学家在技术评论和社会公众心理调适中有着不可推卸的公共责任。科学家必须走出实验室，预测和评估转基因技术社会应用的正负效应，对公众进行知识普及和技术风险教育。结合自身的研究进程负责任地与公众进行多层次的对话和交流，解释并澄清公众对现代生物技术的质疑，给公众提供充分真实的信息，深化公众对生物技术的认知水平。通过开展技术评论、与媒体合作等形式有效地缓解公众的恐惧心理。目前，没有什么重要的生物风险是单靠科学家能够评估并决定的，科学家对此项工作可能有专门的贡献，但需要公众的积极参与和关注。在决定生物技术的应用方面，公众必须扮演一个重要角色。让公众参与到对生物技术进行风险评估的活动中，使生物技术在公众的理解和监督中不断发展，"在建立一种新道德时，更多地也是依靠公众，依靠公民们的讨论和赞同，而不是主要靠哲学或者科学的权威。我们所需要的基因伦理学不能依靠专家们的'发明'，而应当是一种公开和集体讨论过程的产物"。① 生物技术有其存在的逻辑与现实合理性，更需要在一定的社会控制条件下保持它的发展机会，而公众的参与和监督是必不可少的。只有取得社会公众的理解和支持，科学技术研究的价值才能实现，科学技术事业才能健康地发展。

4. 理性生物技术文化的社会建构

我们为了更好地认识和理解生物技术，必须紧密结合它所产生和应用的社会文化背景。生命科学在走向技术实践以后，它的社会后果就引起科学家、政府和公众的高度关注。面对生物技术的每一项新进展，人们都会产生相应的忧虑。但是，人类并没有因为转基因技术的迅速发展而遭受灾难。相反，不少转基因药品和食品已经上市，人们已经能在不同程度上享受到基因技术发展所带来的实惠。人们在做出任何判断之前，最好要冷静地立足于技术产生的社会土壤，倾听不同的声音，从不同角度去考察生物技术的发展后果，理性地分析其利弊。今天，技术是一种难以言说的力

---

① 〔德〕库尔特·拜尔茨：《基因伦理学》，马怀琪译，华夏出版社，2000，第 340 页。

量，人类倾注自己的智慧来塑造它，它反过来又极大地影响、改变了人类的命运。在现实中，技术的选择问题其实多是经济价值和人文价值两方面的选择问题。"只有合理运用技术，控制和指导技术的所作所为，我们才有希望使社会生活比我们自己的生活更如人意，或者说一种实际的而不是难以想象的社会生活。"① 为达到上述目标，我们应该发展一种科学文化与人文文化相融合的"综合文化"，以理性的态度来看待生物技术发展中的问题争端，而不仅仅是由此产生盲目的担忧、非理性和情绪化的抗议，从而阻碍生物技术的发展和社会的进步。我们应该理性地对待这项技术，在社会中形成一种有利于生物技术健康发展的文化氛围，而不是过分地渲染那些不真实的恐惧感。当然，我们需要在免于技术恐惧的自由与一定技术恐惧感之间保持必要的张力，有必要构建一种包含一定程度生物技术恐惧心理的技术文化，使它有助于人们谨慎地对待现代生物技术的发展，为其健康发展创造一个适宜的生长空间。

总之，我国转基因技术产业的发展既有机遇也有挑战。需要政府、企业、高等院校、研究机构、媒体界和社会公众的共同努力，技术创新和制度创新并举，创造一种普遍认同和接纳的社会氛围，使包括转基因技术在内的现代生物技术健康成长，实现为人类造福的发展宗旨。

五 技术恐惧文化形成的中西方差异

技术发展及其社会后果总会对人们的心理造成积极或消极的影响。技术恐惧作为一种非主流的社会心理现象，表现为实践操作、社会文化、社会运行三个层次。西方技术恐惧文化与近代科学技术的发展相伴而生，发挥着其特有的透视和批判作用。中国社会却没有产生系统的技术恐惧文化，这是由东西方文化传统、科学技术发展状况和思维方式等差异造成的。

现代人无时无刻不处在自己所创造的技术物的包围之中。技术环境总是在或快或慢、或多或少地起着感染情绪、改变心性、塑造人格和影响思维的作用。技术恐惧是人们对技术产品、技术环境产生的一种心理

---

① 〔英〕斯诺：《两种文化》，纪树立译，三联书店，1994，第5页。

反应，具体表现为对技术情感上的疑虑、认知态度上的悲观以及行为上的回避。技术恐惧研究的现实意义在于从实践层面探索如何消解现代技术对人、社会和自然的异化现象，其理论意义在于全面探求技术的价值内涵，在于反思并揭示人与技术的内在关联，努力实现技术化社会中的人性关照。

（一）近代西方技术恐惧文化的历史形成

虽然说技术恐惧在世界范围特别是在西方国家是一种较为常见的社会心理现象，在其近代形成过程和现实影响方面却存在着较为显著的中西方差异。较早的一项调查显示："在中国公众中，几乎没有人对科学技术感到害怕或恐惧（仅占 0.6%），而在美国，有这种感觉的人一直在 7% 左右。"① 从目前情况来看，这种状况并没有明显改观。那么，这种技术恐惧心理的差异性是如何形成的？它对中西方科学技术与社会的发展会产生什么样的影响？大体说来，近代西方技术恐惧文化有一个与科学技术发展、工业革命和社会生活变迁相伴而生的过程，可分为以下三个阶段。

1. 理性王国的失落与技术恐惧文化的萌芽

自从文艺复兴运动在西欧点燃了理性和科学的火种，反理性的声音就以非主流的形式时强时弱地存在着，从未停歇过。最初，人们在新知识对旧有宗教观念的强烈冲击中陷入一种情感悖论，既渴望获得知识以拥有无穷的力量，又担心这种叛逆的思想会招致上帝的惩罚。但启蒙运动还是加速了理性的扩张进程和覆盖范围，资本主义生产和生活方式逐渐为人们所接受。正当人们对科学技术力量日渐强大而欢欣鼓舞时，卢梭等人却大力批判科学技术是使人类社会道德没落的根源，"我们可以看到，随着科学与艺术的光芒在我们的地平线上升起，德行也就消逝了；而且这一现象是在各个时代和各个地方都可以观察到的"。②

在工业革命的发展历程中，人们领教了科学技术的巨大威力。人之理性借助技术手段似乎无所不能，带给人们前所未有的信心去改造、控制和

---

① 张仲梁：《人和科学：公众对科学技术的态度》，《科学学研究》1990 年第 1 期，第 11～16 页。
② 〔法〕卢梭：《论科学与艺术》，何兆武译，上海人民出版社，2007，第 26 页。

征服自然，人类似乎再也不是自然界面前畏畏缩缩的卑微者。然而，巨大的力量令人崇敬，亦令人畏惧。人类能否去扮演上帝？能否扮演好上帝？知识和理性是否会摆脱人类的控制反过来成为人类自身的桎梏？于是，人们质疑的矛头就指向了作为人类理性力量主要体现者的科学技术，技术恐惧的萌芽也就产生了。这种心理不仅以焦虑的形式萦绕在卢梭等思想家的心头并依托文字抒发出来，它同时自发地萌生在底层大众的现实生活中，后者用他们的实际行动对此做出了强有力的回应。如19世纪初英国诺丁汉等地爆发了工人捣毁机器的激进活动，以此来反对技术进步、反对企业主、争取改善劳动条件和生活待遇，史称"卢德运动"。随后，在法国和美国也发生了类似事件。这表明，人们对技术的恐惧心理可能会凝聚成一股不可小觑的社会力量并以破坏性的方式爆发出来，造成一定的社会问题，进而不同程度地影响历史的发展。

另外，法国大革命及其以后的社会动荡充满了腥风血雨，大规模的政治迫害、社会秩序的混乱等在当时公众心里留下了极度不安的烙印。正如恩格斯所说："和启蒙学者的华美约言比起来，由'理性的胜利'建立起来的社会制度和政治制度竟是一幅令人极度失望的讽刺画。"① 在人们对启蒙运动"理性王国"失望、对资产阶级革命"自由、平等、博爱"口号幻灭和对资本主义社会秩序不满的历史条件下，在西欧文艺领域产生了浪漫主义思潮来回应理性主义及工业文明对自然生态、社会和人性的破坏。如英国女作家玛丽·雪莱的《弗兰肯斯坦》（*Frankenstein*）正是在此背景下创作完成的经典之作，预言了科技革命的悲观前景，表达了人们对社会日渐技术化且使生命失去人性的严重焦虑，反映了人们对科学技术强大不可控制性的恐惧，对科学技术发展的社会后果作了人文向度的思考。*Frankenstein* 作为一个技术文化的隐喻符号在西方世界牢固地确立下来，成为预示一切由人创造反过来奴役和毁灭人的技术事物。

2. 技术异化与技术恐惧文化的形成

19世纪末20世纪初，新的科学技术革命把西方社会迅速地推向了电力时代，西方主要资本主义国家从自由竞争步入垄断阶段。一方面是

---

① 《马克思恩格斯选集》第3卷，人民出版社，1972，第408页。

科学技术的大发展，以泰罗制、福特制为标志的高度组织化的企业王国；另一方面是被生产流水线异化和压抑的人性，整个社会大生产的无序性、周期性的经济危机和社会震荡。由于遭受严重的社会危机和技术排挤，人们的内心深处蒙上了一层对未来发展前景绝望的阴影。科技"敌托邦"文化就是这一时期社会心态的折射，通过大众文化和学界两个层面突显出来，它其实也是一类技术恐惧文化。如赫胥黎的《美丽的新世界》（*Brave New World*）就体现了人们对未来世界生物科技高度发达而磨灭人性的恐惧。在思想界，法兰克福学派高举批判科学技术的旗帜，把技术看作是意识形态和新的统治形式，认为技术本身就是异化的根源，技术因其难以消除的消极作用而受到批判和质疑。在此，马尔库塞不无忧虑地指出："在这一点上，必须提出一个强烈警告，即提防一切技术拜物教的警告。"[①]

特别是 20 世纪发生的两次世界大战给人类社会带来了巨大的伤亡和经济损失，刺激了科学技术的新飞跃，也强化了科学技术社会实践层面的异化程度。一些充满责任心的学者对科学技术的价值备感惶惑，提出了一系列进行深入技术批判的问题。如原子弹的发明宣告了原子能时代的到来，其在广岛、长崎的爆炸却使全世界从此笼罩在核恐惧的心理阴影下。科学家首先对此作了深刻的反省，"在原子弹发明中做出杰出贡献的科学家是意识到技术进步将带来复杂性后果的第一批人，他们试图用自己的行动来激发人们对核战争可能性、忧虑性的广泛思考，他们除了写关于公共政策的严肃论文去影响政府外，还写科幻小说来影响普通大众"。[②] 而此时西方人文主义也彻底与科学理性决裂并逐渐和后现代思潮合流，站到了非理性的一端。自此，科学技术与人文的鸿沟更难消解。值得注意的是，近代以来的科学技术往往成为许多现实社会问题的"替罪羊"。如美国学者波泰尔所说："技术恐惧作为对个体侵蚀的焦虑表征，长时期存在于西方文化中，随着二十世纪晚期以来技术变革的加速而得到强化。时至今日，技术恐惧经常被用作其他类别焦虑的文化隐喻。人们对技术恐惧的流

---

① 〔德〕马尔库塞：《单向度的人——发达工业社会意识形态研究》，刘继译，上海译文出版社，2006，第 214 页。

② 马兆俐、陈红兵：《解析"敌托邦"》，《东北大学学报》2004 年第 9 期，第 229～331 页。

行表述成为技术造成的不只是简单地对个体产生威胁，人们也恐惧个性及其力量莫名其妙地被与阶级、种族、民族和性别关系相关联的社会变革所威胁。"① 因而，技术恐惧就不仅仅是针对技术发展的恐惧，更是对技术与社会复杂的内在关联及其衍生物的恐惧。

3. 高新技术的产生与技术恐惧文化的发展

20 世纪 60 年代，以一系列生态危机为核心的全球问题开始突显。卡逊的《寂静的春天》详尽指出了人们正在用自己制造出的化学农药戕害自己，对技术的恶果和无限制发展产生的环境危机深表忧虑。阿尔·戈尔曾评论道："蕾切尔·卡逊的影响力已经超过了《寂静的春天》中所关心的那些事情。她将我们带回如下在现代文明中丧失到了令人震惊的地步的基本观念：人类与自然环境的相互融合。本书犹如一道闪电，第一次使我们时代可加辩论的最重要的事情显现出来。"② 而以罗马俱乐部为代表的学者更是提出"零增长"的主张以阻止更大生态灾难的到来。传统工业化的道路似乎已走到了尽头，西方社会陷入了重重危机之中。此时，新兴技术异军突起并开始扮演一种拯救的力量。20 世纪 70 年代初，以计算机芯片和信息处理技术为标志的新技术革命，改变了传统的产业结构，开启了西方经济高速增长的时代，被称为"电子技术时代"、"第三次浪潮"和"后工业社会"。然而，所谓知识经济光明前景的背后是全面信息化给人们带来的生活方式和工作方式的深刻变革以及对此变革的各种不适和排斥。20 世纪 80 年代，一种被称作"计算机恐惧"的心理症状成为许多人必须面对的现实问题。它表现为人们在各种计算机环境下的生存压力，表现为在复杂的计算机装置面前的操作焦虑，表现为人们跟不上技术快速更新的紧张和无奈。人们对计算机的恐惧不只存在于经验操作层面，它对文化的影响使人们悲观地预感到一个"电脑取代人脑"的未来。如果说电影《终结者》、《人工智能》和《黑客帝国》等是对计算机恐惧较为夸张的艺术演绎和表征，人工智能专家渥维克的《机器的征途》则从学理层面论证了这种趋势——"可能机器会变得比人类更聪明，可能机器会取

---

① Cyrus R. K. Patell, "Technophobia: Star Wars, Star Trek, and Other Sites of Technocultural Anxiety," *Journal of American Studies* (2002): 219 – 238.

② 〔美〕蕾切尔·卡逊:《寂静的春天》，吕瑞兰译，吉林人民出版社，1997，第 19 页。

代人类"。① 至 20 世纪 90 年代活跃起来的新卢德派则把针对信息技术的批判深入化、系统化,逐渐成一种社会思潮,借助媒介扩大了其社会影响力。该现象受到了西方学者的密切关注,"Technophobia"作为一个专有名词被创造出来并走进学术视野,用来泛指由技术引发的厌恶或焦虑。

20 世纪的最后十几年,动物体细胞核移植技术的突破给本来就很喧嚣的世界又注入了新的不安定因素。在表面上人们似乎为一只克隆小羊而引起纷争,实质上反映了人们对生物技术时代的突如其来而颇为恐慌。现代生物技术的大发展是一个难以阻挡的趋势,西方人恐慌的恰恰是该技术对西方文化根基的慢性消解:消解的是人类中心观,生命不再神圣,尊严不复存在;消解的是信仰界限,人欲僭越上帝,扮演创造生命的角色;消解的是作为人类社会秩序基础的伦理框架。生物技术恐惧的特点在于它先于技术后果的超前预期性,更多地属于生物技术对人类造成实质性伤害前的虚拟恐惧。然而,这种虚拟恐惧正是西方社会文化影响的结果。无论是《异形》、《第六日》和《克隆人的进攻》等影视作品,还是《来自巴西的男孩》《美丽新种子》等文学作品,都在不经意地向公众"妖魔化"生物技术的社会形象,加重了人们对生物技术的恐惧感。近年来,绿色和平组织、绿党基于自身的生态理念,也在不断地向社会宣扬生物技术和转基因产品的可怕后果,反复触动着西方人对生物技术的敏感神经。

可见,从工业革命开始,西方技术恐惧文化以机器恐惧、核技术恐惧、信息技术恐惧和生物技术恐惧为重心渐次展开。机器恐惧的主题是普通工人的失业和生存;核技术恐惧的主题是人类毁灭与世界安全;计算机恐惧的主题是学习压力和操作障碍;生物技术恐惧的主题则更多地体现为对价值、信仰和生命尊严的深切忧患。这些恐惧背后的主线就是技术变革,每一次技术变革都宣告一个新时代的到来,意味着产生新的生产方式、生活方式,意味着人类命运的重新安置。人们在技术变革中享受到高度的物质文明,也深刻地感受到焦虑、压力和对未来的迷茫。可以说,整个西方世界的现代化历史也是技术恐惧文化生成和发展的历史。这种恐惧文化依附于科学技术的发展而不断演变,也随着资本主义生产方式及其价

---

① 〔英〕凯文·渥维克:《机器的征途》,李碧等译,内蒙古人民出版社,1998,第 3 页。

值的全球扩张而成为世界性问题。

（二）中国"技术崇尚文化"的产生

与西方社会不同的是，中国没有产生系统的技术恐惧文化，也没有很多人对科学技术的发展充满恐惧，反而产生了一种与技术依赖心理（technological addict）相关的"技术崇尚文化"。

1. 经世致用的文化传统与现实国情

1860 年，掀起了由洋务派发端的西学东渐风潮，从西方舶来的不是科学而是技术的细枝末节。正如李泽厚先生所言："从文化心理结构上说，实用理性是中国思想在自身性格上所具有的基本特色。"[①] 20 世纪初的新文化运动算是启蒙科学的一个历史契机，先进的知识分子高举"赛先生"的大旗，试图向中国传统文化注入科学精神，但国人更为看重的是科学应用的现实效果，即用其复兴民族、抵御外辱，毕竟民族独立是当时最为迫切的任务。在民族独立后，民族振兴和民生改善成为另一类要务。有学者指出："新中国建立后，随着计划体制的形成，面对威胁民族生存的外部压力和国内大规模经济建设的需要，科学研究的军事、政治和实用导向进一步增强，几乎所有的科研都成为技术性的了。这是一种历史的选择，也是历史的必然。"[②] 可以说，一方面，科学理性在中国社会的历史上从来没能真正的建立起来；另一方面，自新中国成立以来认识科学技术重要性的国家号召也几乎没有中断过（除了"文革"期间）。从"不搞科学技术，生产力就无法提高"、"实现四个现代化，关键在于科学技术现代化"到"科学技术工作必须面向经济建设，经济建设必须依靠科学技术"，从"科学技术是第一生产力"、"科教兴国"到"科学技术是先进生产力的集中体现和主要标志"等一系列发展理念的提出，国家对科学技术重要性的理论宣传和舆论导向已经深入人心。正是这种特殊的社会历史原因和现实国情建构了有中国特色的"技术崇尚文化"，这种文化氛围培养了中国公民对科学技术及其社会作用普遍深入的乐观倾向。如中国科学技术协会及中国科普研究所从 1992～2007 年分别进行了七次全国

---

① 李泽厚：《中国古代思想史论》，人民出版社，1985，第 303 页。
② 吴海江：《"科技"一词的创用及其对中国科学与技术发展的影响》，《科学技术与辩证法》2006 年第 5 期，第 88～93 页。

性的"公众科学素养和科技态度"的调查，结果显示："长期以来，我国公民一直崇尚科学技术职业，积极支持科学技术事业的发展，对科技创新充满期待，信任政府和权威部门对新技术和新产品的认可。"① 不可否认，在这种技术崇尚文化氛围下，我国的科学技术与教育事业得到迅猛发展，生产力得到很大程度的解放，综合国力得以提升，科学技术的物质文明和精神文明功能得以充分发挥。然而，一些学者在繁荣中看到令人担忧的问题，说了一番逆耳的忠言。如张君劢先生早就指出："近三百年之欧洲，以信理智信物质之过度，极于欧战，乃成今日之大反动。吾国自海通以来，物质上以炮利船坚为政策，精神上以科学万能为信仰，以时考之，亦可谓物极必反矣。"② 因而，"循欧洲之道而不变，必蹈欧洲败亡之覆辙"。③

2. 技术崇尚文化背后的风险漠视

我们应该清醒地看到，我国公民对科技的普遍乐观源于对科技发展改善生活的感性认识，源于理论宣传和主流教育，是自外而内的强化，并非精神深处对科学理性的理解和接纳。对此，余英时先生指出："中国人到现在为止还没有真正认识到西方'为真理而真理'、'为知识而知识'的精神。我们所追求的仍是用'科技'来达到'富强'的目的。"④ 这种认识的直接后果就是在思想上祛除了公众的封建愚昧，却又造就了对科学技术的迷信和无限崇拜。这种迷信不仅会助长各种非科学和伪科学的盛行，而且对科学技术形象的盲目拔高和夸大的社会心理会使公众进入一种对科学技术后果的集体无意识状态。在西方国家，有些学者就清醒地认识到了这一情况。如美国心理学家格兰蒂宁（C. Glendinning）认为："我们被一种认为技术安全的信念所包围。在过去的半个世纪里，在学校、家庭、工作和媒体宣传中一直被鼓励去为科学创造的新技术而欢呼，这种观念深入家庭、邻里、工作场所、政府和军队。我们完全生活在一个由技术程序支配的世界，尽管出现了像英格兰的卢德运动和欧洲、美国的劳工运动。但

---

① 何薇、张超、高宏斌：《中国公民的科学素质及对科学技术的态度——2007中国公民科学素质调查结果分析与研究》，《科普研究》2008年第6期，第8~37页。
② 张君劢、丁文江等：《科学与人生观》，山东人民出版社，1997，第101页。
③ 张君劢、丁文江等：《科学与人生观》，山东人民出版社，1997，第112页。
④ 余英时：《中国思想传统的现代诠释》，江苏人民出版社，2004，第17页。

是，人们在乐观主义思想的导引下还是丧失对技术危险的知觉。"① 人们即使看到并感受到科学技术的负面效应，也坚信这些问题是暂时的，可通过其自身发展得到解决。对科学技术可能造成的风险没有警惕性，这无疑属于一种"青蛙效应"。

技术恐惧作为人们对科学技术实践的社会心理反映，具有较大范围的普遍性。但中西方技术恐惧处在不同的层面上，中国式技术恐惧一直没有超越经验操作的层面，具有个别性、暂时性和变动性的特征；而西方式技术恐惧是在文化层面渐次展开的，具有普遍性、持久性和稳定性的特征。可以说，中西方公众在总体上对科学技术持有积极乐观的态度，但西方世界在对技术的乐观中保持着一定的冷静与警醒。中国公众的技术乐观主义却明显地包含着一定的盲目性，在文化层面上缺失一种审视和批判科学技术发展的主观意向。中国不存在属于自身民族性的"技术恐惧文化"，也没有促发这种文化萌生的传统思想根基。

（三）中西方技术恐惧文化形成差异的原因

中西方有着不同的科学技术发展历程和文化传统，对它们与技术恐惧的关联性的分析是正确理解中西方技术恐惧文化差异的切入点。

1. 中西方科学技术发展阶段的差异性

从时间上看，中国真正意义上的现代化进程从改革开放算起才走了三十几年。从现代性上讲，中国和西方国家处于不同的历史阶段。当中国人在奋力发展工业并向信息化社会昂首迈进的时候，一些西方国家却在20世纪70年代已经步入后工业社会。西方国家的生产力发展水平和人均收入已使其物质生活达到了相当高的水准，他们转而追求生活质量、精神自由以及环境保护等，技术发展对物质生活需要的满足极限日益显现。现实也告诉西方人有许多社会问题与技术发展相关，而这些问题很难通过技术本身去解决。因此，西方人对技术发展的乐观态度必然有所降低，对技术发展风险的忧虑成分却在增加。如西方学者吉登斯所指："我们所面对的最令人不安的威胁是那种'人造风险'，它们来源于科学与技术的不受限

---

① 陈红兵、于丹：《解析技术塔布——新卢德主义对现代技术问题的心理根源剖析》，《自然辩证法研究》2007年第3期，第54～57页。

制的推进。科学理应使世界的可预测性增强，但与此同时，科学已造成新的不确定性——其中许多具有全球性，对这些捉摸不定的因素，我们基本上无法用以往的经验来消除。"①　相反，处于社会主义初级阶段的中国人更加关注一切促使现实生产力进步、经济增长、物质生活水平提高的因素，科学技术恰恰能在其中扮演一个积极的角色，"以至于86.2%的中国公民认为'科学技术会使我们的生活更健康、更便捷、更舒适'"。②　比如，在对待克隆技术时，当多数西方人都在担忧克隆人行为对自由、人权和尊严的践踏时，中国人则更多关注的是治疗性克隆对人类生存质量和医疗保健的积极意义。

但是，这不意味着中国社会不存在任何技术恐惧心理问题。如在以新技术密集为特征的北京中关村高科技园区，"根据《中关村白领健康调查》显示，46%的被查者存在心理健康的轻度异常，远高于同龄测查结果。另有52.3%的被调查者有心理焦虑"。③　近年其他相关研究也表明，在中国办公自动化程度较高的企业和单位存在着和西方国家性质相似的计算机焦虑现象，只不过整体上中国的信息化水平较低，还没有上升为一种普遍的社会问题。那么，依此逻辑是不是说若干年后随着中国工业化和信息化水平的提升，技术恐惧一定会像西方国家那样作为明显的社会问题而浮现出来呢？答案可能是否定的。其一，所有发展中国家都可能有一个共同的后发优势，就是能够汲取发达国家在工业化进程中的经验教训，从而避免走许多弯路。目前，我国倡导科学发展与和谐发展，重视生态问题，协调各种社会矛盾，平衡各种差距，这在很大程度上能够消解现代技术对人、自然和社会的异化。其二，中西方的科技文化传统有巨大差别，技术恐惧在西方早已超越了经验操作层面，而中国没有适合技术恐惧的文化土壤。产生这种差别是固有文化传统和社会历史背景的不同所造成的。文化的社会功能在于它对现实的解释和透视以及对观念的传播和导向，对社会

---

① 〔英〕安东尼·吉登斯：《现代性的后果》，田禾译，译林出版社，2000，第115页。
② 何薇、张超、高宏斌：《中国公民的科学素质及对科学技术的态度——2007中国公民科学素质调查结果分析与研究》，《科普研究》2008年第6期，第8～37页。
③ 王刊良、舒琴、屠强：《我国企业员工的计算机技术压力研究》，《管理评论》2005年第7期，第44～51页。

发展产生着不可忽视的影响。

2. 中西方文化思维的差异性

与文化相关的思维方式也是左右技术恐惧发生的重要因素，这一点中西方也存在着很大的差异。例如，自 2008 年 2 月份以来，法国电信已经有 23 名员工自杀，另有 13 名员工自杀未遂。此事引起法国政府的高度关注。法国电信高层经调查后认为这是黑莓手机和电子邮件惹的祸，"由于把具有全天查阅邮件功能的黑莓手机配发给员工，使员工的工作时间和回家休闲时间界限模糊起来，属于由技术引起的工作方式的转变进而造成了精神上崩溃"[①]。如果此事发生在中国移动或中国联通，估计国人不会把罪魁祸首归为一部手机。实际上，中国和法国的电信员工受到的压力是同一性质的，但由于文化的差别会造成不同的归因。西方社会在"归因习惯"上，往往对物不对人。这不是一种逃避责任而是一种由文化决定的思维方式。在西方有造成技术恐惧心理的文化背景，我们就不难理解卢德运动以及类似的捣毁、抵制机器事件总是发生在欧洲和北美。而中国的文化氛围和社会历史传统使中国人在失业后不太可能把原因归结为新技术，往往倾向于职责政府的措施不当，或者把愤怒指向企业的领导群体。

我们不能忽略西方人思维深处的自我中心意识，这种意识一方面曾在反抗宗教教条的束缚、实现人性解放中起到过积极的作用，也为科学理性的弘扬提供了不竭的动力。但另一方面亦确立了以人为尺度的价值坐标，这是形成主客观二元分立的逻辑起点，也是对象性思维的逻辑起点。这就造成了西方文化特有的封闭性、排他性和对抗性，以其自身的标准衡量对象，任何不符合自身标准的对象都视为应被"改造"和"排斥"的，要么改变它，要么毁灭它，不太可能去思考如何改造自身去包容或融入对象达到和合统一。这就是西方人把问题的症结归因于"物"的本质所在，这不但能说明诺丁汉郡的那群工人为什么把愤怒的矛头指向一堆纺织机器，也能说明西方文明是外向的、扩张的、不断超越的以及内外冲突危机不断的原因所在。因此，西方二元对立的对象化思维方式培育了科学理性的辉

---

① Stefen Simons，《法国电信上演员工自杀潮都是黑莓惹的祸》，http://www.chinanews.com.cn/it/new/2009 - 10 - 23。

煌，同时造就了批判它的力量，技术恐惧文化在两者的张力中诞生并发展着，最终作为一种觉醒的社会意识来反观和规约科技文明的多维向度。

（四）结论

由于在科学技术发展的历史上欠账太多，我国还没有真正进入一个科学时代。然而，我国所处的历史阶段使我们庆幸技术多重性的内在冲突尚未激化，现代性的危机尚未完全展开。我们完全可以从西方社会所患的工业文明病中汲取发展教训，注意科学技术不恰当的利用（误用、滥用）给社会带来的负面影响。曾经有一个时期，"我国学术界由于受后现代主义等当代西方人文主义的反科技思潮的影响，反对科学主义和科技主义、呼唤人文精神的声浪很高"[1]。这样做，虽然有其积极意义，但也包含了许多消极影响，"在这些声音里也包含着对科学精神的深深的误解，即将科学精神等同于科学主义和功利主义，然后同人文精神截然对立起来。显然，这与大力发展科学技术、推进我国现代化建设的气氛是格格不入的。我们面临的主要是'前现代'的问题，不是科学技术发展过快，'科学主义'和'科技主义'过于膨胀的问题……将科学精神与人文精神对立起来，不仅是人为的，而且是有害的"[2]。因此，我们在探讨技术恐惧文化问题时，也一定不能脱离现实国情，避免使问题的探讨走入误区或变得不合时宜。

无论如何，人们生活在恐惧的心理阴影中并非是一件好事，我们也不希望生活中有更多人为恐惧发生。但是，"恐惧已经成为公众普遍的情绪，一些社会学家甚至声称：今天的社会可以被最恰当地描述为'恐惧文化'。恐惧已成为一种被文化所决定的放大镜，我们透过它来观察世界"[3]。在生活中，恐惧心理是无法消除的，旧的恐惧消失了，新的恐惧又产生。在此，我们把恐惧当作一种风险文化的思维方式，当作一项预防原则。毕竟技术崇尚文化的流行决定了我们技术恐惧文化的缺失，因而与西方社会相比缺少了一个有效的对技术进行制约和审视的路径。就好像一辆刹车系统存在一定缺陷的汽车在高速行驶，司机却茫然无知，这个问题

---

[1] 孟建伟：《论科学的人文价值》，中国社会科学出版社，2000，第281页。
[2] 孟建伟：《论科学的人文价值》，中国社会科学出版社，2000，第282页。
[3] 〔挪威〕拉斯·史文德森：《恐惧的哲学》，范晶晶译，北京大学出版社，2010，第148页。

难道不值得我们反省吗？毕竟，刹车系统本身就是一个技术系统，它根本不是万能的，经常性的检修却是必需的。

六　汉斯·约纳斯的技术恐惧观

在技术强力与技术异化的影响下，越来越多的人对技术发展产生了恐惧心理。汉斯·约纳斯积极倡导恐惧启示法，深入挖掘恐惧思维的正面意义。技术恐惧思维能刺激人们的想象、预见风险、呼唤责任和敦促行动。通过预测和化解技术风险，期望把灾难降到最低程度，从而把技术的发展纳入宜人的轨道上。我们要在技术崇尚与技术恐惧的张力中，强化技术风险管理。

每一位哲学家的思想都源于其生活经验的长期积淀与发酵。残酷战争的生死考验、母亲死于纳粹毒气室的永远伤痛等，都使得美籍德裔犹太哲学家汉斯·约纳斯（Hans Jonas，1903－1993）既感到生命的脆弱、人之生存的乏力和无奈，又感觉存在一个异己的世界和在世的不安与恐惧。他怀着全球忧患意识，反思科学技术发展的伦理维度，极力倡导"恐惧启示法"（heuristics of fear），向世人敲响警钟，真诚地希望减少恐惧事实的发生。这种独特的理性思维进路在当下风险社会有着极其重要的启发意义。

（一）技术强力与技术异化引发技术恐惧

近代以来，在人们的恐惧心理构成中逐渐增添了不少技术恐惧的成分。一般说来，技术恐惧是指人们因为科学技术的发展对人类、自然界和社会环境造成负面影响，而产生的厌恶、惧怕甚至试图否定技术发展的社会心理，具有强烈的人际感染性和社会扩散性。概言之，人们的技术恐惧感主要由以下两类因素引发。

1. 技术强力的失控

早在 17 世纪，弗朗西斯·培根就提出了用科学技术的新工具来征服自然的思想。受此思想激励，人们积极探索并逐渐积累了关于自然界、生命以及人类本质的系统知识，把其作为统治自然和社会进而改变人类自身命运的理性力量，从而建构了整个技术文明的乌托邦。技术的工具理性得以在广泛的社会层面日益流行，人们为此达到近乎迷恋和贪婪的地步。显然，技术进步既引起生产方式、经济构成和社会结构的深刻变革，也引起人们生活方式、行为方式、思维方式、心理世界和价值观念的巨大变化。可以说，技术极大地影响和改变了自然史、人类史和社会史的发展进程，自然界、人类与社会越来越被技术化了。正如约纳斯所言："技术文明的本质就在于技术已经内化成为人自身的需要了。技术不再是一种人所能控制和运用的工具和媒介，而是一种深刻的改变了人与自然关系的力量。技术就是人的欲望和力量的载体，是人的意志的体现，是人的权力的象征。"① 今天，人类借助技术手段已经具备了摧毁自身和整个地球的力量。这种力量不但强大，而且呈现出无限膨胀和扩张的趋势，令人心存畏惧。在当今极其复杂的社会网络和利益格局中，具有不确定性、矢量性的技术强力很容易被个人和组织的异常心理所驱动，导致技术发展方向的主观偏移，表现为现实技术扩散中的"溢出效应"，从而造成技术运用失控的严重后果，将人类置于无可拯救的危难之中。

　　遗憾的是，自工业革命以来，人类社会长期缺少对技术进行系统化的哲学反思。沉迷于技术理性、技术至上主义乌托邦中的人们很少去关注技术行为责任、技术后果预测、技术风险评价、技术文化与技术心理等问题。然而，"技术是一种需要从科学哲学、文化哲学、道德见识和历史感等方面来理解的复杂现象……尽管学识渊博的思想家耗时费力、潜心思索，尽管人们发表了大量著作，从政治哲学、分析哲学、文化哲学乃至美学等方面提出了各种观点，把历史研究和系统研究的方法真正结合起来，但是我们仍然远远未能深刻理解人类社会技术史诗中的欢乐和悲哀、成功和挫折"②。我们如果不能从整体上深入理解技术现象及其与人类、自然界的内在关系，就很难为控制或引导技术强力的合理释放提供有效的智力支持。进入 20 世纪以来，对技术进行哲学反思的迟滞性和沉闷状况才逐渐改变，越来越多的人开始意识到探讨技术哲学问题的重要性。约纳斯指出："由于技术已成为地球上全部人类存在的一个核心且紧迫的问题，因此它也就成为哲学的事业，必然存在类似技术学的哲学这样的学科。这种

① 张旭：《技术时代的责任伦理学：论汉斯·约纳斯》，《中国人民大学学报》2003 年第 2 期，第 66～71 页。
② 〔德〕F. 拉普：《技术哲学导论》，刘武等译，辽宁科学技术出版社，1986，第 2 页。

哲学还处于起步阶段，人们必须关注它。"①

当下，技术哲学研究已稳步走向学科建制化的道路，产出了越来越多的思想成果。然而，随着人们对技术现象和本质的深入反思，人们对技术强力的失控趋势以及难以有效拯救的局面表现出与日俱增的忧虑。

2. 技术异化的威胁

当今社会处处彰显着技术的痕迹，各类技术都在淋漓尽致地发挥着其特定的功能。技术时代的经济与社会逻辑已成为"生产一切、制造一切、消费一切"，一切都被物质化、齐一化、效用化、功能化和商业化了。在此，物质层面的技术已经明显成为制造、刺激和引诱人们消费意愿的重要动因。然而，人们往往忽略了以下重要的价值意蕴问题：凡是技术力量"能做"的都"应该做"吗？凡是技术产品都是宜人的吗？除了技术，我们还需要什么？

人们在今天已经普遍地意识到技术既不是"万能"的，也不是"至善"的，因为技术的破坏性潜能同其建设性潜能几乎在同步增长。基于生态被破坏、人性受侵袭、心理被扭曲等事实的积累，技术理性的异化维度日益显现，技术价值的裂变日益加剧。现代技术的许多衍生产品不都负载着一些令人恐惧的成分吗？如核恐惧、生化武器恐惧、DDT 恐惧、氟利昂恐惧、飞机恐惧、计算机恐惧、互联网恐惧、手机恐惧、纳米恐惧、克隆恐惧、转基因产品恐惧……毫无疑问，技术异化、技术价值裂变就是技术灾难的源头。在现实的技术垄断与技术统治的紧张氛围中，人们渐渐地从对技术的崇尚与迷恋中走向与技术恐惧伴生的生存性焦虑与不安，从对技术目标的盲目乐观走向自我觉醒与反思。约纳斯以其犀利的眼光洞悉到 20 世纪科学技术迅猛发展背后的异化与风险，诸如环境恶化、生态失衡、资源锐减、道德沦丧、信仰迷乱、人格分裂等全球性社会痼疾，预见到人类即将遭遇更多的不幸事件。无疑，技术已成为人类的生存方式，但难以遏止的技术发展正在使人类社会走向灾难与毁灭的边缘。人类将如何安身立命？如何在技术强大的工具理性中植入价值理性并使其发挥应有的作用？约纳斯曾经深刻地指出："现代人更多地考虑技术上能否做到，而

---

① 〔美〕汉斯·约纳斯：《技术、医学与伦理学》，张荣译，上海译文出版社，2008，第 1 页。

对技术说'不'的能力和智慧已经荡然无存了。技术不仅改造了人类所生存的整体自然，更为重要的是技术重新界定了人的性质。人不再被视为智慧的人（homo sapiens）了，人的本质就是劳动的人（homo faber），或者说技术的人。"① 为防止巨大的技术力量摧毁人类和自然环境，迫切需要我们在恐惧启示下进行积极的方案、预案探索，还要强调并落实在政治、经济、军事、商业、教育和科学技术行为等领域中的责任导向。

（二）恐惧启示法与责任诉求

人类对恐惧有着近乎本能的敏感，这是人类的一种基本情绪，它在人类的生理和心理上都会有所反映。恐惧来自现实的或假想的危险信息刺激，对人类的行为起着重要的调节作用。可以说，恐惧心理反馈机制的启示和预警作用对于人类的生存与进化是不可缺少的，有助于人类趋利避害。

1. 恐惧启示法的内涵

在对现实观察和人类社会前景进行深层预设的基础上，约纳斯旗帜鲜明地提出了"恐惧启示法"："我们需要关于人的形象的凶兆（threat）——特别是各种具体的凶兆——通过对这些凶兆的畏惧来使我们自己确保人的真正形象……只有当我们知道某一事物处于危险时，我们才会去认识危险。"② 这要求我们对厄运（doom）的预测应该优先于对福佑（bliss）的预测。通过优先预测未来让人恐惧的各种可能性，激发人们对危险情景的想象力，以此来启发人们的忧患意识，削弱人们的自负、傲慢与偏见，唤醒人们休眠的责任感，修正人们的现实行为，从而有效地预防可能的灾难，或使灾难的危害性降到最低，最终保卫人类的未来。简言之，恐惧启示法的实质就在于"除患于已然""防患于未然"，特别是帮助人们较为准确地测度技术的力量与暗藏的威胁，思索自然界和生命的本体地位和价值，弘扬敬畏生命的思想，减少恐惧事件的实际发生概率。对此，国内学者甘绍平评论道："可以说，约纳斯的责任伦理在哲学上似乎并没有提供多少玄妙深邃的思想。但他的理论极有价值，因为他向我们提

---

① 张旭：《技术时代的责任伦理学：论汉斯·约纳斯》，《中国人民大学学报》2003 年第 2 期，第 66 ~ 71 页。

② Hans Jonas, *The Imperative of Responsibility*: *In Search of an Ethics for the Technological Age*, The University of Chicago Press（1984）: 26 - 27.

示了人类本身已经具备了摧毁未来的力量；向我们提示了我们目前肩负着
多么巨大的责任；向我们提示了或许只有重新召唤对神圣事物的敬畏、恐
惧才能有效吓止人们的任何一种越界行为。"① 事实上，约纳斯的恐惧启
示并不是面向人类现实困境的消极、无奈的情感表达，而是一种积极的、
前瞻性的思维进路。在这种恐惧思维中，隐含着一种悲天悯人的博爱情
感，催促人们谨慎行事，自觉履行肩负的责任，善待现世和未来的生命以
及自然界。

2. 技术风险与责任诉求

约纳斯的恐惧启示必然包含了技术恐惧的维度，促使人们重视和认真
对待技术发展给人类带来的社会问题和生态危机。从积极的意义上讲，人
们的技术恐惧思维（也即是风险思维）质疑了技术进步完全等同于社会
进步的观点，对技术发展路径的匡正、社会公众技术态度的塑造、科技政
策和产业政策的制定、科学技术与社会的协调发展等都会产生重要的现实
影响。

其一，技术恐惧刺激想象、预见风险。在现代社会，人们要尽早想象
各种技术行为的次级影响，想象威胁人类的恶性风险，努力把它们勾勒出
来，以便在内心植入忧患意识，从而指导今后的行动。所谓的风险有些已
经成为现实，有些却是人们先前没有经历过的，与人们的生活世界存在着
一定的时空差距，尽管没有直接威胁人们的现实生活，却不能予以完全排
除。何以可能激发人们对潜在风险的恐惧心理？这就需要我们积极地培养
对潜在风险的高度敏感性以及对人类未来和地球命运的关爱情感，有目的、
有计划的运用理性力量去想象和预测。对此，约纳斯认为："我们应该养成
一种态度，培养我们的灵魂进入一种积极的状态……让我们自己产生这种
感情准备，在面临仅仅是关注人类命运的推断和遥远预测时，发展出一种
针对恐惧刺激的开放态度——这是一种新的教育情感。"② 这是一种基于现
实又超越现实的思维操练，更是现代人对未来所持的一种合理生活态度。

其二，技术恐惧呼唤责任、敦促行动。人生维艰，世事难测，恐惧心

① 甘绍平：《应用伦理学前沿问题研究》，江西人民出版社，2002，第 141 页。

② Hans Jonas, *The Imperative of Responsibility*：*In Search of an Ethics for the Technological Age*, The University of Chicago Press, 1984, p. 28.

理与人类如影随形。我们既然不可能完全摆脱或消除恐惧，就得充满勇气去承受或适应恐惧。毕竟人们在恐惧面前是不能退却和逃避的，恐惧也绝不会因为人们的退却而自行消除。人们更不能无助地听天由命，而要切实履行自己的责任。我们放弃应有的努力和作为必定会使可能的恐惧变成现实的恐惧，必定会造成现实的灾难——这本来是我们能够及早预见并且应该防止的。

技术实践使人类生产活动和社会生活发生了根本性的改变，必然要接受人类的道德审视和评断。虽然，我们有必要去努力应对技术至上论和技术乌托邦的风险，应对人人成为技术人的风险。但是，今天我们又如何可能去抵制这个强大的技术世界呢？正如德国哲人海德格尔所说："技术世界的装置、设备和机械如今是不可缺少的，一些人需要得多些，另一些人需要得少些。盲目抵制技术世界是愚蠢的。欲将技术世界诅咒为魔鬼是缺少远见的。我们不得不依赖于种种技术对象；它们甚至促使我们不断做出精益求精的改进。"[①] 尽管我们可以敌视技术，我们却难以完全拒斥技术命令。我们也根本不可能脱离开现实的技术世界而生存。在面对技术恐惧时，我们不应该仅仅停留在肤浅的反技术层面，而应主动地拿出解决问题的方案。为此，我们关注人类的前途与命运，要基于技术恐惧的启示去建立一种责任伦理，承担起对未来人和自然界的责任，重新修整技术与人、技术与社会、技术与自然的关系。法国学者利波维茨基（M. Gilles Lipovetsky）曾严肃地指出："世界越是需要科学技术上的完美，责任感本身就越发成为一个'人为的构建物'，成为一个包罗着缜密、风险、矫正和创新的领域。"[②] 事实上，现代技术已经渗透到人类生活的许多领域，并关涉到不同的责任类型，如社会责任、个体责任、道德责任、法律责任、政治责任、企业责任、学术责任和全球责任等。在技术力量的有效支撑下，人类获得了空前强大的能力。与不断增长的技术力量相伴生的则是对人类责任意识的强烈呼唤与认真落实。学会敬畏，也即学会谦卑，这无疑是责任伦理所倡导的第一要务。人们要时常怀有类似"恐惧和战栗"

---

① 〔德〕海德格尔：《海德格尔选集》（下册），上海三联书店，1996，第 1239 页。
② 〔法〕吉尔·利波维茨基：《责任的落寞——新民主时期的无痛伦理观》，倪复生、方仁杰译，中国人民大学出版社，2007，第 235 页。

式的谦卑，这应成为现代技术社会中人们的一个基本德行。约纳斯认为："这里所要求的敬畏，不是因为我们太渺小，而是因为我们太伟大。"① 因此，他反对一切形式的狂热、狂妄和激进行为。我们要在恐惧的启示下，从中引申出新型的、时空范围皆需极大扩展的责任意识以及人类应该承担的道德义务——自愿节制（abstinence）、审慎行动和积极防御。我们不但要负责保卫人类的现实和未来，而且要负责保护地球上弱小的物种和整个自然界，凸显责任的公共性、时代性、包容性和开放性。这种道德义务既要进入作为技术创造者、推广者、决策者的工程技术人员和政府官员的价值视野，也要进入作为技术消费者的普通公众的价值视野。总之，通过强化人们的社会责任感，来尽量减少技术的误用和滥用，充分发挥技术的维度，重构人们对技术的信任、理解与希望。

（三）恐惧思维对风险的预测与化解

20 世纪以来，人类社会已经跨入一个基于科学技术高度发展的风险时代。正如贝克所说："在这个世纪，科学越成功，就越反射出其自身的确定性方面的局限，它们就更多地成为反思性的人为不确定性的源泉。科学在可能性范围内发挥作用，这并不排除最坏的情况。"② 既然如此，人们就迫切希望能够对科学技术风险进行一定程度的预测，化解那些未知的风险，引导科学技术的健康发展。

1. 技术风险的有限预测性

在当下技术时代，我们完全可以说"技术 ≠ 技术"，而"技术 ＝ 技术 ＋ 社会"。严格追求确定性、有效性目标的技术在现实社会土壤成长中却具有多种可能的结果，这说明了其未来发展具有不确定性和难以预测性。因此，我们只能有限地预测技术给人类带来的福祉和灾难，明智地进行风险防范。从已有的经验事实去合理地推测科学技术发展的未来影响，约纳斯以此分析了两个不同系列的人类忧患前景。

其一，核灾难或者类似的大毁灭（holocaust）。自从原子弹于 1945 年

① 李文潮：《技术伦理与形而上学——试论约纳斯〈责任原理〉》，《自然辩证法研究》2003 年第 2 期，第 41～47 页。

② 〔德〕乌尔里希·贝克：《风险社会政治学》，《马克思主义与现实》2005 年第 3 期，第 42～46 页。

8月在广岛、长崎上空被美国军人相继爆炸之后，它就成为现代技术价值裂变的典型案例，引起包括原子科学家在内的许多人士的深刻反思。1946年12月，"在《原子能科学家通报》第一期的首页上刊发了新建的原子科学家协会上两条宗旨：它应'阐明……科学家对原子能释放所产生问题应负的责任'，也应'就因原子能释放而导致的科学的、技术的和社会的问题对公众进行科学教育'。"① 今天，令人略为安慰的是，原子弹的现实危险只存在于人们的主观选择领域。人们有能力去引发核战争，也有能力去避免核战争的发生，甚至可以消除核武器。因此，约纳斯指出："原子战争突变式灾难的威胁超越了渐进式的灾难威胁，在那里和平利用所带来的福祉淹没了遥远的审慎（caution）的声音。不是胆怯，而是责任的律令产生了对节制（modesty）的重新召唤。"② 原子弹、氢弹等已经成为现代社会巨大威慑力量的象征，它们不会必然被使用，它们恰恰用来预防其本身的使用。实际上，人们的忧患意识只要汇聚起来，就会产生非常强大的社会影响力。

　　其二，生态圈的渐进式灾难。人们发明的技术在不断地积累能量，而且任意地流动，发挥着其巨大的效力，也伴生了自然资源、能源的耗竭和生态失衡、环境污染等问题。在约纳斯看来，这是一场即将摧毁整个生态圈的渐进式灾难，而人类正在走向这场不可逆转的灾难边缘。然而，这是内在于技术文明结构中的现代生产逻辑和生活方式所导致的威胁。要彻底改变这一现状，就意味着要改变许多人的现代生活方式、整个工业社会的生产方式和GDP的评判标准，这必将触犯许多当代人的既得利益，可能会遭遇到强大的抵制力量。可以说，对生态灾难的预防要远远难于对核灾难的预防。因此，约纳斯把虽然是缓慢增长却又显得十分必然的生态灾难放在忧患序列的前面。面对日益减少的不可再生资源而进行的资源争夺战是现代局部冲突和战争的动因之一。让我们进一步预想，资源争夺必将成为未来战争的主因，绝望的一方与另一方极有可能借助核战争进行最后的

① 〔美〕卡尔·米切姆：《技术哲学概论》，殷登祥、曹南燕译，天津科学技术出版社，1999，第81页。
② Hans Jonas, *The Imperative of Responsibility: In Search of an Ethics for the Technological Age*, The University of Chicago Press, 1984, p.191.

拼搏。即使我们今天能够侥幸躲过这场核灾难，我们的子孙后代也可能遭遇这种不幸。设想此情此景，又怎能不令人恐惧呢？

2. 技术评估——"预凶"的优先性

当我们面临各种可能的技术风险时，除了负责任地完善、变革已有的技术和寻找新技术之外，别无出路。为此，需要我们做好技术评估工作，不仅要注意技术的短期效应，还要更多地考虑技术的整个成长路径，使其在发展、应用的所有阶段受到一定的制约或引导。在约纳斯看来，人类面临着各种可能的风险，有价值的预测知识更需要预测种种凶兆，需要正视那些对人类不利的信息，以便我们在风险尚未成为事实时采取防范措施。人们为了预防风险而提前设想风险的严重程度及可怕性有着特殊的意义，只有让人们知道人类正处于危险境地，才能真正意识到自己的处境。约纳斯认为今天要重新对道德观念加以定义："道德行为的根本任务并不在于实践一种最高的善（这或许根本就是一件狂傲无边的事情），而在于阻止一种最大的恶；并不在于实现人类的幸福、完美与正义，而在于保护、拯救面临着威胁的受害人；一句话，道德的正确性取决于对长远的、未来的责任性。"① 我们有必要发展出一种新的责任意识——以人们的未来行动为导向，以预防性、前瞻性为核心。约纳斯在其作品中明确提出针对科技时代的责任伦理，对责任概念做了新的诠释，扩大了责任的外延，体现了时代发展的精神，引起了人们广泛的关注。人们已经普遍意识到，责任伦理的确立是全球社会应对风险挑战的有效路径。

今天，在这个高度技术化的风险社会中，我们不得不生活在技术崇尚与技术恐惧的张力中。我们保留一些技术恐惧是为了受此启发，为了强化技术风险管理，为了制约和引导技术的发展轨迹，为了在更大程度上实现免于恐惧的自由，从而使人们能够在技术世界中获得更多的安全感，保持一种宁静的心灵。总之，我们要重拾恐惧的智慧，担负起崇高的技术责任，反思技术、理解技术、驾驭技术，将技术的发展纳入健康的轨道上，创设宜人的技术－社会－自然环境，这应该是堪称哲学大师的约纳斯留给当今物欲横流且风险迭起之社会的技术恐惧启示。

① 甘绍平：《应用伦理学前沿问题研究》，江西人民出版社，2002，第112页。

七　弗兰肯斯坦作为科学家的罪与罚

在西方技术文化中，科幻小说《弗兰肯斯坦》具有经久不衰的影响。弗兰肯斯坦因其创造生命的行为成为极具争议的科学人物，其悲剧命运具有深刻的劝诫意义。解析弗兰肯斯坦作为科学家的罪与罚，旨在认识生物技术研究与发展中的风险和异化，弘扬尊重生命的主题，反思科学家行为的责任维度。

弗兰肯斯坦作为个性鲜明的青年科学家形象，源于一部充满隐喻的同名科幻作品，至今具有深远的寓意。正如美国学者伯纳德·罗林所说："弗兰肯斯坦的故事引起了社会共鸣，提供了一种清晰表达人们对科学技术恐惧与疑惑的方式，成为包装科学技术并赋予其人格化的工具，让我们为之战栗。"[1] 干涉生命、制作生命是否会招致不虞的后果？这仍是人们质疑生物技术发展的重要问题。

（一）弗兰肯斯坦式科学家的社会形象

18 世纪下半叶以来的欧洲，在工业技术化浪潮的强烈冲击下，人们对科学技术的发展能力抱有极大的幻想，也感受到它给社会生活带来的潜在危机。人们心怀恐惧地猜测一些科学家正开创着某种使死者复活或制造生命的新技术。在此社会背景中，又在生物进化论和电生理学试验的启发下，英国作家玛丽·雪莱（Mary Shelley）在 1818 年创作出充满感伤主义的哥特式小说《弗兰肯斯坦》（*Frankenstein*）。从其揭示主题的深刻性和前瞻性来讲，这是一部充满现代意义的作品。它预言了科技革命的悲观前景，表达了人们对社会日渐技术化且使生命失去人性的严重焦虑，也折射了当时错综复杂的社会矛盾和阶级矛盾。该作品通过大量虚构的恐怖事件和场景，详尽演绎了弗兰肯斯坦利用生命科学知识创造人的悲情后果，对科学技术发展的社会后果作了人文向度的思考。英国学者安德鲁·桑德斯（Andrew Sanders）指出："《弗兰肯斯坦》绝不是对历史、绘画和神话中的恐惧的沉思；它的魅力和力量在于它的预见性思考……它是对责任和现

---

[1] Bernard E. Rollin. *The Frankenstein Syndrome*：*Ethical and Social Issues in the Genetic Engineering of Animals*, Cambridge University Press, 1995, pp. 3 – 4.

在被称为'科学'的知识体系的一种道德上的探索。"① 玛丽·雪莱在作品中建构了一位名为维克多·弗兰肯斯坦（Victor Frankenstein）的青年科学家形象：他出身于瑞士名望家族，自幼就对数学、生物、物理和化学等学科情有独钟，有远大的抱负，向往崇高的事业。十七岁时背井离乡到德国因戈尔斯塔德大学留学，如饥似渴地研究自然科学，具有近乎狂热的求知欲和科学雄心。正如他本人所说："我好像浑身激情燃烧，学习时总能废寝忘食，内心总是充满了求知欲。……世界一直对我来说就是一个不解的谜团，我太想识破其中的奥妙了。在我的回忆中，好奇、急切地想知道自然背后法则的渴望，一旦这些奥妙向我摊开时自己所得到的如醉如痴的喜悦，都是最早在我心头激起的感情波澜。"② 弗兰肯斯坦特别痴迷于对人体结构和生命起源的探索，试图发现生命的秘密，进而征服死亡，创造新的生命。另外，弗兰肯斯坦是一个心性冰冷的孤家寡人，他为了追求自己的伟大事业，几乎抛弃了所有的亲情、爱情和友情。

（二）弗兰肯斯坦式科学家的罪

在现代英语中，玛丽·雪莱创造的 Frankenstein 一词早已发生了合乎逻辑的语义转化：其一，弗兰肯斯坦不再只是单一的科学家形象，而是一类科学家，即"弗兰肯斯坦式科学家"——那些创造了具有毁灭性的怪物却又无法控制怪物的研究人员，属于作法自毙者；其二，在广义上指称脱离创造者的控制并最终毁灭其创造者的事物；其三，成为"创造怪物的人最终会受到怪物伤害"的神秘咒语，包含了多重难以弥补的罪过。但是，作为一名涉世未深的青年科学家，弗兰肯斯坦何"罪"之有？

1. 自负的理性

弗兰肯斯坦通过多年的潜心研究，最终发现了生命的秘密，获取了创造生命的能力，无所顾忌地踏上了制作生命的行程，试图把研究对象置于他的掌控之下。在秘密的斗室，弗兰肯斯坦把从坟地、解剖室和陈尸房采集来的死人肢体拼接成一具庞大的人体。高达八英尺的合成人体被闪电激活后，却成为面目狰狞、丑陋无比的"怪物"。弗兰肯斯坦如此描述道：

---

① 〔英〕安德鲁·桑德斯：《牛津简明英国文学史》，高万隆等译，人民文学出版社，2000，第 505~506 页。
② 〔英〕玛丽·雪莱：《弗兰肯斯坦》，丁超译，中国人民大学出版社，2004，第 6 页。

"他蜡黄的皮肤那样的紧张，几乎包不住皮下的肌肉和血管，缺乏弹性下垂的头发乌黑油亮，牙齿则像珍珠一样煞白，可是黑发、白齿还有眼睛、嘴巴凑到一起的样子更加让人可憎：眼睛水汪汪，可是眼窝也是一样水汪汪的颜色，黄得发白，脸色就像已经枯萎的黄色树叶……天哪，这个世界上真的没有谁能忍受那个怪物的丑恶面目了。哪怕木乃伊重新转世，也不见得比那个怪人更加可怕。"① 弗兰肯斯坦长期持有的美好梦幻瞬间被击成碎片，在近乎窒息的恐惧、厌恶和失望中，他逃离了实验室，没有一丁点儿勇气去面对这个可怕的现实。

在西方宗教文化中，生命知识曾被归属"禁忌知识"（forbidden knowledge），对这些知识的渴求与实践则来自人类原罪的召唤，既是对神灵的亵渎，又是对上帝的僭越。弗兰肯斯坦希望超越人类的界限去扮演上帝，却衍生了连锁灾难。苏耕欣教授指出："《弗兰肯斯坦》所充满的恐怖虽来自主人公创造的怪物，然而其始作俑者仍是寻求禁忌知识、企图取代上帝创造人类的弗兰肯斯坦本人。"② 弗兰肯斯坦在高调否定上帝造人的宗教神话、反叛宗教传统时，在展现其作为人类成员自负的理性和强大的创造力时，也显示了由此而来的破坏力。在人类世俗的眼光中，他创造出的并不是纯粹的"人"，而是一个"非人类"，一个异己的"怪物"。弗兰肯斯坦也没有把这个创造物归于人类，自始至终没有给自己的创造物命名。这样，"无名氏"的地位就注定了"怪物"不被人类社会包容和接受的命运。弗兰肯斯坦对"怪物"有不同的称谓，如 Monster（妖怪）、Devil（恶魔）、Daemon（魔鬼）、Fiend（魔王）、Enemy（敌人）等，包含了厌恶、敌视与恐惧的心理。启蒙运动以来的人类文化默许了科学家不顾任何代价去追求知识、创造知识的行为。但是，科学技术发展的社会实践对此不断发出警告——"好奇心和对禁忌知识的渴求会导致可怕的后果，也许人们不能无所不知（Omniscient）"。③ 怪物的出世无疑是一种诡

---

① 〔英〕玛丽·雪莱：《弗兰肯斯坦》，丁超译，中国人民大学出版社，2004，第 28~29 页。
② 苏耕欣：《自我、欲望与叛逆——哥特小说中的潜意识投射》，《国外文学》2005 年第 4 期，第 52~59 页。
③ Patrick Guinan, "Bioterrorism, Embryonic Stem Cells and Frankenstein," *Journal of Religion and Health* (2002): 305-309.

异的隐喻：如果人们滥用理性去盲目地追求和实践创造生命的知识，将会带来难以预料的厄运，人们必将为之付出沉重的代价。

2. 遗忘的责任

弗兰肯斯坦与怪物由起初的"创造者与被创造者"的"父子"关系，最终演变成尖锐对立的"压迫者与被压迫者"的仇恨关系。具体说来，弗兰肯斯坦创造出了有知觉和情感的怪物，却冷酷地遗弃了他，漠视了由此可能产生的不测后果，推卸了自身应负的责任；而怪物一直得不到弗兰肯斯坦和他人（除了双目失明的德拉赛老人）的包容、理解和同情，在对自身前途和人类社会彻底绝望后走上了报复之路。正如怪物向弗兰肯斯坦抱怨说："你为什么不能用善心对待自己创造的东西呢？……我本性善良，也曾宅心仁厚。可你看看现在的我啊，形单影只，孤独不幸。而你，创造我的人，竟然也嫌弃我，那我还能从你的同类那儿得到什么希望？"① 这种抱怨何尝没有道理？怪物具有同人类成员一样的感觉与良知，他努力学习了人类的语言，阅读了弥尔顿的《失乐园》、普鲁塔克的《名人传》以及歌德的《少年维特之烦恼》，认识并强化了自身的生存意义。怪物曾不懈地追寻友情、亲情、爱情与理解，企图以自己的实际行动赢取社会的认可。但是，弗兰肯斯坦等人始终不能去善待外貌不端的怪物，而是让他倍感歧视和孤寂。长期的遗弃、疏忽、偏见和敌意导致了关爱的匮乏，迫使怪物从对主人的反抗扩展到对整个社会的反抗，异化为一个人类社会秩序的破坏者，变成一个疯狂杀戮的魔鬼。反之，怪物的报复行径让弗兰肯斯坦点燃了复仇的火焰，他开始承担自己的过失，与怪物进行决斗。他说道："我对那个恶魔简直是恨到极点，每当想到它，我就咬牙切齿，心里燃烧起愤怒的烈火，连眼睛都几乎喷出火来，恨不得立即把那个我轻率造出来的怪物亲手消灭。每当想起它的心狠手辣，穷凶极恶，我怎么也抑制不住心头的憎恨和复仇感。"② 这种相互仇恨的心理根本就无法调和，只会导致愈演愈烈的报复行为。

弗兰肯斯坦的人生悲剧在于他的激情放纵，在于他热望通过技术手段

---

① 〔英〕玛丽·雪莱：《弗兰肯斯坦》，丁超译，中国人民大学出版社，2004，第72页。
② 〔英〕玛丽·雪莱：《弗兰肯斯坦》，丁超译，中国人民大学出版社，2004，第64页。

创造新物种来推动所谓的社会进步，却从来没有认真考虑这种行为将会产生什么样的后果。他遗忘了肩负的责任，也就无法承担创造生命的一切后果；他想以逃避的方式来摆脱与创造物的关系，终归是徒劳无益；他想消灭他的创造物，却又力不从心。在相互敌视过程中，怪物曾真诚地请求弗兰肯斯坦为它再造一个异性同类，并保证不再打扰人类社会。弗兰肯斯坦被迫同意了，因为他第一次想到："一个造物者应该对他所创造的物体负什么样的责任，我也应该让他快活的，不能只是埋怨他作恶多端。"① 但是，在创造新生命的过程中，弗兰肯斯坦产生了重重顾虑：如果女怪物被创造出来，是否比男怪物更凶恶？万一她不喜欢男怪物，男怪物是否更为恼怒和孤单？如果这两个怪物真的结合了，怪物种族将在地球上繁衍，又会给人类带来多大麻烦？他毁掉了即将造好的女怪物，也毁掉了怪物的最后一线希望，这又导致怪物报复的升级。可见，弗兰肯斯坦的社会责任感从遗忘到萌生、从弱到强。这并不是一种自觉的责任，而是在痛失亲友之后才觉醒的、迟到的责任。

（三）对弗兰肯斯坦式科学家的罚

美国学者爱德华·特纳认为："首次把有创造力的技术与不意的浩劫联系起来的，是雪莱夫人的弗兰肯斯坦……这个主题一直吸引着广大读者。"② *Frankenstein* 作为经典创作范式给无数的文学和影视作品带来了启迪，克隆人、基因超人、电子人等异人生命体不断被建构出来。这类作品的劝诫主题日渐统一：人们不要随意地去"扮演上帝"（Playing God）。否则，人们将从自信十足地研发技术到满怀悔意地走向毁灭，这无疑是对弗兰肯斯坦式科学家冲动的惩罚！

1. 从精神折磨到肉体毁灭

弗兰肯斯坦由于其创造生命的行为引发了诸多悲剧，这使他遭受精神与肉体的双重磨难，这其中包含了一定的因果报应。从怪物诞生时开始，他就患上了神经性热病（nervous fever），好几个月卧床不起，生活从此"蒙上一层令人灰心丧气的阴霾"。自己曾经满腔热情去不懈追求的伟大

---

① 〔英〕玛丽·雪莱：《弗兰肯斯坦》，丁超译，中国人民大学出版社，2004，第74页。
② 〔美〕爱德华·特纳：《技术的报复》，徐俊培等译，上海科技教育出版社，1999，第12页。

事业竟变得如此讨厌，形成了巨大的心理反差。弗兰肯斯坦自述道："自从那个恐惧非常的致命夜晚以来——那个夜晚标志着我工作的结束，却是苦难的开始——我现在一听到自然科学这个名词，心里就开始无比厌烦。就是后来我的健康完全恢复了，当我一看到化学仪器，仍会在精神上受到很大刺激，那些当年的痛苦又会在我身上出现。"① 可见，后期的弗兰肯斯坦对知识的增长怀有极度的恐惧心理。

弗兰肯斯坦创造生命的行为不但毁灭了自己，还祸及至爱亲朋。失望的怪物首先杀死了弗兰肯斯坦的弟弟威廉，又嫁祸于女仆贾斯汀（被处绞刑）。当弗兰肯斯坦发现谋杀案的罪魁祸首竟然是其制作的怪物所为，内心充满自责——"我们那个曾经洋溢着欢笑，现在却满目凄凉的家庭，都是我一手造成的啊，真是造孽啊……我的心都碎了，悔恨、恐惧和绝望围绕着我。这两个不幸的死者，只不过是我亵渎神灵的技术带来的第一批牺牲者"。② 此时，弗兰肯斯坦幡然悔悟，却为时已晚。怪物接下来杀死了弗兰肯斯坦的好友克莱瓦尔，并在弗兰肯斯坦的新婚之夜杀死了他的妻子伊丽莎白——"那张新婚的卧床竟成了陈尸之所。"③ 不久，弗兰肯斯坦的父亲在极度悲伤中撒手人寰。弗兰肯斯坦开始不遗余力地去追逐并试图消灭怪物，一直追到了杳无人迹的北极冰原，终因心力交瘁、带着无限的痛苦和遗憾离开了人世。

2. 社会形象的自我贬损

虽然掌握了生命秘密的科学奇才弗兰肯斯坦有能力创造新的生命体，却不能正确对待和控制自己的创造物，反而被其所累、所害，这个无言的结局颇具反讽意味，又发人深思。正如怪物对弗兰肯斯坦所说："你要明白我是有很大力量的，你以为自己够惨的了，可我要让你更加悲惨，让你直到最后甚至见了阳光也要抱恨叫苦。你是我的创造者（creator），可我是你的主人（master）——你得服从我才行。"④ 此时，弗兰肯斯坦创造的怪物已经走向人类的对立面，成为罪恶、灾难、恐惧和痛苦的象征。这

---

① 〔英〕玛丽·雪莱：《弗兰肯斯坦》，丁超译，中国人民大学出版社，2004，第39页。
② 〔英〕玛丽·雪莱：《弗兰肯斯坦》，丁超译，中国人民大学出版社，2004，第171页。
③ 〔英〕玛丽·雪莱：《弗兰肯斯坦》，丁超译，中国人民大学出版社，2004，第61页。
④ 〔英〕玛丽·雪莱：《弗兰肯斯坦》，丁超译，中国人民大学出版社，2004，第142页。

既是弗兰肯斯坦人性与情感的异化，也是技术手段和理性力量的异化。随着弗兰肯斯坦的死亡，怪物的报复终获成功。没有了报复对象的怪物感到万念俱灰，最终采用"把这具丑恶的躯体付之一炬"的自焚方式消亡。异化现象似乎结束了，异化给人们造成的痛苦记忆和寓意却永远不会消逝。

人们在谈论弗兰肯斯坦这个科学家形象时，往往给他贴上"科学怪人"、"非理智"和"疯狂"的标签。弗兰肯斯坦在狂热的个人主义激情中，在迷恋个人成就和荣光的功利心理驱动下，放弃了本分的幸福家庭生活，不顾亲友的劝说，不惜一切代价去追逐自己创造生命的目标。他已经失去了作为一个科学家应该持有的冷静头脑、理性精神和社会责任，陷入了自我毁灭的境地。弗兰肯斯坦以其行为自我贬损了科学家作为知识探索者和创造者的崇高形象，丧失了在社会公众心目中的至尊地位。科学家喜爱探索自然之秘、潜心研究是无可指责的，但总得有一个健康的价值取向。在考虑科研成果的社会应用时要正视人性的弱点，强烈的个人主义倾向、盲目自大和责任心的缺失都是不可取的。

（四） 弗兰肯斯坦式科学家命运的启示

既然创造生命、干涉自然的行为仍然是现代社会普遍关注的焦点，弗兰肯斯坦式科学家的悲剧命运就凸显其深刻的劝诫意义。

1. 生物技术研究与发展的风险性

怪物作为弗兰肯斯坦生物技术理性的制成品，却是一个非预期的"次品"。怪物是无辜的，他的丑陋外表纯属造人者所为，他无从选择。但其庞大的身躯、扭曲的外形使他终究无法成为一个真正的人，无法融入人类社会，无法摆脱被鄙视和遗弃的命运。在一定意义上，异化后的怪物已成为技术恐惧的象征，象征了日渐浸染人类社会的技术风险，更是技术反噬人类的典型案例。可见，科学家在研究领域可能会创造出一些不可预期、需要慎重对待和防范的"怪物"及其报复问题。弗兰肯斯坦在临死前用自己的切肤之痛告诫去北极探险的沃尔登船长："不要重蹈我的覆辙，给自己引来一条咬人的毒蛇……即使您不愿意听从我的忠告，至少也得从我的例子里看出：获得知识其实有多么危险！与那些具有野心但是力不从心的人相比，那些安分守己，把自己的故乡看成全世界的人真是太幸福了。"① 今天，我们有必要汲取弗兰肯斯坦的血泪遗训：科学技术的发展具有潜在的危害和风险，人们对其质疑和忧虑，保持一定的防范意识是必要的。诚然，生命科学的发展和生物技术的进步已给人类社会带来巨大的利益，但没有限度、不择手段地去发展和应用它们可能会给人类社会带来一些可怕的后果，人们必须构建出针对生物技术风险的社会审查（social scrutiny）制度，进行全面的善恶比较、利弊权衡。

2. 生物技术研究的动机与责任

弗兰肯斯坦具有勇于探索和创新的个人英雄主义品质，把自己放在为人类造福的崇高位置上。在他创造新生命的背后却有一种自私的虚荣动机——"每当我想到自己所完成的那件作品，想到自己竟能亲手造出一个有血有肉、有理智的生物来，我总觉得自己应该属于不同凡响的英才之列。"② 这并非什么高尚的动机。尼采认为，一些学者已经蜕变成为科学的仆人，究竟是什么东西构成了科学仆人的真正动力？"首先应当指出的是，是一种强烈的、日益增长的好奇心，一种去认识领域冒险的欲望，一种与陈腐事物相对立的新奇事物具有的长久刺激力……战斗成为乐趣，个人胜利成为目标，为真理而战则变为借口"。但是，"学者的第二个品性是近距离的洞察力，与之相应的是他在观察远处和普遍事物时的严重近视"。③ 弗兰肯斯坦关注的只是创造生命的可行性和成功后的荣耀，却从来没有考虑这种行为引发的长远后果和社会影响。当发现他的创造物面目丑陋时，就不假思索地遗弃了它，无从履行创造者的职责，难以经受科学家职业道德的拷问。可以说，不含责任的动机肯定会引发风险，放任自流的激情必将成为灾祸的来源。正如英国学者弗兰克·富里迪所指出的："我们的文化不断传递这样的信号：冒险是不负责的，谨慎和安全是我们时代的首要德行，在这种情况下勇于求知是困难的。这样的信号邀请人们抑制自己的渴望、限制自己的行动。"④

① 〔英〕玛丽·雪莱：《弗兰肯斯坦》，丁超译，中国人民大学出版社，2004，第 24 页。
② 〔英〕玛丽·雪莱：《弗兰肯斯坦》，丁超译，中国人民大学出版社，2004，第 187 页。
③ 〔英〕玛丽·雪莱：《弗兰肯斯坦》，丁超译，中国人民大学出版社，2004，第 262~263 页。
④ 〔美〕弗兰克·富里迪：《恐惧的政治》，方军、吕静莲译，江苏人民出版社，2007，第 146 页。

弗兰肯斯坦在一系列悲剧的打击下也曾思考过如何对待自己的创造物？但他认为："我造出了这个有理性的生物，因而也就对他负有义务，应该尽力保证他的幸福安康。不错，这是我的义务，但是我还有比这更重要的义务。我更应该把对自己同类的义务放在心上，因为这关系到更多人的幸福或痛苦。"① 显然，弗兰肯斯坦站在了人类中心主义的立场上来处理怪物问题。他不认为怪物是人，而属于"异类"。但是，人与"非人"之间的界限是什么？仅限于外貌吗？如何对待非预期的异类生命体？如何调整人的生命伦理观？弗兰肯斯坦没有去深入思考上述问题，更没有去寻找解决问题的措施。若没有自觉的责任意识诉求，就不能很好地对待技术成果的应用，将会任其失控、酿成祸患。因而，动机与责任是在以创造生命为主题的科学研究行为中必须同时考虑的维度。科学家要妥善利用包括生命科学在内的一切科研成果，从而减少报复效应的发生。

3. 科学家与社会公众的对话

当下，对农业、医疗保健和整个人类社会都有着重大意蕴的生物技术已经得到了迅猛发展，弗兰肯斯坦式科学家的生命创造行为越来越普遍，具有新颖性状和功能的生命形式也日益从实验室走进人们的生活。人们把转基因食品称为"弗兰肯斯坦食品"，这反映了人们对潜在生物风险的忧虑。人们对过度干预生命的恐惧心理已形成了"弗兰肯斯坦综合征"（Frankenstein Syndrome）。这种社会心理使人们抵制企图对人类、动物和其他生命形式的遗传基因进行任意操作的行为，进而影响对生物技术产品的消费态度。

科学家认为，人们对生物技术的恐惧心理并无坚实的根据，这对科技进步是一种妨碍，有必要减少人们对弗兰肯斯坦事物的过度不安和严重忧虑。"公众对生物技术的争论说明了民主形式与复杂的技术科学问题关联的难度。问题的根源经常被视为缺少某种科学素养，主要是由歪曲的和大众传媒危言耸听的陈述所致，而这些又与对科学的偏见有关。"② 科学家与社会公众应保持一种常态的、富有建设性的对话机制，缩小彼此间的鸿

① 〔英〕玛丽·雪莱：《弗兰肯斯坦》，丁超译，中国人民大学出版社，2004，第193页。
② Massimiano Bucchi，"Why Are People Hostile to Biotechnologies，"，*Science*（2004）：304.

沟，以便既促进公众理解科学，又接受公众对科学活动的监督。科学家必须走出实验室，倾听来自公众的声音，要进行事先的风险预测与评估，不要让风险在无控制情况下被释放出来。在决定生物技术应用方面，专家的价值观不一定就代表整个社会的价值观，公众必须扮演一个重要角色，让公众参与到对遗传操作进行风险评估的活动中，使生物技术在公众的理解和监督中不断发展。生物技术有其存在的逻辑与社会合理性，需要在一定的社会控制条件下保持它的发展机会。我们要清醒地认识，在很多情况下，我们的技术愿望与社会现实总是存在着差距，我们很难摆脱"墨菲法则"（Murphy's law）的纠缠——任何可能出错的事终将出错。"墨菲法则并非失败主义者听天由命的原则，它要唤起人们的警觉，并作适应性的改变。"① 这要求我们在已往技术发展教训的引导下改进和控制技术。毕竟我们在过去不止一次地犯过这样的错误——"在我们感受科学文明的喧闹而震耳欲聋的发展声中，我们一意孤行地在自己'伟大'中完成了自我毁灭的使命。"②

总之，弗兰肯斯坦的故事"长期以来已成为一个用来阐释人与技术关系的通用框架。但是，我们现在已经发展了一项真正的生物技术，这种已经超越了我们共同想象的生物力量正在按照我们急需去理解的不同方式逐渐增强。"③ 我们有必要深入解析这部作品所蕴含的忧患意识、恐惧启示和技术批判思想，反省弗兰肯斯坦式科学家的社会形象及其责任维度，关注生命伦理和技术伦理，慎重考虑科技进步与人性之间的尖锐冲突，解决好科技发展背景中人的身份认同、生存状况和社会心理等问题。

---

① 〔美〕爱德华·特纳：《技术的报复》，徐俊培等译，上海科技教育出版社，1999，第 22 页。

② 〔美〕古斯塔夫·缪勒：《文学的哲学》，孙宜学、郭洪涛译，广西师范大学出版社，2001，第 177 页。

③ Jon Turney, *Frankenstein's Footsteps*: *Science*, *Genetics and Popular Culture*, Yale University Press, 1998, p. 2.

第五章 遗传操作的价值导引

克隆技术、转基因技术、基因编辑技术等，都是人们在分子层面进行的遗传操作。这些技术肯定会给人类社会带来许多益处，但也存在应用的风险和误区。这些问题早已引起学界、社会公众的高度关注。许多人提出对此类技术要进行必要的价值导引，使其规范发展、健康发展。

一 技术作为哲学反思的重要对象

我们注意到，在《自然辩证法通讯》杂志封面的上方，印着两行文字："联结自然科学、社会科学和人文科学的纽带，沟通科学文化和人文文化的桥梁。"这应该是办刊的宗旨和特色。虽然刊物所设置的"科学技术哲学""科学文化和技术文化""科学技术社会学""科学技术史"等栏目，体现出了对"技术"的关注，但是"技术"毕竟没有成为办刊的宗旨。我们以为，不联结"技术科学"的纽带是不结实的纽带；不沟通"技术文化"的桥梁是不通畅的桥梁。哲学反思，不能失去的是技术！

（一）技术的重要性

现代科学早已经不仅仅是科学家视域中的"科学"；现代技术更是属于人类社会的"技术"。科学技术的发展与人类的命运早已密切地融为一体了。关注各门科学的发展与技术的进步，已经成为人们日常生活中不容回避的重要话题。在此，我们区别对待了科学与技术这两个原来似乎是"孪生"的概念。我们以为，科学在认识客观世界中侧重于探索未知领域；而技术则在改造客观世界的实践层面上，对人类的精神世界及其所处的社会环境、自然环境产生了更广泛、更深远的影响。

我们不是技术决定论者或技术至上主义者。但是，放眼我们所生存的现实世界，这确实是一个已被技术渗透的世界，甚至在生命个体（包括人类）的产生、生长和死亡过程中，也渐渐地渗入技术因素。试问自然万物，谁能逃脱得了技术的影响？虽然许多人对技术产生了一种既爱又恨的矛盾情结，但在"危险"来临之际，人们在本能上还是会去祈求技术的。例如，最近在我们生活的这个城市中，在"非典型性肺炎"和大地震传言的双重恐慌中，人们谈论最多的、最渴望的是能够开发出防治"非典"的特效药物以及能准确预测地震发生时间、地点的技术手段。

（二）反思技术的价值

出于对技术时代的深刻反思，技术哲学日益彰显其学术地位和社会意义。技术哲学要反思什么？不同的人基于自己不同的生活经历与感受，也许有不同的指向和偏好，统一的答案是没有的。其实，我们也不必在这早已经是多元化的世界中，去寻找什么统一。可是，在人们奢谈"技术是一把双刃剑""技术的人文价值冲突""技术异化""技术悲观主义""技术恐惧"等此类并不轻松愉快的话题时，我们隐隐约约地感觉到有一种迷茫或痛苦，在心头深深地潜伏而挥之不去。我们迷茫于人类社会的发展怎么就与技术如此紧密地联系在一起了。我们很有必要去真切地追问这样一个问题：发展技术的目的是什么？这不正是人本身全面而自由地发展和人类社会的进步吗？但是，人们又该如何对待那些与技术相关的负面作用？又该如何看待高度技术文明背后人类精神上的失落感？这些大多会涉及技术的价值问题。

技术价值论问题应该是技术哲学研究的核心问题之一。并且，谈论技术的价值问题有其重要的现实意义。虽然人们对技术的价值问题进行深入思考的活动可以追溯久远，这个思考活动却远远没有终结的迹象。这只是因为，技术无论在内容上或形式上都在迅猛地发展着、变化着。随着技术的发展变化，结伴而来的各种围绕技术的新问题也总会出现，人们对技术价值的思考总会有新的素材可供利用，并总能更新原有的认识和观念。

（三）关注技术现实

从事技术哲学这门新兴、交叉学科的研究应该允许多元化的研究方法。既需要进行纯理性思辨，像德国哲学家海德格尔那样把自己关在书斋里对技术进行千万次地追问；也需要走出书斋关注科学技术发展的前沿及其对社会的现实影响，从而进行一些实证分析研究。关于后者，陈昌曙教授在第八次全国技术哲学研讨会上，曾针对我国科技哲学的未来发展讲道："没有特色就没有地位，没有基础就没有水平，没有应用就没有前途。"这也是在今天市场经济条件下，我们反思技术哲学研究与发展的一个重要指导思想。远德玉教授也经常对我们这些学生讲，推动哲学前进的是事实！技术哲学研究最好要"双向交汇""顶天立地"。也就是说，一方面不能脱离技术发展的实际，另一方面要能上升为领导者和决策者的依据。为此，要多做一些尽管有很大难度却有重要现实意义的案例分析。另外，陈凡教授根据国外技术哲学的研究现状，曾经认为技术哲学研究将要走一条实证之路，将会出现明显的"经验转向"。

据此，我们以为，通过对某项具体技术发展实例的考察与经验分析而得出的一些结论要比纯粹的思辨更有现实意义。这样做，将能够给我们这个社会提供一些切实可行的、促进相关技术健康发展的建设性意见；这样做，必定使技术哲学研究更富有现实性和针对性，也能凸显学科的社会作用，为这门学科的发展开启一个光明的前途。

其实，当我们谈论技术价值、技术异化、技术自主性、技术恐惧、技术伦理、技术对社会的影响等话题时，我们谈论的绝不是什么"抽象的"技术，而是有具体操作过程、有明确目标指向、有特定社会影响的现实技术。事实上，在人类社会中也从来不存在什么完全"抽象的""纯粹的"技术。因此，我们只有结合具体技术的发展实际，从其中的技术目标、技术作用对象、技术作用后果来分析问题，才能够真正理解技术的价值及其社会问题。如果我们脱离了技术发展的活生生的实际去谈论问题，只有哲学上的思辨，这样做也许有哲学上所谓的"深度"，却难免有"纸上谈兵"之嫌，是不容易谈好、谈准确的。例如在过去的五年多，一些媒体和作者大谈特谈"克隆人"技术之类的东西，基于对克隆技术的误解，谈出的是狂想、恐慌与焦虑，唯独没有坚实的根基。

因此，从技术发展现实的角度来分析技术、研究技术哲学，是必要的，也是可能的。同时，我们也殷切地希望《自然辩证法通讯》积极地关注技术的哲学、历史和社会学等问题，为自己开辟一片更加广阔的天地。

二 现代技术中性的不可能性

在日益技术化的现代人类社会中，基于对技术本身及其社会作用价值的反思而形成的技术哲学逐渐成为显学。我们在学习和研究技术哲学时，在认识技术的性质及其对社会的作用和影响时，将不可避免地遇到技术中性论与技术价值论的争论这一基本问题。

（一）技术中性论的一般观点

国内外学界，一般是从两个方面来判定技术是中性的。一方面是从有无阶级性来看技术的性质，认为技术本身不反映任何阶级内容，因而是没有阶级性的。他们认为，由技术物化出来的工具、设备和仪器等是不管任何人都可以运用和操作的。在世界任何一个角落里，完成一项工程或制造同样的产品所遵循的技术原理都应该是一样的。另一方面是，他们认为应该把技术本身和技术的应用区别开来。技术本身是无所谓善恶的，在政治、经济、文化和伦理上是中性的；只是技术应用的目的或后果有善恶之分、好坏之别，而这又是由人性的善恶所致，是与技术无关的。例如，德国哲学家雅斯贝尔斯认为，"技术在本质上是既非善的，也非恶的，而是既可用以为善，又可用以为恶……只有人才赋予技术以意义"。[①] 著名物理学家爱因斯坦曾说："科学是一种强有力的工具。怎样用它，究竟是给人类带来幸福还是带来灾难，全取决于人自己，不取决于工具。刀子在人类生活上是有用的，但它也能用来杀人。"[②] 爱因斯坦在这里所说的"科学"其实也就是"技术"。

进一步来说，对于技术中性论者来讲，技术只是方法和实现目的的工具和手段，技术行为的目的问题总是存在于技术之外的各种社会因素中。尽管技术的社会后果有利与弊、善与恶之别，但技术本身并不对此负责。持技术中性论的人曾经这样发问，人们无节制地开发自然资源和能源、不断地向大气中排放有毒的化学工业废气或汽车尾气造成的社会后果，难道只是采矿技术、化工技术或内燃机技术本身的罪过吗？在我国，大多数学

---

① 转引自邱仁宗《国外科技哲学进展》，《自然辩证法研究》1996 年第 11 期，第 1~8 页。
② 〔美〕爱因斯坦：《爱因斯坦文集》第 3 卷，许良英等译，商务印书馆，1979，第 56 页。

者长期以来也曾坚持这种类似的观点：承认技术的社会作用和社会影响，技术可以应用于不同的社会目的，但技术本身是中性的。我们的问题是，技术中性论的观点从表面上看似乎很有"道理"，但是这种"道理"在复杂的技术社会现实中充分吗？在现代人类社会中，技术中性是可能的吗？

（二）技术中性的不可能性

近半个世纪以来，随着技术对人类社会的影响和作用从广度和深度两方面的日益扩展，技术日益社会化和社会日益技术化的不争事实已形成。人类已经生活在一个"技术网恢恢，疏而不漏"的技术世界中。人们也渐渐怀疑起技术中性论的观点。相对于技术中性论，关于技术价值论的讨论日益增多。

现在的学界普遍认为，技术是具有双重属性的。总的来讲，技术既有自然属性，也有社会属性。技术的自然属性方面，是指技术作为实现自然界物质、能量和信息变换的手段、方法和活动，首先是一种自然过程。所以，人们在运用技术变天然自然为人工自然的过程中，都必须遵循自然规律，都是对自然规律的正确应用。相反，任何违背自然规律的技术过程都是不可能实现的，如"永动机"和"水变油"等之类的妄想。世界各民族在植物栽培及育种技术、航空航天技术和信息技术等方面是基本相同或相通的。这是技术中性论认可技术没有阶级性的内在根据。但这似乎是不言而喻的事情，这只是科学无阶级性观点在技术观上的一种延伸。

技术的社会属性方面，是指在没有社会需要的技术目的的推动下，技术是无从产生的。所以，技术的产生从来都不可能是无缘无故的。并且，任何技术目的的规定和实现，都要受当时特定的经济、政治、军事、教育、文化和民族传统等社会条件的影响或制约。这些因素在不同程度上影响技术发展的方向、规模、速度和模式，也影响技术的风格和实现形式。技术本身肯定会打上某种特定社会因素的烙印。据此，我们可以认为技术是负荷价值（value-laden）的，不可能是中性的。我们不能只从技术本身来看技术，因为具体的技术是在一定的社会环境中产生的，它必然要作用于社会中的人和事物并且影响到社会的发展。不能把技术当作中性的东西，而是要超越技术自身来看技术，只有这样才能对技术有一个比较正确和客观的认识。

尽管如同技术中性论者所认为的，技术是可以为任何社会目的服务的，但是这样就一定可以说技术是中性的吗？不要忽视了实际社会状况的复杂性。

1. 技术的产生过程和作用对象不是中立的

从技术的产生过程来看，技术是有特定目的性的。由于在现代极其复杂的、多元化的人类社会中存在着不同的利益集团和阶层，众多的技术研究与开发机构就受控于这些集团和阶层。他们在为自己的预期利益而设置技术目的、进行技术研究立项时就已经表现出了非中立性。例如，你可能永远找不到高度专门化的军事武器（如生化武器和细菌武器）有什么和平的用途。研制这些武器的技术尽管也是对自然规律的正确运用，但是能说在这些技术身上没有体现少数集团和个人的利益吗？没有体现某种人性的丑陋和罪恶吗？相反，为改善生态环境之目的而大力发展植树造林技术（如培养优良抗逆性植物新品种和提高成活率等），这终归是性本"善"的技术吧！因为它符合全人类的共同利益。"技术本质上没有善恶之说"这个论点实际上是很值得商榷的。在此，我们虽然不必要争论什么是技术的本质，但是我们要说，技术总是要以物化的形态表现出来并对人类社会产生直接或间接作用的，它的目的性也总是要呈现出来的。技术并不只是一个简单的、单向的或线性的利用自然规律而对自然界进行改造的物理过程，也不是超越个人及社会生活的自我封闭的事物。技术是人为的，又是为人的，它与人类本身、人类社会和生态环境之间形成的是一种很复杂的非线性互动关系。

2. 技术在人们的内心世界中很难是中立的

技术及其产品（家用电器、通讯与交通工具、药品等）已经是人们日常生活中不可或缺的组成部分，因此它必然影响人们的思想感情。正如德国著名技术哲学家 F. 拉普指出的那样，"技术不仅会产生物理上的副作用，同样还会产生感情和精神上的影响"。[①] 例如，人们现在依然热烈讨论的"克隆技术"就是这样，将其应用到人身上，就引起了很广泛的争论（社会、伦理、法律等方面），这其实就是技术在人们心理上产生影

---

① 〔德〕F. 拉普：《技术哲学导论》，刘武等译，辽宁科学技术出版社，1986，第 48 页。

响的结果。另外，人们对原子弹毁灭世界的恐惧不是也在人们的内心世界里投下了一层巨大的阴影吗？又有多少普通大众对研制核武器的核技术会表示好感或发自内心的喜悦呢？现代西方社会出现的"技术恐惧"（Technophobia）、"弗兰肯斯坦因食品"（Frankenstein Foods，指转基因食品）等名词更是说明了技术在人们的心理上不是中立的、不是与自己毫不相干的、不是无所谓的这一社会现实。总之，对人们来讲，技术终究不是一个中性的并且不影响或改变人类生活（包括心理生活）的东西，它已深深地潜伏在人们的心头，挥之不去。离开了这个技术世界，人们在心理上将显得很无奈，也很孤单无助。人类对技术可以说是既爱又恨，既欢喜又忧虑。技术的发展与进步，总会在哲学层面和社会层面引起争议。如果说前者是少数哲人、学者的一种悲天悯人的操心，那么后者就是我们对技术影响自身命运的一种直接反应或关心。

3. 技术作为达到目的的手段不是中立的

人类由于自己能力的不足或缺陷，必然要借助一定的技术手段来创造"第二自然"，使自己更好地生存与发展。技术是人的本质力量的外化或显现，承载着人们的期望与梦想。在人类社会漫长的发展过程中，技术已逐步上升为社会发展的重要基础之一。社会的方方面面充满着技术产品，这使人们已经须臾不可离开技术产品而生活；技术性思维已经影响或改变了许多人的思维方式，无论是"专家治国论"还是工具理性思维，都在深刻地影响人类社会生活的进程；技术活动已成为许多人生活的主要内容，人们在不同的地方从事着技术教育、技术研究与开发、技术产品的研制、生产与推销等。在这种情况下，技术的发展状况不能不影响特定的经济、社会、政治和文化发展，不能不影响人们的生活质量和生存状况。一个国家（地区）或民族的兴衰无不与技术的发展状况相联系。发展科学技术与发展经济以及促进社会进步已经成为一枚硬币的两面。

技术中性论者只是看重了技术本身，而轻视了技术的社会影响。对此，陈昌曙教授认为，若只把技术或技术手段当作中性的工具，或强调要把技术本身同技术的社会应用做明确的划分，是难以令人信服的。把技术本身同技术的应用分开是不妥当的，因为"技术本身就是一个动态的活动系统，就是一项人类的社会实践活动，是离不开应用的。人们也从来不会去研制无任何用途的技术。是技术，就有其存在的价值，终归要应用到社会中去。离开了应用就不成其为在完整意义上说的技术或现实技术"。[①]可见技术和应用是分不开的，技术和价值也是分不开的。所以，我们说在人类社会中技术中性是不可能的。

（三）技术的负面影响与社会和人性的相关性

技术的非中性，也大量体现在技术对社会的负面价值影响上。由于现代科学技术的飞速发展，技术在推动人类物质文明、精神文明和人类社会变革方面的作用更为突出了。但是，科学技术的发展，也越来越明显地带来了一些日益严重的全球性问题，如生态危机、环境污染、资源危机、人口激增、失业率增加与恐怖活动频繁等，从而引起了人们对科学技术的社会价值进行再思考。其实对这个问题的认识早已有之，只不过这一问题到了现代由于科学技术力量的强大而更加明显地暴露出来了。从 20 世纪 60 年代开始，技术的发展带来的负面作用促使人们对技术的社会价值进行深刻反思。例如在生态环境方面，1962 年，美国作家卡逊写的《寂静的春天》描绘了一幅由于农药的滥用将春天变得死一般寂静的恐怖景象，在社会上引起了强烈的反响和人们思想上的共鸣。1972 年，"罗马俱乐部"出版的《增长的极限》一书，更是在世界范围内引起了巨大的反响。在此前后，"绿色运动"在世界范围内掀起了高潮，出现了各式各样的观点和理论。纵观这些观点和理论，都涉及对技术社会价值的反思，提出了应该如何协调发展科学技术与环境保护的关系。

对技术的社会价值进行判断，依赖于进行这种判断的价值标准。用不同的价值标准来看技术，则会得出不同的结论。我们认为技术的负面作用，一方面是由于技术自身发展有一定的局限性，但是主要的原因在于不同的人或社会集团对技术研制与应用目的的不同，或者是人们只顾眼前利益忽视长远利益，只顾局部利益忘记全局利益。这些都是与社会和人性的现实状况密切相关的。在一个发展仍不完善、人性各异的人类社会中，技术的不合理应用是难以避免的。具体说来，任何时代的技术，都是人类认

---

① 陈昌曙：《技术哲学引论》，科学出版社，1999，第 240 页。

识和实践发展到一定阶段的产物。人类为了自身的需要可以在这种认识和实践的基础上创造出具有预期属性的人工自然，但是人们不可能在事先将这种人工自然的全部影响和复杂联系设想完全。而且，有的技术（如核弹技术、生化武器技术等）之所以被创造出来就是为了一个破坏与毁灭的目的。同时，技术作为人类的一种社会实践活动，是在特定的社会环境下进行的。技术的社会作用和影响，也是在社会大系统中发挥和表现出来的。所以，技术引起的社会后果，也包含技术之外的种种社会条件和社会关系的影响。技术的社会价值反映的是技术与社会二者之间的辩证关系。

认清在现代社会中技术中性的不可能性具有一定的现实意义。这有助于我们正确评估技术的社会作用和社会影响；有助于我们全面深刻地把握技术的本质；有助于我们把解决问题的目光投向社会及社会中的人，并使我们更好地将社会制度和人性的调整联系在一起进而调控技术的发展；有助于我们去关心技术世界中人们的技术化生存状况，致力于技术的人文关怀，促进人的全面自由发展；有助于我们在制定技术发展政策时做出更为全面均衡的考虑。我们认为技术是一股强大的、不可抑制的力量。正因为它强大，它更需要方向上的引导。在"技术不是万能的，没有技术却是万万不能的"现代社会中，我们不能因为技术的负面作用而去反对技术乃至停止发展技术，事实上这也是徒劳的。要减小或避免技术发展可能带来的消极影响和后果，要靠科学技术本身的发展和完善，更要通过积极有效的社会实践，对社会关系、社会制度进行调整和变革。只有通过社会的变革，通过正确的政策和科学的管理，才能真正使科学、技术、经济、社会、生态环境与人的精神世界协调发展起来。

在此，我们想到了爱因斯坦的谆谆教导，他曾对美国加州理工学院的学生这样讲："你们只懂得应用科学本身是不够的。关心人的本身，应当始终成为一切技术上奋斗的主要目标；关心怎样组织人的劳动和产品分配这样一些尚未解决的重大问题，用以保证我们科学思想的成果会造福于人类，而不致成为祸害。在你们埋头于图表和方程时，千万不要忘记这一点。"[1]为了美好的明天，我们每一个人也千万不要忘记这一点！

---

[1] 〔美〕爱因斯坦：《爱因斯坦文集》第3卷，许良英等译，商务印书馆，1979，第23页。

三 价值理性与工具理性的现实整合

价值理性和工具理性的协同作用将构造出人的良好精神世界，并影响着"人－社会－自然"大系统的运行状态。近代以来，工具理性的越位和价值理性的失落有着哲学上的深层次原因。要重新整合二者的关系，妥善解决日益严重的生态问题和社会问题，构建一个和谐社会，就要在哲学与实践两个层面上实现人类观念和活动方式的根本变革。

价值理性和工具理性是人类理性不可或缺的两个有机组成部分，它们具有各自的作用特点和范围，同时又相互作用、紧密联结成一个整体。价值理性为工具理性提供精神动力，看护着人类的"心灵之命"；工具理性给价值理性带来的是现实支撑，不断满足和提升着人类的"肉身之爱"。价值理性和工具理性的协同作用将构造出人的良好精神世界，并深刻影响着"人－社会－自然"大系统的运行状态，使得各种社会生活成为可能。但是，随着近代西方社会物欲的膨胀、人类对科学技术进步和经济增长的片面追求，工具理性日益占据了人类精神领域的统治地位，价值理性则日益被漠视、被边缘化。事实上，工具理性与价值理性的分离有着哲学上的深层次原因。今天，我们要重新整合它们的关系，妥善解决当今世界日益严重的生态问题和社会问题，就要树立全新的、整体的世界观和自然价值观，并在实践层面上处理好人与自然、当代与未来、经济发展与生态优化、物质丰富与精神升华、短期利益与长远利益等诸种关系。

（一）价值理性与工具理性的逻辑关联

价值理性和工具理性的概念是由马克斯·韦伯（Max Weber）提出来的。"价值"作为一定社会条件下的物与人的需要的一种关系，被马克斯·韦伯引申为"意义"，从而获得了更深远、更广阔的语境。价值寓于人的实践活动的对象中，但只有通过人的能动的活动去挖掘才能形成和实现。人的活动受特定价值观的指导，价值理性通过在动机层面上调动理想从而实现对人的行动的导向作用。这是一个有序的、明晰的自我主导过程，人以此构成了自身与外部环境的和合、统一。① 这一过程充分体现了人类实践活动的能动性和内源性，通过对自身活动的有意识的选择和反馈，人类不断升华自身的本质规定，并同时构架出历史性的现实自我。马克斯·韦伯认为，价值理性的凸显伴随着世界的"祛魅"。价值理性体现在现代科学技术、文学、艺术、道德等各种文化生活中。价值理性所体现的人的价值观念、价值评价反映出在具体的社会情境中，社会物质生活、政治生活、精神生活对人们的影响。因此，可以根据社会发展的历史阶段，将价值理性区分为自发性价值理性、自觉性价值理性和自主性价值理性。自发性价值理性反映了人类社会所处低级阶段人的意识能动性，具有原初性、朴素性的特征；自觉性价值理性反映着人类在物质文明、政治文明不断发展的社会实践中，对精神文明和人性本真价值的探求；自主性价值理性是价值理性发展的未来形态，是指在人类社会发展的高级阶段人的自由得以全面实现的状态。在今后的社会实践中，价值理性将会体现在人、社会、自然协调发展的新的层面，引导人们不断开掘自身的能动特质，从而创造出一个更加美好的生活世界。

马克斯·韦伯将数学符号和逻辑定律等自然科学研究领域所具有的计算和推理等理性"算计"的手段，适用于资本主义社会中人自身的行为及其后果的过程，叫作"工具理性"。与价值理性相区别，工具理性是指人在特定的活动中，对达到目的所采取的手段进行首要考虑、计算的态度。工具理性与资本主义生产追求最大限度剩余价值的本性相结合，在实践的过程中引发了追求物的最大效率为人的某种功利的实现而服务的倾向。工具理性指导下的资本主义生产实践，是人对自然的奴役和人与人工具理性对效率的片面强调、对经济发展的迷信使得近代社会生活功利化、机械技术普遍化、科层制度官僚化。工具理性是一个有机的体系，存在着物质形态的工具和精神形态的工具。前者的存在好比一个人过河必定要搭桥，作为物质载体而存在的桥是人过河的愿望得以实现的手段；后者的存在好比搭桥必定要有图纸，图纸的形成体现着具体的人在多种搭桥可能性之间所进行的选择。两种形态的工具有机结合形成的合力构成了工具理性

---

① 魏小兰：《论价值理性与工具理性》，《江西行政学院学报》2004 年第 2 期，第 63 ~ 67 页。

能实现主体目的的手段价值，反映了人类作为主体在实践活动中为实现自身目的而创造所需手段的自觉能动性。

人类社会实践活动能否走向成功，取决于价值理性与工具理性的协调、统一。事实上，价值理性与工具理性存在着以下三个方面的逻辑关联。

1. 价值理性是工具理性的精神动力

自然界事物自身的规律以及人类实践活动的规律，是规定适用方式和手段的认识前提；工具理性的有效运行，以主体对客观事物及其规律的正确反映为基础。自然界的奥秘是无穷无尽的，人类自身活动的规律性也在历史地变化着。在我们认识、掌握、驾驭事物规律的过程中，有着难以想象的艰难困苦，对事物本质的认知体现为一个永无止境的过程。在当代飞速发展的高科技时代，为提高工具手段的知识含量，增强现代人的主体性和科学技术力量，人们必须有坚定的信念和顽强的意志，这便来自价值理性对工具理性提供的精神支持。

2. 工具理性是价值理性的现实支撑

没有工具理性的存在，价值理性也难以实现。工具理性体现了主体对思维客体规律性的认知和驾驭，由此逐渐形成的基础科学、技术科学、应用科学等，则构成人类文明的积淀和进一步发展的基础。在实践中，人们一方面依靠工具理性，实现着人的本质力量的对象化；另一方面，又在自我意识的更深层面体味着人生价值，为价值理性的升华提供契机。当人们依赖工具理性拓展了实践过程、实现了更大的目的并看到了不断发展的广阔前景时，人们对自身全面和自由发展的需求也就有了由低级到高级不断上升的期盼。工具理性的不断深化使价值理性从自发状态走向自觉状态再到自由状态的现实展开成为可能。价值理性与工具理性有着互相作用、互相转化、互相提升的内在联系。工具理性的存在，通过阶段性地实现人对自身生活环境的开拓，不断促使价值理性确立新的人生终极意义及目标，为实现价值理性的升华提供现实支撑。

3. 价值理性和工具理性统一于人类的社会实践

M.谢勒认为："每次理性认识活动之前，都有一个评价的情感活动。

因为只有注意到对象的价值，对象才表现为值得研究和有意义的东西。"①
人的实践活动是有目的的，有了一定的目的，才会引发人们对相应工具的
需求。在实践活动中，人们对某类认知对象和操作对象的选择，是具体的
工具手段存在和实现的前提条件。价值理性解决主体"做什么"的问题，
而"如何做"的问题只能由工具理性来解决。工具理性的存在，通过对
具体实践与环境的算计，使人能够在自身智能和体能的基础上达成征服自
然、改造自然的愿望，实现人的本质力量的物化。在人类的实践活动中，
价值理性与工具理性互为根据，相互支持。两者的有机统一，提供着
"人－社会－自然"协调发展的动力，促进了人在特定的社会环境中不断
打造出新的生活境界。

（二）　价值理性与工具理性的历史分离

在古代和中世纪，价值理性与工具理性是互渗在一起的、未曾分化
的，它们的关系呈现为原始和谐的状态。启蒙运动以来，随着科学技术和
工业的发展，工具理性的地位不断提高。尤其是在休谟从理论上将"是"
与"应是"或"事实"与"价值"分离开来之后，工具理性与价值理性
便开始了它们加速分离的历史。在现实生产和生活中，工具理性日益占据
了人类精神领域的统治地位，价值理性则日益被边缘化。工具理性与价值
理性本末倒置、工具理性的越位和价值理性的沦落，其结果是人类实践活
动的畸形发展，同时也是人的精神层面的断裂，由此导致了"人－社
会－自然"大系统的严重失衡和人的单面性。

价值理性与工具理性的分离有其一定的哲学基础——机械论世界观。
机械论世界观以二元论和还原论为主要特征。它试图用力学定律解释一切
自然、社会和人文现象，把各种各样不同质的过程和现象，把物理的和化
学的，生物的、心理的和社会的现象，都看成是机械的。美国学者麦茜特
把机械论的世界图式，归纳为五个预设：物质由粒子组成（本体论预
设）；宇宙是一种自然的秩序（同一原理）；知识和信息可以从自然界中
抽象出来（境域无关预设）；问题可以分析成能用数学来处理的部分（方

---

① 〔德〕F. 拉普：《技术哲学导论》，刘武等译，辽宁科学技术出版社，1986，第 8 页。

法论预设）；感觉材料是分立的（认识论预设）。① 300 多年来，机械论世界观指导着现代科学和工业化的发展，它的成功运用取得了巨大的成就。与此同时，它所固有的片面性，它所主张的人与自然、思维和物质、心灵与身体的分离和对立，形成了价值理性与工具理性相分的哲学基础。

机械论世界观所推崇和关注的主要是工具理性。实际上，对工具理性的片面强调，构成了导向机械论世界观的内在根源。机械论世界观强调绝对的主客二分，这种"主体－客体"的关系模式，"不仅仅是一般地指人与物的关系，而是以'我'为主，以'物'为'对象'、为'客'的关系模式，在这一关系中，主客双方不是一种平等的关系，而是'主动－被动'的关系，是'征服－被征服'的关系；是'客体'，'对象'为我所用的关系，有点像黑格尔所比喻的'主人－奴隶'关系一样"②。主体和客体的这一不平衡的关系，是重工具理性、轻价值理性的倾向产生的根源。同时，要做到主体趋向客体、客观真实地反映和把握客体，也只有借助于工具理性。数学与逻辑是工具理性的两个主要方面。人们借助于数学和逻辑的运演操作，把对象分解、还原为各种可计算的分子，把客体抽象成各个方面的规定性。这种抽象化、片面化的思维趋向，关注的基本上是用数学或逻辑的模型"算计"事实之间的联系，而对主体与对象之间的价值关系"漠不关心"。它关注的是事实，忽视的是意义；它推崇的是手段的合理性，贬抑的是目的本身的合理性。

（三）时代呼唤价值理性与工具理性的重新整合

工具理性与价值理性的重新整合是人类理性与人类社会健康发展的内在需要。自近代以来二者发生分离，西方社会出现了人与自然之间的紧张关系，也出现了各种各样的社会危机。工具理性的越位，与机械论世界观及由此带来的价值观的缺陷有着不可分割的关系。因此，要从根本上解决生态问题并彻底扭转现代社会的精神状况和价值危机，就要树立全新的世界观和价值观，并在实践层面上有意识地整合工具理性与价值理性的关系。在哲学层面上要树立起三项原则。

---

① 余谋昌：《生态哲学》，陕西人民教育出版社，2000，第 90 页。
② 《哲学的问题与方向探讨——访张世英教授》，《哲学动态》1999 第 7 期，第 12～16 页。

1. 整体性原则

今天，全人类面临着共同的、日益严峻的生态问题。我们首先应该知道，"人－社会－自然"大系统是真正的世界本体。实现价值理性与工具理性的整合，就要在整体论原则指引下，充分认识人、自然、社会都只是世界的有机组成部分，各个部分的性质由整体的动力学决定，并通过在整体中的相互作用而被再创造；整体大于各个部分之和，人的价值只有在"人－社会－自然"大系统的协调发展中才能得以实现。

2. 相互作用原则

在对待人与自然的对象性关系上，要充分认识主体与客体的辩证关系：一方面，主体决定客体，人作为创造者，以自己的活动引起自然界的改变，使自然界获得社会历史尺度；另一方面，客体决定主体，主体在客体的制约之中学习自然界的智慧。主体与客体之间没有不可逾越的界限，正如美国哲学家默迪所指："根据怀特海的看法，当一个实体'能将自己所属的更大整体纳入自身的范围之内时'，它才是它自身；'反之，也只有在它的所有界面都能渗入它的环境，即在其中发现自己的同一整体的时候，它才是其自身'"①。正是主体与客体的相互作用推动了"人－社会－自然"大系统的不断发展和进化。

3. 自然价值原则

自然界具有内在价值和外在价值。"所谓自然界的外在价值，是它作为他物的手段或工具的价值……自然界作为人和其他生命生存和发展的资源，能满足人和其他生命生存和发展的需要，实现人和其他生物的利益。"而"所谓自然界的内在价值，是它自身的生存和发展……自然界是活的系统，生命和自然界的目的是生存，为了生存这一目的，它要求在生态反馈系统中，维持或趋向于一种特定的稳定状态，以保持系统内部和外部环境的适应、和谐与协调"②。因此，充分认识到"人－社会－自然"大系统中各个部分都具有自身的存在合理性以及整个世界的价值蕴意，是整合价值理性和工具理性的当代视角。

---

① 〔美〕W. H. 默迪:《一种现代的人类中心主义》,《世界哲学》1999 年第 2 期, 第 12 ~ 18 页。

② 余谋昌:《生态哲学》,陕西人民教育出版社, 2000, 第 79 页。

为此，我们在实践中要处理好五种关系。

（1）人与自然的关系。在人与自然的关系上，工具理性的基本趋向是征服和支配自然，这种原则引发了对自然的片面开发，渐渐导致了灾难性的环境污染和生态失衡。要解决这些极为迫切的全球性问题，就应对人与自然的关系进行整合。人作为在场的主体和自己实践活动后果的承担者，要自觉地把自己融入自然之中，在实践中服从自然规律的要求；自然具有最高的、绝对的主体性，人类应在尊重自然的前提下，使自己的生产和生活方式与自然系统的承载力统一起来，在发展中与自然共赢。

（2）当代与未来的关系。环境问题从更深层面来看可以归属于当代人与未来生活在自然中的人的矛盾与冲突问题。人类共有一个地球。在实践中，我们不仅要考虑自身的利益，还也要考虑后人的利益，注意代际平等和全人类的可持续发展。我们要在"人类大生命"这种终极关怀的视野中获得主体性意义上的在场与不在场的统一。

（3）经济发展与生态优化的关系。人类的生存与发展依赖一定的物质基础，经济发展是人类持续发展的前提条件，发展是硬道理。同时，任何过分乐观的"经济增长＝环境优化"的乌托邦发展模式，都会由于其片面性而造成难以治理的环境问题。高扬工具理性、贬抑价值理性导致的现实生态困惑完全可以找出一条合理的解决途径：寻求一种适度增长的经济运行模式，在发展经济的同时促进生态的优化。

（4）物质丰富与精神升华的关系。人的需要是全面的，既有物质需要又有精神需要。人的需要的满足，人性的完整迫切要求现代人在提高物质生活水平、实现自己的"肉身之爱"之同时，努力关注精神文化建设、提升自己的"心灵之命"，打造出物质丰裕、精神充实的新型社会。

（5）短期利益与长远利益的关系。在工具理性的驱使下，人们往往只顾眼前的短期利益，而看不到在未来可能产生的巨大危害。现代生态哲学指出，经济可持续发展、社会可持续发展、生态可持续发展之"三位一体"的发展观才是真正符合全人类利益的发展观。着眼于长远的经济利益、社会利益和生态利益，实施"人－社会－自然"大系统各方面的可持续发展，已经成为今天人们的理论共识和实践追求。

现在，各种生态问题、社会问题和人自身问题的严重暴露，已使人们清醒地认识到价值理性与工具理性二者分离的严重危害性以及整合二者关系的迫切性。只有在坚持整体性原则、相互作用原则、自然价值原则的基础上实现人类观念的彻底转变，并在实践中处理好人与自然、当代与未来、经济发展与生态优化、物质丰富与精神升华、短期利益与长远利益等五个方面的关系，才能把工具理性与价值理性之间已经错位的关系重新摆正，把二者分离的关系重新整合，以便恢复人类理性的有机性和整体性，恢复人类的精神属性对于物质属性和社会属性的有效主导作用，从而避免人性的碎片化和单向度；恢复生命的完整性和丰富性，进而在整个社会促成良好的人文氛围，构造出人与自然协同进化的现实机制，寻求生产发展、生活富裕和生态良好的最佳配置，最终实现"人－社会－自然"大系统的良性运行。

四　基因操作中的风险假定原则与责任伦理

基于"伯格信件"和 Asilomar 会议的讨论，生物学家促成了基因操作过程中的"风险假定"原则，体现了一种审慎的、对社会负责的科研态度，赢得了社会公众的信任，对整个生命科学和生物技术发展的意义十分深远。无论针对什么形态的风险，都有一个从"风险假定"到"风险评估""风险监控"的过程。在此过程中，科学家的责任伦理应该得到充分的体现。

20 世纪 70 年代初，伯格（Paul Berg）、科恩（Stanley N. Cohen）和博耶（Herbert W. Boyer）等科学家的创造性努力，使生命科学达到了基因操作的层面，实现了重组 DNA 技术的重大突破，催生了基因工程产业。基因操作可能引起的风险问题在一开始就引起了科学家的关注，这在"伯格信件"和之后召开的阿什拉莫（Asilomar）会议上得到充分反映。由此而来的"风险假定"已经成为和应该成为整个生命科学研究和生物技术开发中一个不可缺少的重要指导原则和操作程序。今天，"伯格信件"蕴含的深刻现实意义越发突出，这就要求科学家对其研究行为及后果要有一种前瞻性的责任意识。

（一）风险假定的事实与逻辑基础

这里所说的风险并非当下就存在的真实风险，而是在一定事实和逻辑基础上，科学家合理推出的一种"假定的"或"潜在的"风险，主要表现为可能的疾病风险、生态风险。

1. 风险的事实基础

在人类社会史上，与细菌和病毒有关的疫病一直就没有停止过。无论是鼠疫、天花、霍乱、SARS、手足口病，还是口蹄疫、疯牛病、禽流感等，这些疫病一方面严重侵害人类健康的生命，另一方面危及农业和畜牧业的发展，给社会经济和人类文明带来深重的灾难。20世纪以来，无论是德国纳粹分子和日本军国主义分子丧失人性的人体细菌试验、细菌战，还是潜在的生物恐怖主义活动，都给人类社会带来不可名状的创伤和威胁。在此，细菌、病毒几乎成为与恐惧等同的生物风险元素。因此，与细菌和病毒相关的风险过去存在，现在存在，将来依然会存在。

在现代生物学研究中，由于一些细菌和病毒不但具有生命形态，而且结构相对简单，培养条件低，遗传背景容易理解，很适用于基因操作，常常在实验中被用作模式生物和表达系。例如，在伯格实验中，他与同事就是利用限制性内切酶将 SV40 病毒（Simian Virus 40）的 DNA 和 λ 噬菌体的 DNA 拼接成一个新的重组 DNA 分子。接着，伯格试图用这种重组 DNA 分子感染大肠杆菌（E. coli），研究 SV40 作为外源基因在寄主大肠杆菌中表达的问题。但是，在冷泉港实验室的工作人员普兰克（Robert Pollack）在得知伯格的研究计划后，就立即打电话提醒伯格："你正准备做一个危险的实验，因此你不能做下去。"在一开始，伯格为这话很烦恼，因为这是他很有希望进一步取得创新成果的实验。在对这个问题认真地思考之后，伯格认为不能确保自己正在做的实验是百分之百安全的，决定终止把 SV40 导入大肠杆菌的实验。[1]

2. 风险的逻辑基础

既然生物学家进行基因操作的对象是细菌和病毒，如 SV40 是在人类和猴子体内都发现的具有一定致癌性的病毒，这就把风险元素引入实验室。可以说，细菌和病毒在实验室里的重组、增殖，也意味着风险的重组和增殖。这既是一个科学事实，又是潜在风险存在的逻辑基础。因此，基

---

① David E. Duncan, "Discover Dialogue: Biochemist Paul Berg," *Discover* (2005): 32 – 35.

因操作行为及其后果可能包含诸多风险问题。下面是几个有代表性的逻辑推演。

（1）实验操作对风险的强化。通过基因操作，既然一种生物的基因能够转移到另一种生物中复制表达，实现其增殖，就有可能重组出新的杂种生物或"超级生命"，也可能会产生新的有害微生物或增强已有微生物的危害性。

（2）实验室逃逸的风险。伯格实验将要采用的大肠杆菌普遍生存于人体肠道和自然环境中，如果重组有 SV40 的大肠杆菌从实验室逃逸，就成为传播人类肿瘤的媒介，还有可能同人体内其他类型的细菌、病原体交换遗传信息，带来难以预料的影响。类似地，如果是其他危险性的微生物从实验室逃逸出来，可能会引起疾病的流行。

（3）风险的大范围扩散。基因操作研究不可能只停留在实验室阶段，进行环境释放、走向产业化和市场化是必然的事情。一旦进行了转基因物种的大面积释放，就很难控制可能出现的风险。例如，转基因植物通过传粉进行基因漂移，可能将一些抗虫、抗病、抗除草剂的耐性基因转移给野生近缘种或杂草，造成"基因污染"和生态危害。

科学家对包括细菌、病毒在内的生命形态调控越多，对自然界的干预能力越强，行为风险系数则越大，这里存在着一种正相关的关系。因此，风险假定的结论是可以成立的，它并不是人们完全臆测出来的。

（二）风险假定原则的形成

虽然伯格暂停了他的重组 DNA 实验，但其他实验室类似的研究工作并没有停下来。伯格就联系了在基因操作研究领域中的一些关键人物，如沃森（James Watson）、巴尔的摩（Dave Baltimore）、津德尔（Norton Zinder）和内森（Dan Nathan）等，他们一起在麻省理工学院讨论了实验风险问题。经过推断，他们也确实不知道是否存在风险、风险大小如何。但正如伯格所说："我们决定，唯一诚实的事情就是写一封信告诉我们的朋友，这类研究工作虽然有巨大的价值，但也可能会产生出一些风险来。我们为什么不使实验掌控在手，先暂停这些实验呢？"[1]

---

[1]　David E. Duncan, "Discover Dialogue: Biochemist Paul Berg," *Discover* (2005): 32 – 35.

1. 伯格信件的发表

伯格等 11 名科学家共同签名、并以美国科学院重组 DNA 委员会的名义提交了"重组 DNA 分子的潜在危害"的信件，该信件发表在 1974 年 7 月 26 日出版的《科学》"Letters"专栏（同时发表在《美国科学院学报》）上，这就是科学史上著名的"伯格信件"。信件指出，尽管重组 DNA 实验可能容易地解决生物学重要的理论和实践问题，但是科学家也可能创造出包含易感性 DNA 成分的新型生命，而其生物学特性不能事先完全预知。伯格等科学家就催促美国国家卫生院（NIH）尽快考虑建立一个承担监控实验工作的顾问委员会，评估重组 DNA 分子的潜在的生物和生态风险，设计出指导准则，让从事此类实验的研究者来遵循。他们同时建议全世界的从事此类研究的科学家尽早地集合起来召开一次国际会议，进一步讨论处理重组 DNA 分子存在潜在危害问题的适当方法。该信件最后指出："上述建议是基于我们对潜在风险的判断而不是已被证明的风险。目前几乎不能得到这类重组 DNA 分子风险的实验数据来说明我们建议推迟或可能放弃此类实验的理由。此外，我们很清楚评估此类重组 DNA 分子对人类风险的理论和实践上的难度。然而，我们忧虑那些随意应用此类技术可能会造成的不幸后果，这使我们要催促所有在这个领域工作的科学家加入我们的行列，同意在风险被评估和能找到解决那些关键问题的办法之前不从事上述实验。"[1]

2. 阿什拉莫会议的召开

1975 年 2 月，在美国国家卫生院的支持下，伯格等人在美国加利福尼亚的阿什拉莫会议中心组织召开了为期三天的会议，既回顾了重组 DNA 分子研究的进展，又重点讨论了此类研究的潜在风险和实验室安全性问题。参会人员多达 140 位，绝大部分是生物学家，另有少数律师、医生、政府官员和新闻界人士。科学家们根据当前的知识对潜在的生物风险做出一个评估，他们几乎不知道细菌和抗生素在实验室和不同的生态小环境中的生存情况，甚至也不清楚重组 DNA 分子是增强还是减弱了它们寄

---

[1] Paul Berg et al., "Potential Biohazards of Recombinant DNA Molecules," *Science* (1974): 303.

主的存活能力。但是，为了确保科学研究的安全性，还是应该慎重对待潜在的风险，不能出现什么差错，而暂停实验则是比较合适的。[①] 这次会议实际上是对"伯格信件"精神实质的深化与落实。这次会议被誉为科学史上科学家自治并担负起其社会责任的里程碑，使科学家赢得了社会公众的信任。

从自我意识到小组讨论，从发表信件到组织召开大规模安全会议，伯格等科学家的重要历史贡献不仅在于他们是基因技术的开拓者，还在于他们宣传了生物安全意识，促进建立了重组 DNA 技术的研究准则，使更多的科学界同行认可了"风险假定"原则，使之成为现代生命科学研究和生物技术开发的一个程序性原则，充分体现了科学家超前的风险防范意识。

（三）假定风险的事实评估与监控

既然科学家推断在基因操作研究中可能会存在假定的风险，就有必要对这些风险的等级进行有效的评估。同时，要采取一定的措施和手段来控制和防范这些风险，保护社会公众健康和环境安全。

1. 先行规范——实验室安全准则的制定

由于基因操作的原创性成果都是在实验室里取得的，实验室就是可能的"风险之源"，规范实验室内的研究行为成为首要的事情。科学家认为，"处理这些潜在风险的合理原则是在设计实验时把防范措施作为一个基本的考虑；防范措施的效能要尽可能与被估计的风险大小相匹配。在实验开始进行之前，实验负责人有义务告知工作人员有关这类实验潜在的危害。同时，自由和公开的讨论是必需的，使得每一位参与实验的个人能充分地理解实验的性质和可能涉及的任何风险。所有的工作人员必须受到完全训练，熟悉用来为控制风险而设计的防范程序"。[②]

1976 年 7 月，美国国家卫生院颁布实施了有关基因操作的指导原则——《重组 DNA 分子研究准则》，针对操作重组 DNA 分子以及包含重

---

① Paul Berg et al. , "Asilomar Conference on Recombinant DNA Molecules," *Science* (1975): 991 – 994.

② Paul Berg et al. , "Asilomar Conference on Recombinant DNA Molecules," *Science* (1975): 991 – 994.

组 DNA 分子的生物体研究和应用进行一定的管制，有助于促进美国实验室生物安全管理水平的提高，有助于从制度上消除实验室风险隐患。这可以说是世界第一部实验室生物安全管理规定，对后来其他国家制定相关条例和法规起到重要的示范意义。例如，我国《实验室生物安全通用要求》强制性国家标准于 2004 年 5 月 28 日发布，10 月 1 日起正式实施。这个标准对实验室设施设备的配置、个人防护和实验室安全行为做出了明确的规定，从根本上改变了我国缺乏实验室生物安全标准和评价体系、缺乏统一管理规范的现状。

2. 风险的实践验证

关于风险的存在及大小还需要实践来验证。针对伯格等人担心的风险，后来的研究证明，即使大肠杆菌重组杂种从实验室逃逸，它们的生命力很微弱，不会对人们造成什么危害。另外，经过科研人员连续两年对实验室研究人员粪便的检测，均未发现实验所用的大肠杆菌和质粒。这表明实验室内的危害并没有人们原来估计的那么严重。如果在研究和实验过程中严加控制，妥善管理，认真对待，这些潜在的危害是完全可以避免的。① 因此，随着科学实践的变化以及人类对风险的认识，《重组 DNA 分子研究准则》又经过了多次修订，逐渐放宽、降低了防护标准。1979 年，美国政府同意恢复基因重组研究，伯格的实验室也继续从事这类研究工作。

但是，即使伯格信件及阿什拉莫会议对基因操作技术危险性估计过高，即使许多潜在的生物危害并没有人们所想象的那么严重，即使人们还没有看到基因技术给人类健康和环境带来什么坏的影响和后果，也不能充分说明基因操作研究与开发是十分安全的活动。实际上，这里存在着一个风险的证伪与证实的问题，在证据的寻求方面存在不对称性。一旦出现风险并且失控，那么造成的危害谁能说清楚？又有谁去承担责任呢？

对于基因操作及转基因产品的风险验证有一个时间和空间的问题。一方面，随着基因科学的发展和技术的进步，新的实验类型、实验材料肯定还会导致新的实验结果，也可能会伴生新的不确定风险；另一方面，很多转基因产品已走出实验室进入环境释放阶段，已实现产业化和市场化，这

---

① 王虹：《保罗·伯格》，《遗传》2006 年第 12 期，第 1487～1488 页。

就加大了风险的评估范围和难度。例如，目前还没有关于转基因产品影响人体健康的确凿证据，但这并不足以佐证其长远的安全性。由于人体内生物化学及生理变化的复杂性，对于一些潜在的毒性、过敏性和抗药性风险可能要在数年之后、甚至几代人之后才能表现和监测出来。因此，风险的实践验证不只是停留在实验室范围，也不是一时半会儿的事情。

3. 风险的监控与管理

几乎没有人希望出现火灾，但火灾还在不时地发生着。当出现火灾危及人民群众生命与财产安全时，人们才痛感必要的安全防火意识与完善的防火设施是多么的重要，才能体会到"防患于未然"古训的深刻性。同样地，安全防护是整个基因操作这类实验一个必不可少的组成部分。人们要有风险防范意识，要采取必要的措施和手段，以确保对未知风险的监控与管制，防止出现重大的风险事故。

（1）实验室层面。主要是加强实验室的硬件和软件建设。硬件建设是指根据实验室安全分级相应地配置负压设计、空气多重过滤器、正压防护服以及进行实验操作的生物安全柜等，同时要注意定期维护。要评价实验的风险等级，以便在安全等级不同的实验室里来操作。软件建设主要是严格的规范管理。科学工作者要牢固树立安全意识，严格遵循各项管理制度和技术规范，慎重对待基因操作实验中每一步新的发现，特别要审慎地向环境释放重组生物体。制定生物安全管理与操作细则并不难，重要的是要严格执行。否则，将会出现严重的问题。例如，2004 年春天，北京和安徽两地重新出现 SARS 疫情。原因就是中国疾病预防控制中心病毒病预防控制所的研究人员使用未经严格效果验证的灭活 SARS 病毒在普通实验室进行实验，造成了人员感染、死亡。[①]

（2）政府层面。目前，基因工程产业已得到迅猛发展，其产品已走进人们的日常生活。世界各国都已看到这类技术蕴含的巨大经济潜力和社会效益，在这方面投入了大量的人力和财力。但有关基因工程技术的生物安全仍然是人们关注的一个焦点。虽然生物风险事故是否发生，仍存在科学上的不确定性。一旦风险事故发生，则可能是十分严重的、不可逆转

---

① 　王雪飞等：《实验室生物安全警钟长鸣》，《人民日报》2004 年 7 月 15 日，第 15 版。

的。因此，生物安全管理立法越来越受国际社会的重视，世界各国及国际组织也陆续出台了不少相关的文件和法规，如《联合国生物多样性公约》《卡塔赫纳生物安全议定书》等都涉及生物安全。中国也先后制定了《基因工程安全管理办法》《农业转基因生物安全管理条例》等。这是对基因工程技术规范发展做出的积极努力，对于保护我国的生物安全、维护国家和全人类的利益具有重要的意义。

（3）社会公众层面。基因操作研究和基因工程开发与社会生产、生活的关系密不可分，社会公众对其发展和应用也一直保持着密切的关注。允许和鼓励社会公众积极参与生物风险的评估与监控活动，使公众作为纳税人和消费者的知情权、监督权得到充分发挥；加大对基因技术产品的使用风险的监控力量；促进社会公众更好地理解和支持现代生命科学的研究和生物技术的开发，甚至消除一些误解，为此类技术的健全发展和进一步的市场化、产业化创造更适宜的社会生长空间。

五　风险假定的责任伦理分析

在日益技术化的社会里，往往会出现一些被人们视为技术异化的风险。此时，人们会自然地追问：技术异化，谁担责任？寻找缺席的技术责任主体，理论界曾为此进行了不懈的探讨。

1. 风险假定与科学家的社会责任

在 20 世纪 70 年代，在没有多少外来力量的干涉下，伯格等科学家出于自身专业知识的敏感性以及内在的责任意识，对自己的研究行为自我反省，主动暂停可能存在风险的实验，引发一场有关基因操作研究的风险争论。可以说，这是科学家从自发到自觉承担其社会责任的一个重要标志，其深远的示范效应与现实意义不可低估。今天，科学家既要对实验室的研究行为高度负责，又要在更大的社会范围担负其社会责任。

这种对风险的假定以及对科学研究行为的自我约束，并没有从根本上违背"科学自由"的思想。一方面，科学研究受社会因素制约；另一方面，"科学自由"从来不是绝对的，它不意味着科研人员可以为所欲为，不承担任何社会责任，不计较任何后果。因此，当科学研究过程有可能产生未知的风险时，暂停、延迟或者放弃某些实验，思考防止可能出现的风险或危害的对策，这是科学家负责任的表现。正如甘绍平所说："不仅不伤害、自主、公正、关爱、尊重与责任是根本性的伦理原则，而且对观念分歧的一种包容、理解、妥协的态度，对不确定事物的一种从容、迟疑、审慎的精神，也是一个重要的伦理立场，或者说是一种珍贵的伦理意识。"①

现代意义的科学家不但要充满智慧和耐心，更要满怀社会责任感。在可能存在的生物风险面前，社会公众对科学家寄予了很大的希望。科学家和技术专家的基因操作行为必须遵循科学发展的规律，遵循以人为本的原则，认真对待和及时处理各种潜在的风险，将可能的风险化解到最低限度，并把相关信息及时通报给社会公众。在这充满诸多变数和不确定因素的风险社会里，如果科学家不能很好地担负起自己的社会责任，不能很好地保护公众免受类似生物风险的侵害，那么我们又该如何保护自己呢？事实证明，必要的基因重组管理和风险防范并没有阻碍基因工程的发展，反而消解了社会公众的一些顾虑，赢得了社会公众的支持，促进了这项技术的健康、有序发展。

2. 风险假定与前瞻性责任伦理的确立

在当今人类对自然、生命的干预能力越来越强大的科技时代里，美籍德裔学者约纳斯等人倡导的责任伦理引起了许多人的共鸣。这种以前瞻性、预防性为鲜明特色的责任模式，以人们未来的行为及其后果为导向，是一种事先责任的确立和落实，而不是对事后过失的追究与问责，使社会的运行更为稳健。

在科学技术与生产一体化的发展背景下，科学家的责任问题从科研活动的开始就被提出来了。对于科学家来讲，一种以未来行为为导向的、前瞻性的责任伦理意识是必不可少的。近三十年来，基因工程越来越商业化和市场化，涉及农业、医药、食品和化工等，取得了巨大的成就。随着世界范围内科学研究态势的改变，科学家群体也在分化。如果说 1975 年参加阿什拉莫会议的是进行纯科学研究的代表，那么今天在分子生物学领域几乎没有留下什么纯粹的学术研究。目前，许多高级研究者都与生物技术

---

① 甘绍平：《论一线伦理与二线伦理》，《哲学研究》2006 年第 2 期，第 67～74 页。

公司有着复杂的利益关联，在考虑研究风险从而进行自我约束的情形就变得复杂了。① 目前，发扬伯格等科学家提出的自律和反省精神、倡导风险假定的责任伦理更加凸显其时代意义。无论人们是寄希望于外在的法律规范，还是生命伦理学原则，似乎都不如科学家与技术专家对自己研究行为的反省、自律与负责有效。希望科学家不要低估自己行动的后果，明确自身对社会应肩负的责任，把社会公众的安全与健康、生态安全等置于重要的位置。

海德格尔曾给世人发出这样的忠告："真正高深莫测的不是世界变成彻头彻尾的技术世界。更为可怕的是人对这场世界变化毫无准备，我们还没有能力沉思，去实事求是地辨析在这个时代中真正到来的是什么。"② 在海德格尔意犹未尽的话里，无疑包含一种对未知风险的担忧。我们必须承认，在这样一个充满风险的技术时代，"预见风险—防范风险—消解风险"是一个必须正视的迫切任务。我们总不能在风险来临时才去追问风险是什么？风险有多大？谁来处理风险？谁来承担风险的责任？如果是这样，一切都太晚了。事实上，为了避免技术的沉沦和风险，无论是存在主义大师、后现代主义大家，还是生命伦理学家，都提出了种种建议，做出了不懈的努力，却在技术时代的洪流中显得十分无奈和无助。因为"他们也许都已站立在了思想圣殿的中心，但始终只是技术世界的边缘人"。③

谁能担当此责任？只有活跃在技术世界中心的那些人物才有能力承担历史的责任。他们认识自然、制作技术、操纵技术、使技术物化，他们拥有专业性极强的科学知识和技能，使自己区别于一般社会公众，有能力把人们引向理性和智慧，有能力去预防、通告、处理可能的风险。切记，知识意味着权力，更意味着责任。如果那些假定的风险真的来临，那些科学家和技术专家是逃脱不了关系的！

① Marcia Barinaga, "Asilomar Revisited: Lessons for Today," *Science* (2000): 1584 – 1585.
② 〔德〕海德格尔：《海德格尔选集》（下卷），孙周兴译，上海三联书店，1996，1238。
③ 董峻：《技术之思——海德格尔技术观释义》，《自然辩证法研究》2000 年第 12 期，第 19～24 页。

六 施韦泽的敬畏生命伦理及其社会底线价值

施韦泽的敬畏生命伦理在现代西方伦理学史上具有重要地位，它对保证人类社会的健全及持续发展有着深刻的社会底线价值。我们要客观地分析敬畏生命伦理的基本内容，重新反思人与人、人与其他生命形态以及人与自然的关系。在当今科学技术迅猛发展、社会生活日益变迁、敬畏感严重缺失的社会转型期，我们要更多地去敬畏生命、尊重生命和善待生命，自觉承担起基于生命维度的社会伦理责任；不断强化生命价值观，提升基于人与人和谐的社会文明，促进基于人与自然和谐的生态文明。

爱因斯坦曾经盛赞施韦泽是 20 世纪最伟大的人物。由于施韦泽长期高调的知行合一，他已经成为当代西方世界有着非常重要影响的道德人物。他开创了敬畏生命的伦理学，并把这种思想牢固地扎根于人类社会环境，进一步影响着社会发展的样态和走向。敬畏生命伦理适用于人类行为能够促进生命或伤害生命的一切领域，成为世界和平、环境保护、动物解放等运动的重要思想资源，已经"普遍地影响人们的心灵和观念，并谦恭地代表一种更高的意志而诉诸我们的行动和认识"。[1]

（一） 施韦泽敬畏生命伦理形成的背景分析

施韦泽的敬畏生命伦理充分体现了责任感、同情心和奉献精神的价值取向。他对近代西方物质主义进行了文化视角的严厉批判，也对原子武器威胁生命的发展表达了深切忧虑。事实上，任何一种非凡的思想都有其产生的特定历史因素和社会环境，都源于思想者生活阅历的经年积淀与深度发酵。

1. 宗教家庭因素的影响

施韦泽出生在一个牧师家庭，从小就受其家庭成员基督教态度的影响。这给予了他浓厚的精神熏陶，使他毕生保持具有强烈基督教色彩的道德信仰。正如道德哲学家康波斯塔所说："历史上，所有的宗教都教导一套道德……真正的道德都带有宗教性。"[2] 因此，施韦泽从童年起就形成了

---

① 〔法〕阿尔贝特·施韦泽：《敬畏生命：五十年来的基本论述》，陈泽环译，上海社会科学院出版社，2003，第 5 页。

② 〔意〕丹瑞欧·康波斯塔：《道德哲学与社会伦理》，李磊，刘玮译，黑龙江人民出版社，2005，第 32～33 页。

特殊的道德敏感性，开始思考不应伤害生命的问题。每天晚上在与母亲为人类祈祷后，施韦泽还用自编的祷词进行祈祷："亲爱的上帝，请保护和赐福于所有生灵，使它们免遭灾祸并安宁地休息。"[1] 1904 年，施韦泽在得知刚果缺少医生时，就开始学习医学。在 1913 年获得了行医证和医学博士学位后，他立即向供职的大学请辞，携妻远赴非洲的兰巴雷内创办个人诊所，为当地居民义务治病达五十余年，真正做到了把知识奉献给社会。

2. 社会文化因素的影响

在 19 世纪末，西方资本主义工业化的迅猛发展使物质文化的丰富与发展过度超越了精神文化的发展，两者发展的不平衡性较为突出。物质财富的积累使人们之间的利益关系变得日益复杂，社会矛盾不断积累和激化。同时，人们的精神文化生活处于一个日渐式微而又不断低层模仿的时代。在社会意识层面，人们借助于科学技术手段，自负地认为自己是无所不能的，能够用不同的方式和途径来掌控自然界。当时的各个思想流派都在试图为人类社会寻找新的发展出路，施韦泽崇尚的却是托尔斯泰的人道主义思想。施韦泽认为，一个社会"只在物质方面，而未同时以相应程度在精神方面发展的文化，就像一艘不断加速航行而舵机受损的船，它已失去控制并走向灾难"。[2] 普遍的社会文化危机促使施韦泽深刻地思考生命的意义与价值、善的本质以及当代文化是否真正具有不可缺少的伦理功能，他要努力探索一种对世界和人生积极肯定的伦理体系。

3. 战争因素的影响

第一次世界大战期间，施韦泽被禁止在诊所工作，他在非洲的行医工作陷于困境。根据施韦泽生平年表，1915 年 9 月的某天日落时分，他看到沙滩边有四只河马和它们的幼仔在河里惬意地游动，这与战争对人类生命的暴虐毁灭形成了鲜明的对比。这幅既生动又温馨的图景，使处于困顿和沮丧的施韦泽在脑海里突然涌现了"敬畏生命"的概念。这看似偶然的顿悟背后无疑隐含他长期辛勤思考与观察的努力。从此，敬畏生命就成

---

[1] 〔法〕阿尔贝特·施韦泽：《敬畏生命：五十年来的基本论述》，陈泽环译，上海社会科学院出版社，2003，第 44 页。

[2] 〔法〕阿尔贝特·施韦泽：《敬畏生命：五十年来的基本论述》，陈泽环译，上海社会科学院出版社，2003，第 44 页。

为施韦泽思想的中心线索和核心范畴。他认为："我们不仅与人，而且与一切存在于我们范围之内的生物发生了联系。关心它们的命运，在力所能及的范围内，避免伤害它们，在危难中救助它们。"① 特别是第二次世界大战中原子武器的制作和使用，顷刻间使无数生命毁于一旦。这使得施韦泽更加确信敬畏生命伦理在人类社会广泛推行的必要性和急迫性，进而把他的道德活动和思考重心从个人行善转向和平与发展等关联人类命运的根本问题上。

（二）施韦泽敬畏生命伦理的基本内涵

施韦泽的敬畏生命伦理既蕴含对生命现象和生存状态的直观感性认识，也反映了对生命本质和内在价值的理性思考。

1. 敬畏生命的基本精神

在敬畏生命伦理中，施韦泽所指的"生命"是包括人类、动物和植物等在内的一切生命现象，"敬畏"则表达了对生命的虔敬、畏惧与尊崇。在施韦泽看来，敬畏生命应该成为人类基本的生存态度、心理特征和行为方式。他严正地指出："有思想的人体验到必须像敬畏自己的生命意志一样敬畏所有的生命意志。他在自己的生命中体验到其他生命。对他来说，善是保存生命，促进生命，使可发展的生命实现其最高价值。恶则是毁灭生命，伤害生命，压制生命的发展。这是必然的、普遍的、绝对的伦理原理。"② 这就是敬畏生命伦理的基本精神，它对善恶本质的上述规定使之具有普遍的合目的性、适用性，让人们从心灵深处感到一种特别的震撼，完全可以成为一个社会底线伦理。可以说，人们对生命的敬畏态度与社会道德水准有着对应的关联性，一个社会发展的可怕之处就在于社会成员敬畏感的普遍缺失。正如郭淑新教授所指："人要为善，必须有所敬畏；要人为善，必须使其有所敬畏；有所敬畏，就有所善举。"③ 在敬畏生命伦理的经常性规约下，才有望形成一个完美的人格和一个健全的社会。

---

① 〔法〕阿尔贝特·施韦泽：《敬畏生命：五十年来的基本论述》，陈泽环译，上海社会科学院出版社，2003，第6～7页。.

② 〔法〕阿尔贝特·施韦泽：《敬畏生命：五十年来的基本论述》，陈泽环译，上海社会科学院出版社，2003，第9页。

③ 郭淑新：《敬畏伦理研究》，安徽人民出版社，2007，第57页。

2. 积极促进生命意志从分裂状态走向统一

施韦泽指出，一切生命都有其生命意志，它们都能感觉到生命的存在并渴望保存自己的生命。遗憾的是，"自然并不懂得敬畏生命，它以最有意义的方式产生着无数生命，又以毫无意义的方式毁灭着它们"。[①] 在包括人类在内的生命等级中，生命个体往往只持有对自身的生命意志，却对其他的生命一无所知或熟视无睹，不能真正体验发生在其他生命中的一切。因而，施韦泽认为："自然抚育的生命意志陷于难以理解的自我分裂之中。"[②] 由于生命意志的自我分裂，一些生命体将自身发展建立在其他生命体的痛苦基础上，听命于自然教导的利己主义，不同的生命体就这样相互争斗与残杀。施韦泽认为自然作为生命体在人类那里达到了自觉，人类一方面受制于利己主义的生存竞争，另一方面则能对其他生命体施加各种影响。人之所以成为人的优越性就在于其能够用道德律应对自然律，用精神的力量去抗衡生命本能的力量。在人类社会发展史中，人们曾长期依照冷酷的"适者生存"的丛林法则去对待其他生命体。然而，人们敬畏生命伦理精神的丧失必然为人类社会带来巨大的痛苦和严重的生存危机。人们只有充分认识到要敬畏所有的生命，在力所能及的范围内去帮助和拯救其他生命，进而认识到生命意志必然要从自我分裂走向统一，这样才能够看到人类社会的光明与希望。

3. 努力扩大人类伦理活动及其道德责任的范围

把伦理活动的范围扩展到一切动物和植物，既强化了人类的道德责任意识，又扩展了人类道德责任的范围，这是施韦泽敬畏生命伦理的基本诉求。他认为："只涉及人对人关系的伦理学是不完整的，从而也不可能具有充分的伦理功能……实际上，伦理与人对所有存在于他的范围之内的生命的行为有关。只有当人认为所有生命，包括人的生命和一切生物的生命都是神圣的时候，他才是伦理的。"[③] 对施韦泽而言，人们不仅要敬畏人

---

① 〔法〕阿尔贝特·施韦泽：《敬畏生命：五十年来的基本论述》，陈泽环译，上海社会科学院出版社，2003，第19页。

② 〔法〕阿尔贝特·施韦泽：《敬畏生命：五十年来的基本论述》，陈泽环译，上海社会科学院出版社，2003，第19页。

③ 〔法〕阿尔贝特·施韦泽：《敬畏生命：五十年来的基本论述》，陈泽环译，上海社会科学院出版社，2003，第8~9页。

类生命，而且要敬畏包括动物和植物等在内的其他生命。传统的伦理学是有一定缺憾的，以笛卡尔、边沁、康德为代表的经典欧洲哲学就认为同情动物的行为是与理性伦理毫不相关的多愁善感，伦理本来只与人对人的义务有关。施韦泽并不同意欧洲哲学传统否定"善待动物和善待人类是绝对相同"的伦理要求，强调要把"爱的原则"扩展到一切动物之中。由于自然界中的一切生物都是普遍联系的，我们与存在于我们范围之内的一切生物都有着复杂的关联。因而，我们不应该只对人尊重和行善，对一切动物、植物都应该尊重和行善。关怀周围所有的人和其他生物的生命，这必将召唤起广泛的道德责任感。施韦泽指出："伦理就其全部本质而言是无限的，它使我们承担起无限的责任和义务。"① 这既包括对人类生命的责任，也包括对其他生命的广泛责任。可见，施韦泽的敬畏生命伦理赋予自然界一切生命非常高的地位。正如《敬畏生命》一书的编者汉斯·瓦尔特·贝尔所说："尽管解释敬畏生命原则的争论会过去，但是这个原则的核心始终是近代伦理学杰出的思想财富之一，始终是它的伟大认识活动之一。"② 敬畏生命思想扩展了伦理学的审视范围，促进了伦理学理论与实践的创新发展，必将会引起人们的持续关注。

4. 不断否定生命的价值序列

在生活实践中，我们是否应承认生命形态的高下贵贱？是否应区分生命的价值序列？毫无疑问，施韦泽给出的答案是否定的。他强调人与其他生命的平等性，认为"敬畏生命的伦理否认高级和低级的、富有价值和缺少价值的生命之间的区分"。③ 施韦泽的敬畏生命伦理把道德关怀的对象从人与人之间扩展到自然界中的一切生命。在社会实践中，人们常常依据动物与人在进化中的关系远近来主观地确定不同生命的价值等级，一些低级生物经常被人们视为毫无价值的生命，甚至可以随意地毁灭他们。新自由主义的代表人物诺奇克（Robert Nozick）就曾批判性地谈道："对动

---

① 〔法〕阿尔贝特·施韦泽：《敬畏生命：五十年来的基本论述》，陈泽环译，上海社会科
　　学院出版社，2003，第76页。
② 〔法〕阿尔贝特·施韦泽：《敬畏生命：五十年来的基本论述》，陈泽环译，上海社会科
　　学院出版社，2003，第5页。
③ 〔法〕阿尔贝特·施韦泽：《敬畏生命：五十年来的基本论述》，陈泽环译，上海社会科
　　学院出版社，2003，第132页。

物实行功利主义、对人实行康德主义"这种人类中心主义式的箴言，极力反对如下观点："人类不能为其他人或类的利益而被利用或牺牲；动物可以为其他人或其他动物的利益而被利用或牺牲，只要这些利益大于所引起的损失就行。"① 内心持存伦理观念的人往往会认为，自然界的各种生命与人类有着密切的联系，一切生命都是神圣的，包括那些显得低级的生命形态也是如此。施韦泽认为，不伤害生命并不是目的本身，它必须从属于更高的德行目标——"爱、奉献、同情、同乐和共同追求"。② 诚然，敬畏生命原则大大超越了原本狭隘的善恶范围，以至于有人视之为不切合实际的空泛说教。事实表明，施韦泽忽略了在敬畏一切生命的道德诉求中，人的生命仍然具有某种优先性。正如马克思所说："全部人类历史的第一个前提无疑是有生命的个人的存在。因此，第一个需要确认的事实就是这些个人的肉体组织以及由此产生的个人对其他自然的关系。"③ 人类的生存需求是现实的、复杂的，人们很难在实践操作层面平等地对待一切生命形态。当人与其他生命体发生矛盾时，必然会优先保障人的生存权、发展权。施韦泽本人也深深地感受到有时为了保存人类的生命，必须以牺牲其他生命为代价。例如，在非洲治疗令人痛苦的昏睡病时，他一定会想到昏睡病的病原体也是生命。为了挽救人类的生命，只得消灭病原体。可见，在生活实践中否定生命的价值序列只能是适度的，这是一种基于人类自身生存与发展利益的权衡。

（三） 施韦泽敬畏生命伦理的时代意义

尽管人们对敬畏生命原则有争议甚至是疑义，但它绝不是悬于半空中的道德说辞，其内在的理性精神符合人类社会历史的发展轨迹，更是人类社会持续健全发展的内在要求和保证。此种底线伦理精神必须在广泛的时空中得以大力弘扬。在当今风险迭起的社会，人们对敬畏生命伦理的诉求将会更为迫切。

---

① 〔美〕H. T. 恩格尔哈特：《生命伦理学基础》，范瑞平译，北京大学出版社，2006，第146页。

② 〔法〕阿尔贝特·施韦泽：《敬畏生命：五十年来的基本论述》，陈泽环译，上海社会科学院出版社，2003，第9页。

③ 《马克思恩格斯选集》第1卷，人民出版社，1995，第67页。

1. 承担敬畏生命的社会底线责任

要追求和建设一个文明、和谐、健全的社会，其社会成员不可能不去敬畏生命，不可能不去承担尊重生命的社会责任，不可能去随意地伤害自己和其他的生命形态。这本是一个底线伦理的要求，在当今社会却成了一个高不可攀的道德标杆。以我国为例，改革开放三十多年来，我国经济总量增长迅速，人民群众物质生活水平明显提高。在现实社会中，存在着不少漠视生命、伤害生命以及自杀等事件。广大人民群众的生命及健康权益遭遇非法侵害的情况比较突出，特别表现在生产安全、交通安全、食品安全、药品安全、暴力犯罪和执法侵权等方面。温家宝总理曾指出："当前文化建设特别是道德文化建设，同经济发展相比仍然是一条短腿。举例来说，近年来相继发生'毒奶粉'、'瘦肉精'、'地沟油'、'彩色馒头'等事件，这些恶性的食品安全事件足以表明，诚信的缺失、道德的滑坡已经到了何等严重的地步。一个国家，如果没有国民素质的提高和道德的力量，绝不可能成为一个真正强大的国家、一个受人尊敬的国家。"① 究其实，在这些影响恶劣的事件背后都反映了少数人对生命敬畏感的缺失，严重践踏了生命伦理，以伤害他人的生命为代价去换取一己之利。类似地，唐凯麟教授认为："要从尊重生命、敬畏生命等生命伦理学意蕴，探求食品安全伦理的人权表达……确立食品安全的基本人权的价值诉求。"② 这番话其实是在告诉我们，当代中国社会所遭遇的生存危机与发展困境，更多地涉及人们对待生命的态度，涉及人们是否愿意或在多大程度上去敬畏生命、尊重生命，进而善待生命。

在社会层面，还存在诸如活熊取胆、为获取鱼翅而大量捕杀鲨鱼等值得反思的动物伤害问题。施韦泽进一步指出："人不仅为自己度过一生，而且意识到与他接触的所有生命是一个整体，体验它们的命运，尽其所能地帮助它们，认为他能分享的最大幸福就是拯救和促进生命。"③ 试问，

① 温家宝：《讲真话察实情——同国务院参事和中央文史研究馆馆员座谈时的讲话》，《人民日报》2011 年 4 月 18 日，第 2 版。
② 唐凯麟：《食品安全伦理引论：现状、范围、任务与意义》，《伦理学研究》2012 年第 2 期，第 115～119 页。
③ 〔法〕阿尔贝特·施韦泽：《敬畏生命：五十年来的基本论述》，陈泽环译，上海社会科学院出版社，2003，第 131 页。

有多少人能够做到这一点？在现实生活中，人类对其他生命的关爱从根本上说就是对自己的关爱，这也是衡量社会文明程度的一个重要尺度。只有我们善待所有的生命，世界才会呈现出勃勃生机。施韦泽进一步指出，人对一切生命负责，也正是对自己负责，如果没有对所有生命的尊重，人对自己的尊重也是没有保障的。事实证明，对非人生命的漠视态度最终也会导致对人自身的漠视。从宏观的视角去看地球上的生命，我们就会发现生命的实质都是一样的，生命的孕育和诞生皆是令人感慨的自然造化，生命自身的脆弱性也需要人们去努力呵护。

2. 推广更大时空范围的人道主义精神

施韦泽在其一生经历了两次世界大战，他亲眼看见了战争的非人道。在第二次世界大战末期，美国分别向日本的广岛和长崎各投放了一颗原子弹，使整个城市毁于一旦，无辜生命受到严重摧残，这对施韦泽强化敬畏生命伦理思想有着深刻的影响。战争使人们犯下了严重的非人道罪行，人道主义的信念无疑能使人们避免战争或减少战争的代价。因此，精神的作用在人类的历史发展中不容忽视。施韦泽希望使真正合乎理性的力量在人们的道德信念中起到作用，因为"精神进一步认识到，扎根于伦理的同情，如果它不仅涉及人，而且也包括一切生命，那它就具有真正的深度和广度。除了至今缺乏最终深度、广度和信念力量的伦理，现在出现了敬畏生命的伦理，并得到了承认"。① 人道的信念是人们应该努力加以维护的社会精神财富，施韦泽崇尚的是一种质朴而虔诚的人道主义情怀。不可否认，在施韦泽的敬畏生命思想中，保留着浓厚的人道主义精神痕迹。在他的敬畏生命伦理思想中是竭力反对战争、推广人道主义精神的。当今世界，局部地区仍然存在着战争、种族冲突、恐怖主义等杀戮行径。在战争中所投入的大规模杀伤性武器是过去的战争不可比拟的，因而现代战争造成的祸害比过去要严重许多。如核爆炸会产生核辐射、热辐射、放射性沉降、电磁脉冲干扰及改变地球气候等灾难性后果，更会有包括人类在内的大量生命伤害、死亡甚至灭绝。如今，在难以阻止核扩散的国际社会，核

---

① 〔法〕阿尔贝特·施韦泽：《敬畏生命：五十年来的基本论述》，陈泽环译，上海社会科学院出版社，2003，第103页。

战争的幽灵一直在局部和平的天空中游荡，这对敬畏生命的理念构成了巨大的威胁。无论是哪一个国家和民族的发展与进步，都只能在和平的环境中实现。世界需要和平，应尽可能通过契合敬畏生命的人道主义精神，使人们理性地释放所拥有的巨大力量，从而开创一个真正意义上的和平时代。

3. 推进人与自然的和谐共荣

施韦泽的敬畏生命伦理将人与自然界的一切生命纳入其思考范围，否认有等级差别的生命价值。尊重和珍爱包括自身生命在内的一切生命，认为一切生命都有自己的价值和存在的权利，没有任何一种生命可以成为另一种生命的工具。早在 20 世纪 50 年代，美国生态学家克鲁齐就已指出："生态科学每天都在证实万物之间的相互依赖。这种相互依赖，不管是多么的微妙……对我们来说都是生死攸关的。"① 可见，自然界中的每一个存在物都是生命系统不可分割的部分。施韦泽的思想与生态学家关于生物共同体的思想有着诸多的相通之处，因而使"环境主义运动正开始沿着他指引的航向大刀阔斧地前进"。② 施韦泽的敬畏生命伦理积极肯定了自然的内在价值，他没有把这种内在价值仅仅归于自然本身，而是上升为人与自然的和谐统一。施韦泽的敬畏生命伦理将伦理学的范围由人扩展到自然界中所有的生命，把道德维度扩展到人与自然的关系中，促使人们重新思考人类与整个自然界的关系。如今，在工业化进程中不断累积的生态失衡、资源枯竭和环境污染等问题，最终会损害到人类自身以及未来世代的根本利益。借助于科学技术手段，人们认识世界的水平越来越高，改造世界的能力也越来越强，自然环境的神圣不可侵犯性也丧失了。正如英国历史学家汤因比所指："人类当然也就可以随心所欲地利用不再是神圣不可侵犯的环境了。人类本来是怀着敬畏之心看待自己的环境的，应该说这才是健全的精神状态。"③ 事实上，人们只有摆正自身在自然界中的位置，

① 〔美〕罗德里克·弗雷泽·纳什：《大自然的权利：环境伦理学史》，杨通进译，青岛出版社，2005，第 92 页。

② 〔美〕罗德里克·弗雷泽·纳什：《大自然的权利：环境伦理学史》，杨通进译，青岛出版社，2005，第 75 页。

③ 〔日〕池田大作、〔英〕阿·汤因比：《展望 21 世纪：汤因比与池田大作对话录》，荀春生、朱继征、陈国梁译，国际文化出版公司，1999，第 31 页。

才能与自然和谐相处。我们应该用敬畏生命伦理来重建人与自然和谐的新秩序，这样才能不断完善和发展生命。

总之，正如韩跃红教授所言："生命伦理学所有的理论和实践都是在论证、倡导、贯彻、推行尊重生命的道德观念。尊重生命是生命伦理学的根本宗旨或主旨。"[①] 为此，我们要紧密结合社会现实，客观地对待施韦泽的敬畏生命伦理，努力发掘其合理的社会价值，严肃地思考生命价值与生命权利以及对待生命的恰当方式，构建一种健全的社会伦理制度。同时，我们必须加强敬畏生命伦理教育，使敬畏生命、尊重生命成为全社会具有普遍性的道德意识和行为取向。唯有如此，才能使我们赖以生存的社会环境、自然环境更加有序、更为和谐、更具活力和充满人性。

七 转基因农产品推广中的伦理原则

转基因农产品推广为人类所面临的粮食危机等严峻问题的解决提供了新的契机，同时也引发了广泛的社会争议。转基因农产品推广是一个受多重社会因素影响的综合性问题，对它的探讨应建立在全面理性的事实分析基础上，并遵循多重价值原则的引导。转基因农产品问题的复杂性需要我们将相关利益各方都纳入考量范围，将其安全性、有效性和所产生的社会正负效应等信息作综合的分析并在伦理原则的引导下探求其发展的现实意义。

转基因农产品为解决粮食短缺、资源匮乏、环境污染等问题提供了新的契机，但其安全性也一直是人们普遍争议的焦点。随着转基因技术的不断发展完善、转基因农产品社会推广经验的现实积累，人们应从全新的视角审视这一问题。

（一）生命价值原则

生命是人类得以生存的基本条件，它具有绝对的至上性。生命价值的崇高性和优先性主要体现在以下两个方面。

---

① 韩跃红：《尊重生命——生命伦理学的主旨与使命》，《光明日报》2005 年 4 月 12 日，第 6 版。

1. 生命保障是人类生存和发展的前提

生命是生活的前提和载体，生命权和健康权是人权的基础，也是人类的最基本权利。人是自然属性与社会属性相统一的存在，人的自然属性即生命体的延续是人类生存的客观基础和前提。在马斯洛提出的人类需求层次理论中，与人类生命存在紧密相关的生理需要是最根本的。"在一切需要中，生理需要是最优先的。一个缺乏食物、安全、爱和尊重的人，很可能对食物的渴望比别的东西更强烈。"① 生存需要是最基本层次的要求，如果这些需要得不到满足，人类的生存就成了问题。人的自由全面发展需要一定的物质基础，只有充分满足了生存需要，人们才可以更好地寻求自由、平等的发展。生命体存在作为发展的前提，不仅仅是发展的主体和物质承担者，而且是发展的根本动力和最终价值目标。

2. 生命价值是终极性价值诉求，是实现其他所有价值的前提和基础

人要生存下去是一条绝对律令，是无法还原和超越的最基本原则。康德认为，"在全部被造物之中，人所期望的和他能够支配的一切东西都只能被用作手段；唯有人，以及与他一起，每一个理性的创造物，才是目的本身"。② 在当今多元化的社会里，无论我们寻求的是何种理想价值，作为价值主体本身的生存保障毋庸置疑应该是最根本的。如果价值主体的基本生存无法得到保障，任何价值意义都将无法体现。人的生命价值是最宝贵的，所有其他的价值和信念都应让位于它，行动的选择应优先从人类最基本的生存需要出发，寻求基本物质条件的保障。同时，发展伦理学认为"人的生存需要是价值的源泉，最高的价值就是生存价值"，③ 所有价值关系都应遵循生存需要这个"善"的尺度。

我们应充分认识到人类文明是需要食物来养育和延续的。人们在进行判断和选择时，首先应该考虑的是人类利益主体的基本生存。在全球饥饿人口总数正在接近 10 亿的严峻现实面前，又如何能够期望轻易实现人类所向往的平等、自由、正义等价值诉求呢？因此，解决饥饿、减少贫困仍

---

① 〔美〕马斯洛：《人的动机理论》，华夏出版社，1987，第 69 页。

② 〔德〕康德：《实践理性批判》，韩水法译，商务印书馆，1999，第 95 页。

③ 张鹏翔：《发展伦理学的生存论解读》，《理论探讨》2003 年第 3 期，第 34～35 页。

是首要的发展任务，作为解决人类生存问题重要手段的转基因农产品的推广势在必行。

（二）不伤害原则

不伤害原则是具有普适性的生命伦理底线，它要求人们的行为不一定能确定为他人带来益处，但至少不能使他人受到伤害。不伤害是一种被动、消极的"不为"，它是对行为的禁止性要求。将"不伤害"作为核心的价值原则无疑是值得肯定的，但在实践应用中它易于使行为主体陷入道德两难的境地。转基因农产品关系到人类健康、生态环境、弱势群体利益、国家粮食安全以及消费者的知情选择权等多个方面，所产生的正面和负面影响是同时存在的，很难用"不伤害"原则来统一规范。有些情况下，采取或不采取某一行动都会对他人产生伤害，甚至不采取行动带来的伤害更大。这时，如果行动的正面效果是有意的、直接的，而负面效果是非有意的、间接的和不可避免的，那么行动仍然可以得到伦理辩护，这就是"双重效应原则"。适用于双重效应原则必须符合以下四个条件：①行为本身应该是向善的，或至少是中性的；②不以寻求坏的效果为目的，而且坏的效果是可以预见的；③好的效果是行为的目的且不需要通过坏的效果来实现；④好的效果必须优先于坏的效果的。①

那么，对于转基因农产品的推广问题而言，它是否可以满足双重效应原则的四个条件呢？首先，农业转基因技术的开发应用是为了增加粮食产量，保证充足的粮食供应，改善人们的物质营养，这一行为在道德上是出于善的动机。其次，转基因农产品的利用是为了增进人类福利，保证社会的健康可持续发展，并不是以破坏人类幸福，毁灭人类社会为目的的，而且通过风险预警体系可以对负效应做出预见性的判断。再次，转基因技术的不确定性风险产生的危害，可以伴随技术的成熟，风险控制体系的完善而被降到最低甚至消除。最后，目前从转基因农产品产生的各方面社会效益来看，它的正效应是大于负效应的，或至少是达到了一种人类可以接受

---

① TE Quill, R Dresser, DW Brock. "The rule of double effect——a critique of its role in end-of-life decision making," *New England Journal of Medicine* （1997）: 1768 - 1771.

的平衡。据此可以认为，转基因农产品可以得到双重效应原则伦理辩护，其推广也是合理可行的。

（三）效用原则

功利主义将普遍的人类幸福看作是道德的基础，其基本价值诉求是最大多数人的最大幸福，这是人类行为的指导原则和价值评判的道德标准。功利主义者认为，伦理就是产生最大的善和最小的恶的平衡，也就是说道德主体的行动应该是能够得到最大可能的好处而带来最小的危害，要做出道德判断和选择就需要进行风险和利益的分析。因此，探求转基因农产品推广的合理性需要对其产生的影响作风险和利益分析。

1. 转基因农产品可以产生多方面的效益

首先，转基因农产品推广有利于人类健康和生态环境的保护。通过对转基因农产品的毒性、过敏性、标识基因的抗性科学研究表明，转基因农产品对于人体健康没有直接的危害，它是安全的。另外，通过提高作物的品质，可以使人类获得更加建康有营养的食物。是否对生态环境和物种多样性产生破坏，一直是人们质疑转基因产品的一个重要问题。有人认为基因漂移影响物种的多样性，会污染生态环境，但随着科学技术的进步完善，这种风险将成为可控制和可避免的。2007 年 2 月，美国生物学教授李义领导的研究小组经过近 6 年的不断探索，终于在消除转基因植物对生态环境和人体健康的潜在威胁方面获得突破。他们利用其开发出来的"外源基因去除"技术，达到用转基因作物生产出非转基因食品的目的。这一研究成果有可能从根本上解决长期困扰人们的转基因植物基因扩散问题和转基因食品的安全性问题。[①] 转基因技术发展的趋向表明，转基因农产品的环境风险不仅是可控的，而且它的推广将有利于环境的保护。例如，转基因农作物的种植能够大大降低杀虫剂和除草剂的使用量，间接削减二氧化碳的排放量。

其次，转基因农产品推广有利于粮食安全问题的解决。对于粮食安全问题我们多将其定义为产品的品质安全，考察它是否对人类的身体健康有不良影响。实际上，粮食安全应不仅强调保障健康安全，而且还强调食品

---

① 卜晨光：《转基因植物安全性问题并非无解》，《科技日报》2007 年 3 月 27 日，第 2 版。

自主供给的充分保障。粮食安全的完整定义应该是：保证任何人在任何时候能获得供应足够的和营养健康的食品。2008年的全球粮食危机迫使人们不得不重新审视粮食生产问题。受世界金融危机的影响，国际市场粮价目前虽有所下跌，但仍然高于2008年粮食危机之前的价格，粮食危机暂时得到缓解，导致粮食危机的深层次原因并未得到根本解决。有专家警告说，在未来25年内，世界人口大概将增加到80亿，尤其是发展中国家面临的粮食安全形势比人们想象的要更加严峻。促进农业可持续发展，大幅度地提高粮食产量，保证充足的粮食供应，改善人们的营养结构，这是目前人类需要解决的最重要的问题之一。处于经济和社会发展上升期的中国，对粮食安全问题更应给予充分重视。我国粮食产量在1998年达到5.12亿吨的峰值后一路下行，直到2008年才恢复到5.2亿吨以上。为满足国内消费市场需求，我国每年不得不为了弥补多达1300万人的粮食缺口而进口粮食。中国农业未来将面临的是人口增长、消费升级、耕地减少和气候变暖等多重压力，这必将大大加剧对国际农产品市场的依赖，把自己的饭碗放在别人的手里，无疑是非常危险的。目前，适应国际形势的需要，发展转基因生物技术，推广转基因农产品对解决粮食安全问题，保护国家粮食安全具有重大现实意义。

最后，转基因农产品的推广还将有利于解决农村贫困问题。《2008世界银行发展报告：以农业促发展》指出，对于发展中国家，农业仍然是可持续发展和减少贫困的基本途径。[①] 报告提示，目前贫困主要是一个农村现象，在经济高速增长的亚洲，仍有超过6亿的农村人口生活在极端贫困中。发展中国家农业的高成本低产出，使其农产品在全球经济一体化的市场竞争中长期处于极端的劣势，农民的利益因无法得到保护而长期陷于贫困。种植转基因农作物可以改善农业生产效率低下的现状，通过生物技术提高本国农产品的国际竞争力，实现增产增收，将大大促进农民的种粮积极性。生物技术的发展虽然为提高农业生产效率，解决农村贫困问题提供了独一无二的契机，但由于对转基因技术存疑，缺乏先进生物科技的研

---

① 世界银行：《2008年世界发展报告：以农业促发展》，胡光宇等译，清华大学出版社，2008，第225页。

发能力，发展中国家与发达国家之间的技术鸿沟正在扩大，发展中国家在等待中不断错失发展的机会。

2. 应辩证地被看待转基因农产品的风险问题

吉登斯认为，"在积极的意义上，风险社会是人们有更大选择余地的社会，而在目前的高风险经济中，承担风险已经成为经济繁荣的条件。然而，在消极的意义上，风险意味着巨大的不确定性"。[①] 吉登斯提出从积极的意义和消极的意义两方面来看待风险，说明风险带来不确定性的同时也为我们提供了一个更加广阔的生存发展空间。面对饥饿和死亡的威胁，在关注到生物技术可能带来的不确定风险的同时，是否也同样认识到了放弃这种手段所能够带来的福利的风险呢？虽然选择其他促进农业发展，解决粮食和贫困问题的途径也是必要的，如提高土地使用效率，促进粮食的公平有效分配等等，但这并不能低估转基因技术发展的巨大潜力。事实表明，通过生物技术改良农作物可以增强其抗旱、耐碱、抗病虫害的能力，从而增加土地单产，促进粮食供应的保证。人们不能对科技进步为我们提供的解决问题的有效手段视而不见。同时，通过对转基因产品的环境安全性评价和食品安全性评价可以有效地规避风险，伤害和不良后果都将最大限度避免和控制。因此，为了实现有利于人类的目的必须承担一定的风险时，可以通过预警和人为控制来避免或降低它产生的伤害。我们注意到，严格限制转基因产品开发、应用和进口的一些欧盟和非洲国家的政策出发点，并不仅仅是因为转基因产品的技术性风险，其中更多的是出于政治、经济和贸易方面的考虑，这背后是国家之间的利益博弈。因此，对于转基因农产品带来的不确定性风险，应有一个全面理性的认识，不可捕风捉影，夸大其词。那些反对转基因农产品的有力论据，如对生态环境的破坏，对人类健康安全和生物多样性的影响，对农民的冲击以及引起的利益分配不公问题，都已经随着技术的成熟发展以及社会环境的改变而变得不再充分。

面对伦理冲突和道德悖论做出选择，是一个价值相互协调和利益相互

---

① 俞吾金等：《现代性现象学——与西方马克思主义者的对话》，上海社会科学院出版社，2002，第 375 页。

权衡的过程，通过以上综合分析转基因农产品的经济效益、社会效益、生态效益以及伴随而生的风险问题，我们目前可以认为转基因农产品的商业推广是利大于弊的，具有积极的现实意义。

（四）正义原则

伴随世界经济贸易一体化进程的加快，全球范围内的社会公平和社会正义得到了越来越多的关注。尊重自由和权利，保障机会平等作为人类的基本价值取向，得到国际社会的普遍认同。虽然不同的学者对正义的解读有一定分歧，但几乎一致承认权利的自由平等是正义的第一要义，并强调机会平等的重要性。平等自由原则和机会平等原则是正义的两个基本原则，从实现途径来看，平等自由原则是一种形式上的公平正义，机会平等原则是一种实质上的正义原则。那么，转基因农产品的推广是否能够满足人类对自由权利和平等机会价值的需要呢？

罗尔斯对平等自由原则是这样论述的："每个人对与其他人所拥有的最广泛的基本自由体系相容的类似自由体系都应有一种平等的权利。"①它要求每个公民都应当有基本的自由和权利，它包括当人们的基本生存受到威胁时，人类有权利进行自由的选择来保障生命安全。由于发展中国家和发达国家之间的发展不平衡，不应该用发达国家的视角来看待发展中国家所面临的粮食危机。而且，发达国家通过发展生物技术，推动转基因农产品出口并实行国际的粮食贸易垄断，会严重冲击到发展中国家的农业健康发展，加剧了两者之间的不公平竞争。发达国家已充分享有生存保障的人们所评估的潜在威胁和发展中国家人民所面临的粮食短缺的现实问题，何者更应有解决的优先性？对于正在饥饿中挣扎的人们，如果放弃转基因农产品这样一条现实有效的途径，是否也是一种不公平、不公正？毋庸置疑，全人类应该拥有同等的生存发展权利，任何人都不能被剥夺利用平等发展机会的权利，而且更不应由于生产能力的不足而加剧贫困人口教育权、社会保障权等其他方面的不平等。

尊重个人的平等自由权利，保障机会平等，正在成为全人类的基本共识，机会平等所强调的是"机会对所有人平等开放"。因为社会经济生活

---

① 〔美〕约翰·罗尔斯：《正义论》，何怀宏等译，中国社会科学出版社，1988，第56页。

中的绝对公平是不可能实现的，所以机会的平等就比结果的平等具有了更重要的意义。我们所看到的社会中的经济政治不平等，很多都源自机会的不平等，机会能够充分开放至少意味着竞争起点的公平，大家都从平等的或相似的起点开始。目前，粮食安全问题愈发引起世界范围的重视，许多国家希望以此解决粮食安全及可持续性发展等关键的社会问题，各国也都在加强对转基因技术的研发投入，国际竞争逐渐加剧。国际农业生物技术应用推广协会（ISAAA）的最新统计数据显示，2008 年，转基因农作物种植国增至 25 个，种植面积持续增长 9.4%。转基因农作物开拓面积总计逾 1070 万公顷；新增转基因作物种植的农民 130 万人。[1] 中国是世界上种植转基因作物较早的国家之一，目前我国转基因农产品的发展现状却不容乐观。以大豆为例，因受到广泛争议的影响，我们对转基因粮食作物还没有开放商业化种植。虽然禁止种植转基因大豆，我国每年却要从国外进口至少 3000 万吨转基因大豆，在进口转基因大豆的冲击下，国内粮食企业已丧失了对本国大豆产业的控制权。国际跨国粮商在利用转基因大豆敲开我国油脂行业的大门后，目前已开始向小麦、玉米等其他农作物领域渗透，如果不在转基因自主研发的基础上，建立一道拦截国外转基因生物公司入侵的防火墙，关乎国家命脉的粮食产业的话语权将旁落他人。放弃对转基因农产品的利用，大多数发展中国家将因缺乏关键有力技术的支持而使本国农业丧失国际竞争力，并在等待中错失发展转基因产业的机会，这无疑将加剧国家之间农业贸易的不平等竞争。因此，发展中国家更应该加速对转基因产品的研究开发，扭转对国际市场的依赖性。同时，推广基因生物技术，为处于社会弱势地位的农民提供平等发展机会是十分重要的。

（五）自主原则

人的自主性是指个体拥有根据个人的价值和信仰做出选择和采取行动的权利。自主原则强调主体做出理性自由选择的权利，它体现的是对主体自主和自由的尊重。密尔认为："尊重自主性是一个初始道德义务，同时

---

[1]　Clive James. ISAAA Brief 39 - 2008, Global Status of Commercialized Biotech/GM Crops, http：//www. isaaa. org/resources/publications/briefs/default. htm, 2009 - 11 - 15.

也赋予我们自己不被他人干涉自主权活动的权利。"① 密尔所强调的对自主性的尊重是建立在功利主义之上的，他认为尊重自主性首先是不伤害个人利益且不剥夺个人寻求利益的活动权。康德指出自主性体现的是理性人具有自我决断能力的，也是把人当作目的而不是手段的绝对命令，"不论是谁在任何时候都不应把自己和他人仅仅当作工具，而应该永远看作自身就是目的"。② 德尼·古莱强调人的自由的选择，这"意味着各个社会及其成员更多的选择，追求美好事物时受到较少的限制"。③ 自主性应该是一种平等的，人人享有但又不破坏他人自由的自由选择权利。转基因农产品所关涉的自主性问题主要有以下两方面。

1. 对社会弱势群体的自主性权利保护

世界粮农组织发布的《2008 年世界粮食不安全状况报告》指出 2007年全球食物不足的人数达到 9 亿 2300 万人，比联合国的预计高出了 7500万，这主要是因为世界粮食价格自 2005 年以来的持续上涨造成的。2008年这种情况并未得到缓解，全球饥民又增加了近 4000 万人。④ 高粮价不仅造成粮食供应数量和质量的下降，使营养不良问题恶化，还由于食品支出的增加，饥饿人群将被迫减少健康和教育的开支，从而严重影响个人的全面自由发展。经济学家阿玛蒂亚·森（Amartya Sen）认为："实质自由包括免受困苦——诸如饥饿、营养不良、可避免的疾病、过早死亡之类——等初步的可行能力。"⑤ 在当生存和生命质量受到潜在威胁时，人人因此都应拥有选择保存生命延续、身体健康的自主性权利。如果迫使饱受饥饿和贫困煎熬的人们放弃摆脱困境的有效手段，是对其自主选择权利的干涉和剥夺。世界粮农组织提出的解决粮食安全威胁的途径要求，政府在加强社会保障体制的同时，重点应放在加强国家农业生产的结构性调整，帮助生产者尤其是小型农产者提高粮食生产能力方面。

① Tom L. Beauchamp, James F. Childress. *Principles of Biomedical Ethics* (New York: Oxford University Press, 1983) p. 63.
② 〔德〕康德：《道德形而上学原理》，苗力田译，上海人民出版社，2002，第 22 页。
③ 〔美〕德尼·古莱：《发展伦理学》，高铦等译，社会科学文献出版社，2003，第 53 页。
④ 联合国粮食及农业组织：《2008 世界粮食不安全状况》，http://www.fao.org/docrep/011/i0291c/i0291c00.htm。
⑤ 〔印〕阿玛蒂亚·森：《以自由看待发展》，任赜等译，中国人民大学出版社，2002，第 30 页。

2. 尊重消费者的知情选择权

保护消费者的自主选择权首先应该对转基因农产品进行标识，以便使消费者能够清晰地做出辨别和选择，这是对消费者知情权的尊重，也是对消费者自主权的尊重。其次，要建构开放透明的信息平台，提高消费者的自主选择能力。因为消费者对转基因农产品并不具有专业知识和甄别能力，公众通过媒体所获得的信息无法完全保证其可靠性，对转基因农产品的认识容易受到误导。开放信息平台的建立有利于提高大众的科学素养，消除各种社会偏见。另外，消费者对转基因农产品的担忧一部分来自对监管体制的不信任，开放透明的信息可在一定程度上增强社会对政府管理的信任。信息的开放透明还将有利于加强监管和促进信任，有利于消费者真正享有知情权和选择权。

总之，随着转基因技术的日渐成熟，在严谨的风险预警和一定的伦理原则规约下，转基因农产品的社会商业推广将日渐可行，无论是生产者、消费者都能够从中广泛获益。应该看到，转基因农产品的推广应用对促进我国农业增效、农民增收、保障我国粮食安全、提升我国农业竞争力都将具有重大的战略意义。

八 "扮演上帝"的合理性与责任性

"扮演上帝"是一个主要用来描述生命科学及生物技术发展并对其进行社会评价的习语。在生存与发展意义上，人类有充分的理由去扮演上帝。随着越来越多的生命秘密被揭示，人类获得了越来越多的似神力量。人类应该扮演上帝，人类能够扮演上帝，人类不得不去扮演上帝，扮演上帝已成为人类的宿命。基于自然界和生命世界的复杂性以及知识的有限性，人们在扮演上帝时要有更多的耐心和责任。

当下，无论是在学术文献，还是在大众媒体中都可见到"扮演上帝"（Playing God）这个习语。这是一个让人产生激情和恐惧的现代概念，涉及生命的神圣性、人的创造性和责任性等，有助于激发人们的批判性和多元性思维，反思如何正确对待、发展和利用强大的生物技术力量。

（一）"扮演上帝"的概述

在现有的文献中，扮演上帝①有多种含义，可以在多种语境中进行解释。总的来说，其负面意义多于正面意义，责难成分多于赞扬成分，它作为一种隐喻主要用于反思人类在生命领域中的技术行为。"扮演上帝"在生命科学领域的使用可追溯到美国基督教伦理学家保罗·拉姆齐，他写道："在人们学会做人之前，人不应该扮演上帝；在人们学会做人之后，他们将不去扮演上帝。"② 我们以为，人们常常从以下五个角度来使用这个习语。

1. 扮演上帝是一种行为

人们的争议主要集中到生殖医学、遗传学和基因工程领域，这是人类扮演上帝的主要舞台。扮演上帝者主要是那些医生、生物学家和基因工程师，他们正踏着上帝的足迹，变得似神（Godlike）一样，去干涉、改变生命的进化过程，甚至能决定人的生死等。这些行为对于人类社会来说，

---

① 在一些专业性的哲学、宗教学和伦理学百科全书中，如 *The Continuum Encyclopedia of British Philosophy*（2006，4 卷本）、*Encyclopedia of Philosophy*（Donald M. Borchert 主编，2006，10 卷本）、*Encyclopedia of Religion*（Lindsay Jones 主编，2005 年第 2 版，14 卷本）、*Encyclopedia of Ethics*（Lawrence C. Becker and Charlotte B. Becker 主编，2001 年第 2 版，3 卷本）和 *Encyclopedia of Philosophy*（1998 年版，10 卷本）等都没有收录 "Playing God" 这个词条。相反，在一些应用伦理学或跨学科百科全书中，如 *Encyclopedia of Applied Ethics*（Academic Press，1998）、*Encyclopedia of Science, Technology and Ethics*（Carl Mitcham 主编，Macmillan Reference，2005）和 *Encyclopedia of Science and Religion*（J. Wentzel Vrede van Huyssteen 主编，Macmillan Reference，2003）等收录了这个词条。目前，"扮演上帝"还不是一个严格的神学或哲学术语，仍存有歧义，它只是一个修辞设计或分析工具。在用法上，"上帝"既指圣经中的上帝，有时也指自然秩序、神化的自然界。

② 在检索到的 1985 年以来出版的直接以 "Playing God" 为书名或章节名的 25 本图书中，涉及的都是生命科学或生物技术。关于 "扮演上帝" 一词，我曾与在新加坡国立大学哲学系工作的 Axel Gelfert 博士进行过交谈，他认为扮演上帝的思想已有很长的历史，很难说清从什么时候开始的。但 "扮演上帝" 在生物技术和遗传学领域里的使用，似乎有一个较为明确的否定含义。这可以追溯到美国基督教伦理学家保罗·拉姆齐（Paul Ramsey）。他在 1970 年由耶鲁大学出版社出版了《制作人：基因控制的伦理学》（Fabricated Man：the ethics of genetic control）一书。此书中有一段话："Men ought not to play God before they learn to be men, and after they have learned to be men they will not play God."（p. 138）。很明显，拉姆齐并没有给人们什么具体的建议，只是明确地表达一种情感。Axel 根据对此段话的引证情况，认为拉姆齐是在评价生物技术成果方面最早使用 "扮演上帝" 的学者。

往往会带来影响深远甚至是不可逆转的后果。操纵和控制生命的行为就把人类放到了上帝专属的领域，人类必然要面临价值选择的挑战。特别是人类生殖领域中的异源人工授精、产前诊断、遗传干预和潜在的克隆人等行为，都是一些十分敏感的扮演上帝的话题，引发了无数争议。另外，分子生物学家和基因工程师已经能够实现对遗传物质的定向操纵，可以有效地修饰、控制生物体的遗传性状，创造出高产、优质、抗除草剂和其他抗逆性的农作物新品种，并已实现产业化。目前，全球每年种植转基因作物的面积达到1亿公顷，有上千万的农民靠种植转基因作物为生。

2. 扮演上帝是一种力量

人类正日益获得理解并控制生命的知识和力量。借助于这些力量，人类得以在更大的程度和范围去扮演上帝。这种力量一般是积极的，也是人类生存所必需的。例如，在患病时，病人往往感到十分无助和恐惧，他们渴望获得一种扮演上帝的力量。对于探寻治疗各类癌症和艾滋病方法的大规模科学研究，也为社会上那些众多的无助者带来了一线希望。在这里，"扮演上帝呈现出一种弥补或者拯救的成分。把医生当作上帝的那类玩笑其实反映出人们对无能为力的广泛焦虑，以及对医生和他们技能的信赖"。① 在大多数情况下，医生及其所受的技术训练在很大程度上决定了病人的生死。

生命科学越深入发展，人类扮演上帝的力量就越强大。沃森和克里克在1953年发现了DNA分子的双螺旋结构，开创了分子生物学时代。1973年，在分子生物学家的共同努力下，人类实现了重组DNA技术的重大突破。对此，科学家兴奋地评论道："这是一个非同寻常的实验技术进展。科学家可以剪裁DNA分子，创造出自然界未曾有过的DNA分子。我们可以用所有生命的分子基础来扮演上帝。"② 有学者还把这种进步力量称为"基因术"，使科学家能更深入地研究遗传基因在疾病发生中的作用，为设计药物提供了新的手段，催生了基因制药、基因诊断与基因治疗等。用基因工程技术开发出的干扰素、胰岛素和抗体等，成为近年来增速最快的

---

① Carl Mitcham. *Encyclopedia of Science*, *Technology and Ethics* （Ⅲ）, Macmillan Reference, 2005, p. 1425.

② James D. *Watson. DNA*: *the Secret of Life*, Alfred A. Knopf, 2003, p. 88.

新型治疗手段。这还可应用于司法鉴定、亲子鉴定。

可以说，这样的"基因术"与正在兴起的技术革命的影响同样重大的一次思想革命。人类社会正在从炼金术的隐喻走向基因术的隐喻。① 分子生物学使科学家能更深入地研究基因等遗传因素在疾病发作中的作用，为设计药物提供了新的手段，

3. 扮演上帝是一种心理

在人类好奇心和宏大志向引导下的扮演上帝，还折射出人类的傲慢、狂妄、张扬和自负心理。人类不顾一切地去探寻上帝创造生命的秘密，拒绝接受上帝事先设定的限制，试图分享上帝创造自然和生命的荣光。既然人类能够扮演上帝，也就可能接近或达到上帝的创造高度。在此，扮演上帝暗含了人们的技术万能心理，对人类已经拥有的技术能力和技术效用崇拜不已，对人类未来的技术能力又充满热望。这其实反映了人类过度的技术理性，"技术理性使人们相信，科学技术可以解决一切问题，因为科学技术具有无限发展的可能性：如果问题还没有得到解决，那是科技还不够发达；如果出现了不良的结局和负面的影响，那消除这种结局和影响也还得靠科技的进一步发展"。② 在对现代生命科学和生物技术革命产生种种幻想和寄予深情厚谊的社会背景下，人们往往把现代生物技术实验室视为一个强大的"梦想剧场"，在这里人们能够心想事成。在克隆羊之后，人们就联想到了克隆牛、克隆猴，再试图克隆人……这既是对科学知识和技术能力的展示与验证，也是对不竭梦想的欲求。用扮演上帝来证明技术万能，用技术万能引导扮演上帝，这已成为现代人的技术心理范式。

人们既希望如此，又不希望如此。西方神学一直把傲慢（hubris）视为众罪之源，而傲慢的主要表现是把自己抬高至与神同等，这其实就是扮演上帝的一种心理特征。另外，傲慢也表现于人过分自信，高估人的能力

---

① 〔美〕杰里米·里夫金：《生物技术世纪：用基因重塑世界》，付立杰、陈克勤、昌增益译，上海科技教育出版社，2000。基因术最早由生物学家莱德伯格（Joshua Lederberg）提出，里夫金在 20 世纪 80 年代又进一步明确了其定义，认为基因术意为改变生物的本质，专门改进现有生物，设计性能完美的全新生物。它很可能成为生物技术世纪的涵盖一切的哲学框架和一个夸张的比喻。基因术是人类控制自身和自然的终极象征——帮助我们按照我们的理想来塑造自身和我们周围的生物。

② 吴国盛：《科学与人文》，《中国社会科学》2001 年第 4 期，第 4～15 页。

及成就。

4. 扮演上帝是一种风险

在宗教界人士看来，在一个有严格秩序和等级结构的世界里，扮演上帝意味着人类已经进入或正在走进一个禁区。人类只能在这个区域外晃动，最好不要涉入禁区。否则，人类就不可避免地遭遇那些未知的风险。此类观点就暗示了对生命的操作行为会导致一些危险或灾难发生，人类却没有什么有效的补救措施。与其他生命存在物相比，人类是唯一能够认识和利用自身 DNA 的智慧生命。因此，"正是我们所具有的 DNA 使我们区别于其他物种，使我们成为有意识、有支配能力、也具有破坏性的生物"。① 但是，人类最好要记得自己本质上只是一种动物，而不是上帝。

5. 扮演上帝是一种警示

扮演上帝这个短语还指出了当今社会对人的主观能动性过于自信并且将其绝对化的现实，反映了对人类正在日益获取更多的科学技术力量以及这些力量可能被严重误用和滥用的普遍焦虑感。随着对生命秘密理解的深入，人类如何理智地引导改造生命的欲望，从而安全地运用科学知识已经成为世人广泛瞩目的问题。扮演上帝的隐喻无疑包括了如下感慨：感慨科学技术力量的强大，感慨人类对自然界和生命的干预太多、太深，从而提醒人类应该细心地应对科学技术发展所带来的挑战。比如，在基因工程领域，人们对基因歧视、基因隐私、基因鸿沟、基因优化和基因武器等话题的广泛争议都体现了人们对扮演上帝行为的担忧。这提醒人们不应该在自我膨胀的动机下沉溺于扮演活动，不要轻率地屈服于那些狂妄的诱惑，不要单纯地追求经济效益的最大化甚至仅仅为了一些好奇心的满足而忽视了其中的不确定风险，要进行一种严肃的、前瞻性的思考，致力于生命价值和意义的维系。

（二）扮演上帝的僭越

按照基督教义，与创造自然和生命相关的事务是专属于上帝的。如果人类执意去做这些事情，就是一种应该受到惩罚的僭越行为。

---

① James D. Watson. *DNA：the Secret of Life*，Alfred A. Knopf，2003，p. 8.

1. 人类的错位与越位

在创世纪里，上帝完成了众多生命的创造，最后又按照自己的形象造出了人。既然人是由上帝创造的，上帝是万能的，人的能力则是有限的。人类在世上应当是一个尽心的管家，与其他受造物和谐共存，从而向上帝负责，这是人类对自身应有的基本理解和定位。人类有其本分的任务，而不能、也不必要去扮演上帝，取代上帝的创造工作。然而，人类特别是科学家正在取代上帝，逾越各种界限，广泛干涉生命事务。针对人类的错位和越位，就出现了一条新戒律——你不应该扮演上帝，即使你能够做到。

2. 突破禁区的惩罚

在神学家看来，人类扮演上帝是对上帝权威的挑战，违背了上帝的意志，是一种罪恶的行为，预示着可怕的、甚至是毁灭性的风险。许多西方科幻类作品往往夸张地演绎并揭示了这个主题，给现代人带来很多心灵的震撼。如玛丽·雪莱的《弗兰肯斯坦》（1818）讲述了科学家弗兰肯斯坦用许多碎尸块拼接成一个"人"，在闪电将其激活后引发的一系列恐怖而又悲伤的故事。弗兰肯斯坦在临死前懊悔地说："我想利用电去帮助人们，我还想去揭示生命的奥秘。我决心去从事这两项工作。我当时没有想到我的工作会毁了我还有我所爱的人们。"[①] 而电影《侏罗纪公园》（1993）展示了"上帝创造恐龙——上帝毁灭恐龙——上帝创造人类——人类复活恐龙"的故事链，反映出人类代替上帝行事的恶果。在此，扮演上帝成为一种可怕的咒语，成为一种凶兆。一旦人们狂妄地扮演上帝从而逾越自然法则的界限、闯入神圣的领域时，就会创造出怪物，就必然遭遇报复，世界也将陷入混乱和毁灭的结局。可见，人类强大的力量竟然也是一种能够摧毁人类世界和人类自身的非自然的异化力量。这些虚构的故事也都体现了圣经中"骄者必败"的告诫。人类确实有了知识，却缺乏使用这些知识的智慧，而不明智地应用知识就会产生恶果。

3. 对生命神圣性的侵犯

许多人体主义者认为，生命的神圣与其神秘是相关联的。生命的神秘性、自在性是其自身价值和意义之所在。随着生命科学和技术的发展，守

---

① 〔英〕玛丽·雪英：《弗兰肯斯坦》，外语教学与研究出版社，1997，第13页。

护生命秘密的任务变得越来越困难。随着生命神秘感的悄然消失，人类对生命的敬畏就受到了很大的挑战。对人类基因组的深入研究表明："人类基因组已成为区别人的本质是什么的重要特征。一个人的个性、身份和尊严都与他或她的 DNA 紧密相连。因此，如果人们狂妄地干涉人类基因组，他们就承担着侵犯某种神圣性的风险。"[1] 一些人担心，当生命体在实验室里当作普通的实验材料被任意操纵或改造时，其主体性丧失了，如果生命可以成为有专利权的东西，那么我们关于生命具有神圣性和内在价值的终极信念，其神圣性又能保留多少呢？

一些思想家把对人体的技术干扰视为对人类生命本质的侵袭，并强烈要求反思这种行为。如海德格尔指出，"1955 年，美国化学家斯坦利说，生命掌握在化学家手中的时刻不远了，化学家将随意分解、组合和改造生命机体。人们认可了这样的一句名言，人们甚至惊诧于科学研究的大胆而什么都不想。人们没有考虑到，这里借助于技术手段在为一种对人的生命和本质的侵袭作准备。与之相比，氢弹爆炸的意义微不足道。"[2]

在学者们看来，通过一系列精细的技术操作，"人仅被看作是一种纯粹的物质存在，只是利用和操纵的对象。比如，人工授精的出现就使得生殖行为不再是男女间一种自然的、富有激情的行为的结果，而是赤裸裸的技术操纵对象。可见源自于存在深处的最为深刻的敬畏感——对生命奇迹的赞叹——已荡然无存，这才是生命伦理学面临的深刻危机。"[3]

（三）扮演上帝的合理性

从宗教神学的角度看，扮演上帝是一种"僭越"行为。但是，这种"僭越"包含了深刻的合理性。那么，在世俗的语境中又该如何认识呢？21 世纪被称为生物技术世纪。生命科学的迅猛发展，不断为人类改造自然、改变自身提供着巨大的自由空间。

1. 人类并非上帝的顺民

（1）人类本性的叛逆。在创世纪，在人类的始祖偷吃了智慧果、明

---

[1]　Carl Mitcham, "Encyclopedia of Science, Technology and Ethics," *Macmillan Reference* (2005): 1426.

[2]　〔德〕海德格尔：《海德格尔选集》，上海三联书店，1996，第 1237 页。

[3]　陈蓉霞：《从克隆人技术看人的地位与尊严问题》，《科技日报》2000 年 12 月 15 日，第 9 版。

辨是非之后，就立即被上帝逐出了伊甸园。智慧的获得既使人类付出了沉重的代价，又使人类位居生命等级体系的顶层。人类的智慧性使之根本不同于其他生命体，"人是一件多么了不起的杰作！多么高贵的理性！多么伟大的力量！多么优美的仪表！多么文雅的举动！在行为上多么像一个天使！在智慧上多么像一个天神！宇宙的精华！万物的灵长！"① 拥有智慧的人类早已不再是上帝眼中的顺民，与生俱有的叛逆精神使之不满意上帝安排的生活世界。

（2）上帝创造的世界并非完美。人类出生以后就要面临重重危机，要遭遇各种残酷的自然灾难以及由身体带来的疾病痛苦等。但人类并未把这些视为上帝的惩罚性安排而心甘情愿地接受。为了获取和维持世俗生活，人类必然要同上帝安排的世界抗争。如果从广义上说人类进行干预和控制自然、生命的行为就是扮演上帝，那么人类已经是资深演员了。只不过到了今天，人类对上帝的扮演更加广泛、更加逼真。

2. 人类能够扮演上帝：知识的优越性

人类去扮演上帝，不仅是因为他们期待去做，还因为他们能够这样做。这要归功于科学技术发展带来的越来越多的有效知识、方法和手段。生命科学的基础研究使人类对复杂生命运动机制的认识深入分子层次，获得了越来越多令人震惊的生命知识，也为改造自然、改变自身提供了广阔的自由空间。2000 年 6 月 26 日，在人类基因组测序草图公布时，美国前总统克林顿曾说，今天我们正在学习上帝创造生命的语言。用这种深刻的新知识，人类正在获得巨大的、新的治疗力量。上述比喻指科学研究揭示出生命的秘密，引导人类获得与上帝相称的力量。今天，生命科学与技术的发展已经融为一体，对生命的理解和认识几乎同时可以导致对生命的相应控制。

人类社会发展史表明，知识具有内在的优越性，而无知并不是一个美德。知识的获取使人类逐步走出受到盲目性和偶然性支配的困境，走进一个自主支配命运的新天地。假如让人们回到过去的蒙昧时期，对于囊性纤维病和唐氏综合征等遗传疾病，没有任何产前诊断和基因测试等手段。此

---

① 〔英〕莎士比亚：《莎士比亚全集》（第 5 卷），人民文学出版社，1994，第 327 页。

时，人们不知道待选项，不用去做抉择，不用去破坏胚胎，不用去扮演上帝，也不用思考十四天以内和超过十四天的人类胚胎在性质和价值上有什么不同。但是，知识的优越性已经使现代人不会在世俗道德上偏向无知。如果人们选择知识的优越性，就需要扮演上帝，就需要在胚胎的价值和未来孩子的生命质量之间进行选择，就会产生一个利益与风险的权衡问题。有知识的选择可能是痛苦的，难道在无知下不去选择就能避免痛苦吗？由知识引发的痛苦可能只是暂时的，而无知造成的痛苦必定是长久的。

3. 生存与社会发展要求的合理性

（1）生存与发展的需求。自然状态下的一切，并不一定都适应人的生存和发展。各种痛苦的疾病严重影响了人类的生命质量和生存质量，治疗和预防疾病的需求促使医疗实践迅速发展。当詹纳发现牛痘疫苗可以预防天花时，他在扮演上帝；当弗莱明发现抗生素时，他在扮演上帝；当普通的医生通过一定的治疗方法减缓病人的痛苦、拯救生命和延长生命时，他们也在扮演上帝。许多现代医学目标都可以较为精确地阻止人们的死亡率和发病率。在医学实践中，人们普遍地杀灭细菌、病毒和癌细胞，进行截肢、接肢，摘除和移植器官，安装心脏起搏器、血管支架和人工呼吸机等，这些既是干涉生命的行为，也是扮演上帝的行为。这些行为难道没有内在的合理性吗？生存与发展的迫切需求使人类不得不去扮演上帝。目前已证实大约有六千多种人类疾病是有遗传诱因的，这只有通过基因治疗才能根本解决问题。基因治疗的前景十分美好，人们在未来有可能通过直接改变人体基因来根治遗传疾病或其他难症，给人类社会带来无限希望。另外，通过农业转基因技术可培育富含维生素的农业新品种。当人们由于维生素 A 缺乏而患上可能导致失明的眼角膜溃疡时，人们很难拒绝食用那些富含维生素 A 的遗传工程大米。这一切只有通过扮演上帝才能实现。今天，人们生病时一定要前往医院，而不是教堂或寺庙。

（2）对生命干涉的正当性。敬畏生命、尊重生命和爱护生命是应有的人之常情。但是，如果对生命过度神化而不容许技术手段接近生命体则是错误的，也是不可能的。正是通过对人类生命和其他动物生命长期的"侵犯"、"扰动"、"解剖"和"分析"，才发展出了解剖学、生理学、病理学等学科，才有了以此为基础的医学革命和治疗技术的进步，才能为生命的健康提供有力的手段与保证。可以说，使病态、残疾的生命体变得更为健康，这是对生命的更大尊重与呵护。例如，社会上还存在着许多不孕不育和遗传病基因携带者这样的特殊人群，他们需要有效的技术手段和方法来解决自身面临的难题。如体外授精－胚胎移植（IVF-ET）、单精子卵胞质内注射（ICSI）、胚胎植入前基因诊断（PGD）等技术对人类生殖过程的主动干预，可以帮助成千上万的父母实现健康生育的梦想，不必再担心会生下残疾的孩子。这难道不是一件令人欢欣鼓舞的事情吗？如今，对这类扮演上帝的行为曾经引起的质疑、争论和担忧已减弱了许多，取而代之的是理解、支持和关爱。这也充分说明人类的价值观随着生物技术实践的深入而发生变化。

（3）社会责任的要求。人类扮演上帝还是一种社会责任要求。美国学者德沃金（Ronald Dworkin）认为，"出于一种责任的理由我们可以也应当扮演上帝的角色。对于自然发给我们的牌，人类一直都在试图重新进行排列，从而改变着自然、预防自然灾难。人类正是通过对上帝的意志或自然的盲目进程的干预而展示出自己应有的责任意识"。① 这种说法在人类的社会生活实践中是可以得到合理辩护的。可以说，自然界是惊人地残酷无情，科学技术却具有悲天悯人的力量。例如，在很长时期内，人类对于囊性纤维症、亨廷顿舞蹈症和唐氏综合征等遗传疾病束手无策、听之任之，既无法治疗，也无法避免患病孩子的出生。随着基因诊断技术的出现和完善，人们可以对胚胎进行基因检查和筛选，为保证健康生命体的出生提供了选择手段。人们虽然在扮演上帝面前遇到诸多争论，如胚胎的价值、能否决定胎儿的命运等。但是，在明知未来的孩子将罹患重症而继续怀孕、生育，这也绝不是一种合乎道德的行为。在人类极其繁杂而又平凡的世俗生活中，完全可以远离那些宏大、精致的理论，用世俗的、甚至于完全功利的标准来衡量那些价值的等级。在此，生出健康的婴儿就成为许多夫妇对于孩子、家庭和社会的一般责任要求。为实现这种极其现实的社会责任，人类应当扮演上帝。

---

① 甘绍平：《应用伦理学前沿问题研究》，江西人民出版社，2002，第47页。

（四）扮演上帝的有限性

时过境迁，人类已经无从知道上帝创造自然和生命的方案和手段。人类在扮演上帝时，只是按照自己探寻的有限方法来模仿上帝。充分认识人类扮演上帝的有限性，既可以减弱人们对扮演上帝的忧虑，也可以为扮演上帝的狂热认识和自负心理降温。

1. 生命复杂性的制约

人类不可能获得所谓"上帝创造生命"的详细信息，只能诉求于实证的自然科学。生命科学研究表明，即使是病毒这样看似简单的生命现象也十分复杂，更不用说人类了。科学家推测，生命的产生经历了一个从"无机小分子——有机小分子——有机大分子——多分子体系——原始生命"这样一个极其漫长的过程。原始生命产生以后，又经历了数亿年计的生命演变和进化过程，才有了今天繁荣的生命世界。在这漫长过程中得以积淀与升华的生命是不可以言轻的。然而，在不少人的话语中都提到了"创造"或"制造"生命，这无疑是对人类主观能力和科学技术水平过高的不实评价。目前，即使是在世界最顶尖的生物科学实验室里，科学家不使用基因、细胞等任何生命活性物质，只使用水、蛋白质、脂肪、磷酸、葡萄糖、无机盐和金属离子等材料，也根本不能创造出一个最简单的生命形态。又如，为获取"试管婴儿"，医护人员必须从人体内提取、分离人的精子与卵子，并加以融合、培养，再移植到妇女的子宫中孕育，这只是一个有选择的"技术交媾"过程。人类扮演上帝的"扮演"一词就注定了这只是一种模仿行为。这种无言的结局其实很正常，相比于造就生命复杂性的以亿年为数量级的生命进化史，人类扮演上帝的历史却是如此的短暂。

2. 技术发展的历史性、有限性

人类对自然界和生命现象的认识有一个累积的过程，是不可能一蹴而就的。这也说明了生物技术发展具有历史性、阶段性和有限性，不存在任何充满神秘性、超出人类知识理解范围的技术。比如，现有的动物体细胞克隆技术只是在利用技术手段来干预、诱导动物个体的产生。科学家只能借助生命活性物质（体细胞、卵细胞）、利用动物生命固有的发育机制和程序并借助动物体的子宫来孕育、产生生命个体。这是在严格认识和尊重

生命规律的基础上对生命过程的一种干涉行为。由于人类缺少上帝的那种"全能性",也就没有上帝创造生命的那份儿"迅捷和洒脱"。

在医学实践中,人类仍然被诸多疾病所困扰,如各类癌症、心脑血管病、器官移植、艾滋病预防以及最常见的风湿病等都还没有取得根本性的突破。因疾病、创伤、衰老和遗传缺陷所导致的组织器官缺损与功能障碍也一直是人类难以攻克的医学难题。对于极其复杂的生命现象,仍然存在许多未知的领域,仍然有许多人类不能控制和影响的地方。比如干细胞研究将为再生医学的发展提供重要的科学依据和理论基础,但这项研究存在着干细胞的大量繁殖与定向分化、自我更新等许多难题。目前,人们有关生命的知识范围还有待进一步拓宽,人们的技术能力还显得比较低下,依然存在难以跨越的门槛。扮演上帝的道路依然十分漫长和曲折,这就注定了人类扮演上帝的辛苦和郁闷,人们只能以有限的方式去扮演上帝。虽然生命的很多秘密已经被解开,但剩下的秘密更多。2003 年,DNA 双螺旋结构的发现者、美国分子生物学家詹姆斯·沃森(James Watson)在接受美国《时代》周刊采访时曾表示,"今天比我起步的时候有更多的新的疆域,未来几百年中,还会有足够多的问题需要人们去应对"。[①] 生命的神秘性在给生物学家提出难题的同时,也使生命科学成为最能激起人类竭尽智力而不懈探索的重要领域之一。

技术发展的局限性打破了"一切技术手段都是有可能出现的,人类可以利用技术控制一切"的技术万能论者的幻象。这种幻象既是对科学技术的误解,更是对科学技术发展的过度自负。技术不是万能的,技术总会有其效用的盲区。当有人说他每年可造 20 万个克隆人时,他不是狂妄,就是无知。如果说存在技术万能,那也只是在人们的幻想中。一些科幻作品大肆渲染技术万能,向公众灌输了一个又一个虚构的骇人故事。如"复活恐龙""设计婴儿""完美婴儿""基因超市""生物制造""生命流水线""人兽嵌合体"等。这其实是把很多工业化思维和场景引入对生物技术发展的猜测中。这种不合适的类比存在严重的误导,富于煽动性,易引发许多人对扮演上帝的恐惧和质疑,增强了其负面内涵。

---

① 毛磊:《DNA:开创生命科学黄金时代》,《新华每日电讯》2003 年 5 月 11 日,第 6 版。

（五）扮演上帝的责任性

在这个已经到来的生物技术世纪里，我们必须正确地看待"扮演上帝"这个隐喻。既不把它作为一个反科学的口实，也要认清和接受它所蕴含的正面警示价值。

1. "扮演上帝"不应是一个反科学的口实

在中世纪及之后的一段时间，经院哲学家和教会曾经用上帝的名义去裁判科学，干涉科学事务，企图把科学扼杀在摇篮里，对科学的发展产生过不良的影响。尽管这段历史早已经过去，在今天仍有少数满怀宗教激情的神学家、伦理学家和政治家打着不能"扮演上帝"的旗号，反对科学技术的发展及其成果。在科学技术日益社会化的今天，如果再用充满教义色彩的说辞和危言耸听来敌视甚至试图阻止科学技术的发展和应用，既荒唐又不识时务。例如，英国查尔斯王子是著名的反转基因食品主义者，曾多次公开表示反对意见，认为生产和销售转基因食品是不道德的、是对上帝的背叛，把人类带到上帝的私人领域。对此，英国生物学家道金斯给查尔斯王子写信指出，农业自诞生以来，人类就不断对物种进行干预和人工选择，才有今天各种常见的农作物品种，没有什么纯自然的东西。如果说扮演上帝，我们已经扮演了很多世纪的上帝了！在信件的最后，道金斯指出："殿下，最让我感到悲哀的是，如果您拒绝科学，您将失去多少。"[1]

今天，已经没有什么权威理论和力量能够迫使人们放弃进化论而接受神创论，放弃科学技术进步成果而回归原始状态。对于我们所有人，"技术世界的装置、设备和机械如今是不可缺少的，一些人需要得多些，另一些人需要得少些。盲目抵制技术世界是愚蠢的。欲将技术世界诅咒为魔鬼是缺少远见的。我们不得不依赖于种种技术对象；它们甚至促使我们不断做出精益求精的改进"。[2] 可以说，用科学技术来扮演上帝已经成为人类不容回避的宿命。

2. "扮演上帝"的忧虑与责任

"扮演上帝"的习语在一定程度上反映出宗教与生命科学的关联性，它

---

① 〔英〕理查德·道金斯：《不要拒绝科学——生物学家理查德·道金斯给查尔斯王子的公开信》，柯南译，《三思科学电子杂志》2004年第1期。
② 〔德〕海德格尔：《海德格尔选集》（下），上海三联书店，1996，第1239页。

们都涉及对生命问题的关注，如生命的创造及其神圣性等。今天，科学技术的发展对人类社会的重要性不言而喻，它更需要人类的共同关注和监督。如爱因斯坦所说，"毫无疑问，主张存在一个干涉自然事件的人格化的上帝的学说绝不可能在真正意义被科学驳倒，因为这一学说总是能在科学知识尚未能涉足的领域中找到避难所"。① 因此，我们需要这样一个避难所。

（1）多重忧虑。扮演上帝源于人们对科学技术迅猛发展而人类却无可遁逃的一种风险忧虑，这是人类可贵的否定性思维的重要体现。分子生物学家沃森认为，利用重组 DNA 技术，我们可以介入和操作遗传基因。我们有机会去扮演上帝，获得深入研究生命秘密的非凡潜能和真正取得抵制癌症等疾病的进步机会，这是令人兴奋的事情。但是，"在博耶和科恩这些科学家为我们打开了不同寻常的科学视野的同时，是否也打开了一个潘多拉的盒子？在分子克隆中有未发现的危险吗？把人类的 DNA 片段插入我们体内生存的大肠杆菌中，我们应该为之欢呼吗？……我们能在良心中对那些杞人忧天者的呼声充耳不闻吗？"② 然而，来自科学界、工业界和政府的各种有关生物技术发展的信息，大都呈现出乐观的正面态度——巨大的进步、具有革命意义、前景无限美好……相反，据美国学者里夫金介绍，很多对生物技术革命发表过批评意见的人士（包括他本人），曾经一再被咒骂为卢德分子、生机论的信徒、恐惧贩子，似乎谁要对"公认的知识"提出疑问，谁就是鼓吹异端邪说，甚至是丧心病狂。③ 然而，在一个技术风险丛生的现代社会中，不谈论和反思风险、甚至故意回避风险将是一个更大的风险。因此，全面理解和谨慎地评估基因技术的最新发展所蕴含的可能危险是合理的。"扮演上帝"所包含的忧虑与警示意识也是现代社会和科学技术健全发展所必需的。

（2）一份责任。既然人类有能力去扮演上帝，就应该思考如何以一种认真的、开放的、负责任的态度来扮演上帝，这也基于生命本身的复杂

---

① 〔美〕爱因斯坦：《爱因斯坦晚年文集》，方在庆、韩文博、何维国译，海南出版社，2000，第 30 页。

② James D. Watson, *DNA: the Secret of Life*, Alfred A. Knopf, 2003, p. 94.

③ 〔美〕杰里米·里夫金：《生物技术世纪：用基因重塑世界》，付立杰等译，上海科技教育出版社，2000，导言。

性和人类知识的有限性。

例如，关于基因的功能还存在太多的未知因素。有可能基因的表达工作是在一个精密的系统中，极少有单一基因负责一个简单的表现型。如果一个或两个基因被移除、修饰，科学家就不知不觉地扰乱了基因相互作用的完整体系，可能会导致不幸的后果。伦理学家经常建议科学家和研究者要谨慎行事——预防性原则——直到知识的范围充分到能覆盖所有可能的意外事故。预防性原则基于尊重自然界的复杂性和人类知识的有限性。

在人类对自然界和生命的干预能力越来越强大的时代里，包括生命伦理学家在内的许多人文学者，对生命科学发展可能引发的社会、伦理等问题已经进行了广泛而深入的思考，提出了许多可资借鉴的建议。为减少甚至避免扮演上帝风险后果的发生，除了要加强科学研究、扩大知识范围，一种谨慎的、前瞻性和预防性的责任意识是不可缺少的。为此，人们要倾听不同的声音，强化责任意识，认真评估生命科学及技术的应用范围和长期效应，尽可能地降低风险成本。

总之，人类扮演上帝蕴含着坚实的合理性。人类可以扮演上帝，能够扮演上帝，人类必须扮演上帝，人类更需要以百倍的谨慎、谦恭和负责任的态度去扮演上帝。要扮演好上帝，既需要人类的智慧和耐心，也需要人类的情感和责任。

九　主流科学家应对转基因农产品质疑的知识与责任

转基因农产品的开发、推广和应用涉及食品安全和生态安全，与人们的生存和发展休戚相关，早已成为社会关注的焦点话题。事实上，"反转"与"挺转"的论争是激烈的、长期的。尽管各种非科学因素不断渗入转基因农产品的安全评价过程，但它终究是一个科学问题，需要科学评判和理性分析。在公共舆论针对转基因农产品产生各种质疑和传言时，我们迫切需要来自主流科学界的权威声音以正视听。科学家具有专门的知识和技术手段，有责任和能力去辨析、验证转基因农产品安全问题的实质。通过分析主流科学家对转基因农产品的认知与评价，可以帮助我们深入理解转基因问题争论的实质，客观地认识转基因技术及其产品，为其健全发展营造适宜的社会空间。

随着世界人口总量的增长和人们生活水平的不断提高，人们对农产品的数量和质量需求与日俱增。在人类严峻的生存压力下，对农产品改良与变革的技术活动就从未停止过，农业转基因技术就是其中一类重要的活动。在现代生物技术体系中，农业转基因技术较早实现了产业化，其直接和衍生产品已经走进人们的日常生活。然而，与转基因农产品密切相关的安全评价是一个长期争议的社会热点话题。生物安全问题已经成为世界各国食用类转基因农产品推广和市场化的重要瓶颈。对于我国这样一个发展中的人口大国来讲，是否要努力发展农业转基因技术？在多大范围推广和应用这一技术？这都是当前值得我们去认真思考的重要问题。

（一）"反转"与"挺转"论战的焦点与实质

近40年来，世界范围内的转基因农产品安全争论此起彼伏，其借助各类媒介不断发酵和扩散，传达了许多关于转基因农产品的负面信息，直接导致消费者对转基因农产品产生抵触和恐惧心理。然而，明确支持发展和食用转基因农产品的声音相对微弱。在论战中出现的"反转"（反对转基因产品的推广和应用）与"挺转"（支持转基因产品的推广和应用）派别，已形成针锋相对、水火不容的对峙局面。

1. "反转"观

从国内外情况看，"反转"人士大多数由科学界以外的成员组成，他们有经济学家、伦理学家、网络公知、环保人士、媒体主持人等。"反转"人士往往通过各种媒介传达其观点，进而在更大的范围去影响公众，使之成为自己的追随者。我国的"反转"人士发起成立了"全球华人转基因问题关注团"，又在全国各地成立了以省市为单位的"转基因问题关注团"。许多"反转"观点武断且耸人听闻，带有一定的情绪化和推测性。例如，西南财经大学顾秀林教授在2013年10月召开的一次研讨会上指出："我坚决不同意标注出售转基因食品，因为就算标注百分之百正确，仍然是允许带着不可估量威胁食品合法进入市场，而且反而把它合法化了。所以我从来都反对，我说标注这个事不要提，我的观点是一刀切禁止。"①"反转"观往往过分强调、夸大转基因农产品的潜在风险，否定其正面价值，在社会层面不断散布转基因恐惧心理。例如，"转基因破坏生态""转基因影响人类的生育能力""转基因致老鼠死亡""转基因食品致癌""转基因玉米是美国的基因武器""今天无害就能证明明天无害吗"等。为了达到某种宣传效果，有些"反转"观点甚至包含了诋毁和辱骂的成分。在"反转"人士眼中，部分从事转基因研究与开发的中国科学家就是"卖国贼""汉奸"。在如此紧张的氛围下，一些生物学家、农业专家为避免惹是生非变得缄默不语。可以说，"科学家的无奈，且由于国内公众对转基因的莫名恐惧和担忧；而恐惧和担忧的背后，离不开反转人士不断散布的谣言和制造的假象。"②

2. "挺转"观

"挺转"人士一般由科学界的成员组成，他们对转基因技术的发展充满信心，对其产品的应用和推广采取了积极的态度，认为应该紧紧抓住农业转基因技术带来的机遇。"挺转"科学家认为，农业转基因技术与传统育种技术的最终目标是一样的，都是通过基因转移获得优良的遗传性状，从而获得新的物种。究其实，惠及众生的传统育种技术就是广义的转基因。早在2000年7月11日，中国、美国、英国、印度、巴西等国科学院在华盛顿联合发表白皮书，"阐明了生物技术在消除第三世界国家的饥饿和贫穷方面不可替代的作用，呼吁各国政府从科学的角度重新考虑制定生物技术政策，鼓励发达国家企业和研究机构对转基因技术进行进一步的研究，并能与发展中国家的科学家和农民分享他们的研究成果"。③ 在我国，袁隆平院士认为："利用生物技术开展农作物育种是今后的发展方向和必然趋势，转基因技术是分子技术中的一类，因此必须加强转基因技术的研究和应用。"④

---

① 顾秀林：《坚决不同意标注出售转基因食品》，http://news.xinhuanet.com/world/2013 -10/29/c_125618933.htm.

② 鲁伟：《转基因主流科学家：别让我们在误解和等待中老去》，《中国科学报》2014年10月27日，第1版。

③ 《全球七大科学院联合声明支持转基因技术》，《中国家禽》2000年第11期，第25页。

④ 刘洋：《袁隆平说对转基因食品不能一概而论》，《人民政协报》2010年3月5日，第2版。

3. "反转"与"挺转"双方论战的实质

正是由于农业转基因技术发展的重要性、新颖性以及与人类利益的密切相关性，才引起许多人的关注和质疑。农业转基因技术被关注说明了人们看到了它的美好前景，被质疑则说明它的发展具有不成熟性和不确定性。"反转"人士与"挺转"人士的论战其实就是科学圈内外的论战，其焦点就在于转基因农产品的安全性。但是，由于论战双方是在不同的立场和不同的话语体系下去理解这一问题，难免会得出不同的结论。正如知名媒体人崔永元所讲："你可以说你懂科学，我有理由有权质疑你懂的科学到底科学不科学。"① 这表明，在科学技术与社会高度融合的现代，转基因农产品的安全性很难只是一个纯粹的科学问题。对此，北京大学饶毅教授认为，由不懂分子生物学的外行不断挑起的转基因论战，经常陷入极端化的情绪表达，并让阴谋论、谣言论等甚嚣尘上，这就不可能进行理性的讨论。"如果转基因在中国死掉了，这将成为一个笑话，也是一个悲剧。"② 值得注意的是，基于风险社会中技术成分的增多，技术异化现象不断呈现，公众对新兴技术发展的矛盾心理也在不断增强，因而社会对科技专家的信任度在减弱。这也许是当前专家的观点经常被反驳、被轻视甚至被嘲笑的一个社会原因。

（二）主流科学家对转基因农产品安全问题的认识

中国科学院遗传与发育研究所高级工程师姜韬表示："对于转基因问题，不应该听'隔行科学家'的观点，而应该听主流科学家、科学共同体的意见。"③ 在对转基因农产品的众说纷纭中，奋战在科学前沿的主流科学家应该有能力、有责任、有勇气去真诚地表达出自己的观点。在现实中，一部分主流科学家认为转基因农产品是安全可靠的；另一部分则基于生物安全评价的复杂性，对转基因农产品的安全性持谨慎乐观的态度。

1. 转基因农产品安全评价中的实质等同性

科学家认为，转基因农产品是安全可靠的。研究表明，人体摄入的外

---

① 《反转 OR 挺转：一场旷日持久的激辩》，http://www.biodiscover.com/topic/hot/237.html.
② 张林、饶毅《转基因期待理性》，《中国科学报》2013年1月1日，第18版。
③ 鲁伟：《转基因主流科学家：别让我们在误解和等待中老去》，《中国科学报》2014年10月27日，第1版。

来遗传物质会在人体内降解，从而失去活性，就不会对人体产生什么负面影响，更不会出现转基因食品中的 DNA 分子转移到人体组织的情况。因此，从食品构成和营养因子进行分析，转基因食品与传统食品具有实质等同性（Substantial Equivalence），在食品安全等级上应该是一样的。在国外，由美国生物技术教授普拉卡什（Channapatna S. Prakash）倡导的"以促进发展中国家的农业发展"为主旨的《支持农业生物技术的声明》（Declaration of Support for Agricultural Biotechnology），从 2000 年 1 月发表至今，"已征集到超过 3400 位来自世界各地科学家的签名，签名者包括 25 位诺贝尔奖获得者（多数为生理学或医学奖得主）和其他声望极高的科学家，他们是詹姆斯·沃森（James Watson）、保罗·伯格（Paul Berg）、诺曼·博洛格（Norman Borlaug）、保罗·博耶（Paul D. Boyer）、爱德华·刘易斯（Edward Lewis）、蒂姆·亨特（Timothy Hunt）、菲利浦·夏普（Phillip A. Sharp）等。"[1] 这些科学家基于自身的研究实践指出："我们作为科学共同体的成员在此签名，我们坚信 DNA 重组技术是既强大又安全的生物体改良手段，能够通过改进农业、医疗和环境而充分提高人类的生活质量。以负责任的手段对植物进行基因改良，这既不是新发现，也并不危险……我们作为科学家的目标，就是确保任何通过转基因技术生产出的新食品与现有食品相比一样安全甚至更加安全。"[2] 类似地，中国农科院黄大昉研究员认为："经过科学评估、依法审批的转基因作物是安全的，它的风险是可以预防和控制的。"[3] 为了更加全面了解科学家对转基因安全问题的态度，北京理工大学胡瑞法教授检索了 9333 篇有关转基因农作物的 SCI 论文。研究表明，"在 492 篇有关转基因食品安全影响的研究论文中，得出未发现安全问题的论文 459 篇（93.3%），可能不安全的论文 33 篇（6.7%）；在 1148 篇有关转基因生态安全影响的研究论文中，得出未发现安全问题的论文 1067 篇（92.9%），可能不安全的论文 81 篇（7.1%）"。[4] 这就是说，绝

[1] Scientists in Support of Agricultural Biotechnology，http：//www. agbioworld. org/declaration/index. html.

[2] 25 Nobel Prize Winners in Support of Agricultural Biotechnology，http：//www. agbioworld. org/declaration/nobelwinners. html.

[3] 《科学家"细说"转基因》，《光明日报》2013 年 7 月 22 日，第 13 版。

[4] 胡瑞法：《转基因安全性的 9000 篇论文分析》，《北京科技报》2015 年 1 月 26 日，第 52 版。

大多数的科学研究成果表明农业转基因技术在应用中未发现其在食品、生态和生产方面存在显著的负影响。

2. 转基因农产品全面安全评价面临着困境

由于目前转基因农产品安全评价的复杂性和技术难度，科学家还无法就转基因农产品对人体健康和生态环境是否会产生危害以及危害程度大小等问题给出翔实的定论。具体说来原因有三点。

其一，转基因农产品生物安全评价的复杂性。基于一种负责和谨慎的态度，一些科学家设想转基因农产品可能会包含一些未知的风险。例如，将外源基因导入其他生物体基因组中，是否会表达出新的致敏源或毒素？但现有的技术方法无法准确预测这些可能的后果。另外，在生态安全方面，具有抗虫或抗逆性的转基因农作物是否会对非目标生物产生影响，是否会出现人们所忧虑的基因污染、生物多样性减少等问题？对此类问题，我国生物学家旭日干院士认为："转基因生物安全是具体的，种类众多，千差万别，不同的受体生物、不同的外源基因、不同的基因操作方法、不同的接收环境，其安全性都会有很大的差异。要对转基因生物进行个案分析，要搞清楚是否存在危险或潜在风险、危害程度和概率有多大、其后果如何等问题，在具有足够技术资料和试验数据支持基础上才能做出科学判断。"[1] 因此，转基因农产品生态安全评价数据会受不同时间、不同地点和其他诸多环境元素的影响，使这一问题由于缺乏大样本调查及较长时间的大数据积累而不能深入分析。

其二，转基因农产品生物安全评价的渐进性。科学家认为，在一些转基因农作物中，转入的生长激素类基因有可能对人体生长发育产生影响。由于人体内生物化学反应的复杂性，有些影响可能会滞后表现出来，这需要有一个较长的验证周期。当前，在时间上还不能充分进行转基因农产品的安全性测试。在生态安全评价方面，有学者认为基于"生态系统特有的复杂性，到底应该抓住哪些主要参数还有待摸索。生态风险的出现还具有

---

[1] 冯华：《把好转基因生物安全关 专家解答能否放心食用》，《人民日报》2006年7月11日，第5版。

长期的滞后性，转基因生物的环境安全问题需要进行长期的系统研究"。①这就形成了一个验证困境：在推广应用转基因农产品之前，很难完全弄清其安全性和长期效应。

其三，转基因农产品动物模拟试验的局限性。科学家曾设想，通过动物模拟试验对转基因农产品的食用安全进行验证。1998年8月，在英国曾经出现过普斯陶（Arpad Pusztai）事件：科研人员普斯陶在其试验中发现老鼠在食用转基因土豆之后，其免疫系统遭到了破坏，这一"研究结果"通过媒体公布出来。随后，英国皇家学会组织专家进行同行评议，证实了"普斯陶试验"存在设计缺陷、试验动物数量少和统计方法不当等问题。这里也提出了转基因产品动物试验的局限性问题。袁隆平院士指出，公众对转基因作物之所以存在安全顾虑，主要是针对抗病虫的转基因品种，其基因来自细菌中的毒蛋白，但"现在的实验不能让人来做，都是通过小白鼠。但人是人，白鼠是白鼠，对白鼠没有任何危害，但对人不一定就没害，人与它们的机体是不一样的，所以对一些抗病抗虫的转基因食品要慎之又慎，要做好系统的安全评价"。②

（三）主流科学家应对转基因农产品的责任

在这样一个充满风险的技术时代，知识意味着权力，更意味着责任。科学家拥有专业性极强的科学知识和技能，有能力去通告、解决、预防可能的风险。因此，主流科学家有责任做好转基因农产品的安全评价，有责任回应人们的质疑，帮助人们客观认识转基因，引导人们走出生物安全评价的非科学误区。

1. 对内要切实加强生物安全问题的科学研究

面对一项新兴技术的出现，人们往往难以马上适应和接受，甚至会产生抵制和恐惧。因此，消费者不管出于什么原因质疑转基因农产品都具有一定的合理性。"挺转"者不能简单地宣传转基因技术带来的利益和效益，而对人们已经意识到的风险问题避而不谈。在转基因研究的历史上，在科学界内部早就出现过"反转"与"挺转"的争议。在20世纪70年

---

① 聂呈荣、骆世明、王建武：《GMO生物安全评价研究进展》，《生态学杂志》2003年第2期，第43~48页。

② 刘洋：《袁隆平说对转基因食品不能一概而论》，《人民政协报》2010年3月5日，第2版。

代初，伯格（Paul Berg）正在与同事做重组 DNA 分子的实验，在冷泉港实验室的工作人员普兰克（Robert Pollack）却打电话提醒伯格："你正准备做一个危险的实验，因此你不能做下去。"① 经过一番思考，伯格本人不能确保实验的安全性，决定终止实验工作。之后，伯格等 11 位著名科学家共同签名在 *Science* 杂志发表"重组 DNA 分子的潜在危害"一文，这就是历史有名的"伯格信件"。信件指出："我们很清楚，评估此类重组DNA 分子在人类风险理论和实践上的难度。然而，我们担忧那些任意应用此类技术可能会造成的不幸后果，这使我们要敦促所有在这个领域工作的科学家加入我们的行列，同意在风险评估和能找到解决那些关键问题的办法之前不从事上述科学实验。"② 这一举措使科学家赢得了社会公众的信任，既倡导了生物安全意识，又推进制定了重组 DNA 技术的研究规则，体现了科学家的社会责任和社会担当。因此，为取信于社会公众，我国科学家要继续针对转基因农产品的食用安全性和生态安全进行试验观测，特别是要分析新基因及其表达出的蛋白质毒性和致敏性、抗营养因子、抗生素抗性等指标，用数据和事实来努力消除人们的疑虑。

2. 对外要向社会公众提供更多真实的生物安全信息

当前，社会公众对农业转基因技术及其产品了解少，甚至包括很多误解，因而对其安全性疑虑较多。作为转基因农产品的潜在消费者，公众的消费态度在很大程度上会影响转基因农产品的未来命运。在一个科学技术迅猛发展的时代，促进公众对科学的理解和监督仍是一件意义重大的事情。因此，科学共同体"必须重视消费者的呼声，获得公众的认可，做好科学普及工作，让公众充分认识转基因农产品，信任生物技术的科研、产业化体系"。③ 为此，科学家有责任促进转基因农产品的社会认知和有效沟通，使公众理解转基因农产品的性质、社会价值、可能的风险、风险评价的现状与困境等问题，并且为公众积极参与生物安全评价提供平台和

---

① David E. Duncan. "Discover Dialogue: Biochemist Paul Berg," *Discover* (2005): 32 – 35.

② Paul Berg, etc. "Potential Biohazards of Recombinant DNA Molecules," *Science* (1974): 303.

③ 李蔚民等：《〈卡塔赫纳生物安全议定书〉及其对转基因农产品国际贸易和生物技术发展的影响与对策》，《生物技术通报》2000 年第 5 期，第 7~10 页。

机会，与公众应保持一种常态的、富有建设性的对话机制。科学家要结合自身的研究实践负责任地解释并澄清公众对转基因技术的质疑，给公众提供更多真实的生物安全信息，提升公众对转基因技术的认知水平。这样做就有助于理性认识生物安全问题，减少公众的过度恐惧和疑虑，使生物技术进步赢得公众的信任，让这类技术的发展更加透明和公正。

（四）我国转基因农产品推广的现实抉择

目前，人们仍然对转基因农产品安全性问题意见分歧，短期内要达成共识绝非易事。如果我们不接纳此类技术和产品，而只是等待、徘徊和观望，也就从根本上排除了它发展的宜人性和长远的预期利益。为此，建议我国参照"权衡利弊、搁置争议、加强研究、有序推广"的原则，以战略眼光看待转基因农产品的推广和应用，不能错失转基因技术的历史发展机遇。为此，我们需要注意以下四个方面。

1. 转基因农产品保障粮食安全的优先性和战略性

为弥补粮食短缺，我国已经开始大量进口国外的转基因农产品。2013年3月，中央农村工作领导小组副组长陈锡文对媒体指出，"去年我国进口了5838万吨大豆，其中绝大部分是转基因大豆，主要来自于美国、巴西和阿根廷。在相当一段时间内，中国进口一定的转基因农产品不可避免。目前我国大豆的产量是1300万吨左右，但需求量超过了7000万吨。"[①] 这就是说，我国虽然没有大面积种植转基因农作物，却在大量进行转基因农产品了。

近年来的中央农村工作会议都强调指出，我国是一个人口众多的大国，必须确保我国的粮食安全，解决好吃饭问题始终是治国理政的头等大事。"要坚持以我为主、立足国内、确保产能、适度进口、科技支撑的国家粮食安全战略。中国人的饭碗任何时候都要牢牢端在自己手上。我们的饭碗应该主要装中国粮，一个国家只有立足粮食基本自给，才能掌握粮食安全主动权，进而才能掌控经济社会发展这个大局。"[②] 这是我国的现实国情，也是我国考虑农业转基因发展问题的立足点。邓小平早在1986年

---

① 姜虹：《还转基因产品本来面目》，《中华工商时报》2013年3月15日，第18版。
② 《中央农村工作会议在北京举行》，《人民日报》2013年12月25日，第1版。

就指出："将来农业问题的出路，最终要由生物工程来解决，要靠尖端技术。"① 我们必须看到，农业转基因技术及其产品具有自身的特点和优势，如高产、优质、抗逆性强等。在 2013 年 12 月 23 日召开的中央农村工作会议上，习近平总书记强调指出："转基因是一项新技术，也是一个新产业，具有广阔发展前景。作为一个新生事物，社会对转基因技术有争论、有疑虑，这是正常的。对这个问题，我强调两点：一是要确保安全，二是要自主创新。也就是说，在研究上要大胆，在推广上要慎重。转基因农作物产业化、商业化推广，要严格按照国家制定的技术规程规范进行，稳扎稳打，确保不出闪失，涉及安全的因素都要考虑到。要大胆研究创新，占领转基因技术制高点，不能把转基因农产品市场都让外国大公司占领了。"② 2015 年 2 月，中共中央、国务院印发了《关于加大改革创新力度加快农业现代化建设的若干意见》，明确指出要"强化农业科技创新驱动作用……加强农业转基因生物技术研究、安全管理、科学普及"。③ 可以说，转基因技术已成为我国农业核心竞争力的一个关键点。目前，适应国际形势的需要，在我国发展转基因技术、推广转基因农产品对解决粮食安全问题具有重大现实意义。

2. 转基因农产品研发的科学性和规范性

在科学研究方面，我国从"十一五"时期开始，就设立了国家转基因重大专项，之后又实施了转基因生物新品种培育科技重大专项，加快实施种子工程和畜禽水产工程。国家层面上的大力扶持为推动转基因农产品的研究和产业化提供了前提。为此，主流科学家有责任为转基因的健康发展做出权威的科学导向。我国科学家还要与国际同行专家密切合作，构建系统的生物安全评价方法、评价标准、评价指标等，通过有效跟踪监测和监督报告机制来保障转基因农产品的安全性。

在研究规范方面。当人们发现社会缺失有效的生物风险预警和规范机

① 邓小平：《邓小平文选》（第 3 卷），人民出版社，1994，第 275 页。
② 中共中央文献研究室：《十八大以来重要文献选编》（上册），中央文献出版社，2014，第 676~677 页。
③ 中共中央、国务院：《关于加大改革创新力度加快农业现代化建设的若干意见》，http://www.gov.cn/zhengce/2015-02/01/content_2813034.htm。

制时，对转基因农产品的接受意识就会趋于保守，甚至采取强烈的抵制行动。对科学技术事业进行有效的安全管理和监督，已经成为现代政府的一项重要社会治理职能。既然我国已经认可了转基因农产品的发展优势，就要使其在一定的规范下有序发展。在借鉴他国经验、紧密结合国情的基础上，我国十分重视生物安全的基础研究，强化生物风险的防范机制，通过制定生物安全操作规则、生物技术法律法规，对转基因技术进行规范管理。我国已经先后制定和实施了《基因工程安全管理办法》《农业生物基因工程安全管理实施办法》《农业转基因生物安全管理条例》《农业转基因生物标识管理办法》等法规。

3. 转基因农产品推广的选择性和有序性

在转基因农产品推广中，我国应该分阶段进行，要优先选择成熟的技术类别，优先选择推广社会争议少、非食用的转基因农产品，如转基因抗虫棉，让公众体验转基因农产品的优势，之后再推广其他食用类转基因农产品。另外，在当前部分公众对转基因农产品安全性仍然存疑的情况下，要充分尊重消费者意愿，维护其合法权益，规范实施转基因产品强制标识管理。通过醒目的标签让消费者获得食品成分的构成、基因来源和制作过程等详细信息。这必将有助于人们以一种理性的心态来对待生物安全问题，将逐渐赢得消费者的信任，有利于妥善解决生物安全评价问题。

4. 转基因农产品宣传的客观性和中立性

科技信息的社会扩散在很大程度上依赖各类现代媒体。现代媒体对公众的科学素养的提升和科学态度的塑造具有重要的影响力。当前，我国要加强科技舆论的宣传力度、提升公众的科学认知水平、建立和完善生命科学普及机制势在必行。我国应专门为公众提供一个理解生物技术研究与发展成果的交互式媒介平台，为公众敞开生物技术发展信息的沟通渠道。更为重要的是，无论从政府公信力、科学家诚信还是从媒体伦理的角度来讲，在对转基因农产品进行宣传时，都要尽可能保持客观性和中立性。例如，目前并没有科学证据表明"非转基因产品"一定比"转基因产品"效果更好。因此，中央电视台广告经营管理中心发布《关于"非转基因产品"广告的审查要求通知》指出："对我国乃至全球均无转基因品种商业化种植的作物如水稻、花生及其加工品的广告，禁止使用非转基因广告词；对已有转基因品种商业化种植的大豆、油菜等产品及其加工品广告，除按规定收取证明材料外，禁止使用非转基因效果的词语，如更健康、更安全等误导性广告词。"① 因此，为实现转基因技术的健康发展，有必要为之营造一个适宜的社会舆论氛围。

可以说，人们围绕转基因农产品的安全性争议还将持续下去。主流科学家要应用自己的知识、能力在政府与公众之间担当起桥梁作用，既要扎实地做好本职的科学研究工作，又要适时地为政府当好参谋，还要积极促进公众理解科学。这是现代社会赋予主流科学家乃至整个科学共同体的光荣使命，必将有助于实现我们的科技强国梦。

---

① 赵光霞：《央视叫停非转基因广告词：禁止宣称"更健康"》，http：//media. people. com. cn/n/2014/1010/c120837 – 25805425. html。

第六章　技术风险社会的责任教育

人类社会已经跨进一个风险迭起的时代，而风险的技术成分日益增多。通过强化人们的技术责任伦理和风险忧患意识，努力减少技术的误用和滥用，进而走向技术善的维度。在此社会背景下，对责任伦理的诉求更加强烈。我们可以合理地对技术风险进行批判，批判不是为了单纯地否定技术，而是为了更好地建构技术。这一切都离不开对人们的责任教育，通过责任担当意识的培养，使之能够负责任地进行技术创新，进而有效地去规避风险。

一　陈昌曙的技术批判思想

陈昌曙先生的技术哲学论著，包含了他对技术批判思想所持的立场和观点。技术批判思想的产生具有历史必然性，它既是社会日益技术化的发展要求，也是为了应对各种技术异化风险带来的挑战。技术批判思想的产生与发展基于技术的两重性，与技术悲观主义密切相关，表现为社会、生态、政治和道德等多元化的批判视角。探析技术批判思想是我们全面认识技术负价值维度的需要，也是深化技术哲学研究的需要。陈先生认可并发掘了技术批判思想所蕴含的合理性与劝诫意义，这有助于我们全面评价技术的价值和社会功能，有助于减弱或消除技术异化现象，有助于汲取技术发展的教训。我们既不能一概否定技术批判思想，也不能一味地去搞技术批判，弥足珍贵的是通过技术批判来构建技术，进而完善技术的应用。

在我国技术哲学事业的初创与建制时期，陈昌曙先生既致力于工程主义技术哲学传统的研究，也注意吸纳人文主义的技术哲学思想，其中包括各种技术批判思想和理论。在其论著中，陈先生不但在多处提及并阐述已有的技术批判思想，而且承认技术批判思想具有一定的合理性。作为一位严肃的学者，他对技术发展及其价值问题采取的是一种辩证、务实和前瞻的态度，完全不同于盲目的技术乐观主义。在技术风险潜伏和不断发生的当代，探析陈先生对技术批判思想的立场和观点具有重要的现实意义。

（一）技术批判思想产生的必然性

无论源自什么视角的技术批判思想，都是针对某类技术现象的深入思考，其产生具有一定的历史必然性。

1. 日益技术化的社会要求人们全面思考技术问题

陈先生认为："哲学之所以能对其他领域、其他学科有影响，是因为哲学有着从总体性、根本性和普遍上来思考问题的特点，或哲学乃是穷根究底思考的结晶和表现。"①

然而，哲学对技术的关注和普遍思考从时间上来说却比较晚。大家认可的时间点就是卡普（Ernst Kapp）在 1877 年出版《技术哲学纲要——用新的观点考察文化的产生史》一书，这是技术哲学学科形成的标志。事实上，人类社会形态早就日趋技术化。特别是 20 世纪以来，科学技术一路高歌猛进，极大地改变了世界的面貌，汇聚了人们的关注目光。具体说来，技术在社会实践层面既引起生产方式、经济构成和社会结构的深刻变革，也引起人们生活方式、行为方式、思维方式、心理世界和价值观念的巨大变化。可以说，技术进步已经深度影响和构建了人类史、社会史和自然史的发展进程，人类、社会与自然界越来越"被技术化"了。频繁的技术活动和多样化的技术产品必然会影响人们的哲学意识和价值判断。比如，由技术发展和应运而生的技术工具理性曾经一度在社会广泛流行，人们为此达到近乎迷恋和贪婪的地步。相比之下，价值理性却一再失落和迷失。可以说，技术越向前发展，技术对社会的影响越大，就越要求人们对技术的思考走向全面和深入。在此全面思考技术发展问题的过程中，人们生成某种技术批判思想是必然的。

2. 技术异化的日渐显现推进了技术的批判维度

随着技术的纵深发展，技术产生的后果严重背离了技术目标。技术异

---

① 陈昌曙：《技术哲学引论》，科学出版社，1999，第 2 页。

化问题日渐显现、不断积淀，由此而来的危机和灾难也不断发酵，并被越来越多的人所觉察、感知，甚至是遭受其害。在当今社会，技术的破坏性潜能同其建设性潜能几乎在同步增长，正如法国学者斯蒂格勒所指出的那样："技术既是人类自身的力量，同时也是人类自我毁灭的力量。"① 基于生态环境遭破坏、人性受侵袭、心理被扭曲等事实的积累，以及不断加剧的技术价值裂变和技术风险现象，致使越来越多的现代人开始意识到技术既不是"万能"的，更不是"至善"的，由此而来的技术批判之声此起彼伏。陈先生曾言简意赅地指出："对技术持批判态度的一个出发点和结论，是认为技术还有其消极的方面或有其两重性，西方的一些学者把这种两重性称为'技术悖论'（technological paradox），指技术产生的后果与技术要实现的目的相背离或不一致。"② 因此，技术批判思想的产生绝不是空穴来风或"无病呻吟"，而是针对技术发展某种"病态"（导致了"病态"的人、"病态"的社会、"病态"的自然界）的"警世通言"。

　　科学技术的社会发展史表明，技术越向前发展，其次生效应问题也会越多。陈先生注意到，在 20 世纪特别是第二次世界大战以后，对技术持悲观和否定态度的人比已往要多得多。这些人既包括科学家（如居里夫妇、爱因斯坦等），也包括哲学家（如法兰克福学派的学者、存在主义者等）。出现上述情况，主要原因在于"20 世纪的技术进步比马克思恩格斯的时代更为迅速，与之有关的社会问题也更为复杂"。③ 可以说在整个 20 世纪，围绕科学技术的发展和应用发生了太多令人费解和烦心的事情，给人们提供了多样化、立体化的技术反思素材。但凡有健全心智的人都不会无视这些复杂的技术与社会问题。立足于全球问题的不断涌现，陈先生指出："现代技术以其不可抗拒的巨大威力对人类生活的各个方面发生深刻的影响，它造成了社会经济和文化的进步，技术应用又带来了资源短缺、生态失调等全球问题。在这种情况下，哲学家们再不能漠然看待技术，这又使技术哲学在近 30 年里有了迅速的发展。"④ 从漠然到应然，有越来

---

① 〔法〕贝尔纳·斯蒂格勒：《技术与时间》，裴程译，译林出版社，2000，第 100 页。
② 陈昌曙：《技术哲学引论》，科学出版社，1999，第 238 页。
③ 陈昌曙：《技术对哲学发展的影响》，《自然辩证法研究》，1986，第 6 期，第 1~8 页。
④ 陈昌曙：《陈昌曙技术哲学文集》，东北大学出版社，2002，第 83 页。

多的哲学社会科学工作者开始关注技术的社会影响问题。正如高亮华教授所述:"技术尽管不能被断定是问题之源,但折射着所有的问题。因此,任何一位思想家都难以回避对技术的哲学反思,因为这种反思实际上就是对人类的前途与未来的沉思与求索。"① 这也许正是技术哲学是"一个有着伟大未来的学科"原因之一。

(二) 现存技术批判思想的若干特点

无论是作为一种理论建构,还是作为一种社会思潮,技术批判思想至少具有以下三个特点。

1. 技术批判思想基于技术的两重性

毫无疑问,技术的两重性、技术异化现象是技术批判思想产生的现实基础。人们通常所说的技术两重性主要是指技术"善恶价值"的两重性。陈先生主张:"我们在列举技术的功过时不应把'技术的两重性'与'技术应用的两重性'分得那么清楚,即既要讲技术本身就有的积极方面,讲'善的'技术,及技术应用的有益后果,也批判技术本身就有的消极后果,讲'恶的'技术,及批判对技术的无约束、无节制和不合理应用的有害后果。"② 陈先生结合现实技术发展和应用的情况,在其著作中概括出八个方面的技术两重性。正是存在着类似的技术之"恶果"引发了人们对技术的批判性反思,以致走到"叫停"技术发展的地步。

2. 技术批判思想与技术悲观主义的关联性

赵建军教授认为:"技术悲观主义作为一种人类的心理倾向,它是根植于人的潜意识深层的一种忧患意识;作为一种理性存在,它是一种否定性的思维方式;作为一种方法,它是技术理性批判的一种表现形式;作为一种社会思潮,它是技术两重性内在矛盾的外部表现。"③ 技术悲观主义者往往对技术的现实充满怨恨和忧虑,对技术的未来发展缺乏信心。人们为何会对技术的发展产生悲观的态度或心理? 这总是因为在技术发展的过去和当下产生了令人不满的问题,悲观的人们对技术进行思考与批判就在

---

① 高亮华:《"技术转向"与技术哲学》,《哲学研究》2001 年第 1 期,第 24～26 页。

② 陈昌曙:《技术哲学引论》,科学出版社,1999,第 240 页。

③ 赵建军:《技术"走向"悲观的文化审视》,《自然辩证法通讯》2002 年第 1 期,第 3～8 页。

所难免了。可见，技术批判思想与技术悲观主义有着很强的关联性，甚至可以说它们具有"实质等同性"。

3. 技术批判思想的多元性

人们已经从多种视角对技术活动、技术产品和技术的社会影响进行反思与批判。从已有的文献看，基于社会学视角和生态学视角的技术批判思想最为集中和突出。

社会学视角的技术批判。技术与社会的关系是极其密切和复杂的，不存在什么脱离社会实际的"纯粹技术"。技术生成于一定的社会环境中，有一定的社会需求动力，技术成果也要被特定的社会系统吸收、转化、扩散和实用化。因此，我们完全可以用不等式和等式来表明技术与社会的关系："技术≠技术"，"技术＝技术＋社会"。陈先生认为："从技术产生的社会根源和社会后果去批判技术由来已久。"① 如我国古代的庄子在其作品中就提到技术发端于人们省力的愿望，机械技术会造成"人为物役"和投机取巧，即所谓"有机械者必有机事，有机事者必有机心"。近代的卢梭则认为农业技术和冶金技术是人类社会不平等的起源和基础。19世纪以来，包括马克思、恩格斯在内的思想家都把对技术的批判与对社会制度的批判紧密联系起来，而这完全是合乎逻辑的。

生态学视角的技术批判。由于人们在广泛应用技术的历史过程中，不断出现误用和滥用技术的情形，这引发并积累了诸多生态危机和环境公害问题。人们从生态学视角对技术进行批判就显得更为直观和有针对性了，也能引起社会公众的思想共鸣和积极响应。陈先生依据马克思主义经典文献，认为"马克思主义开创了从生态视角看待人类改造自然的先河"，特别是"恩格斯深刻地批评了技术的无节制应用，在生态的技术批判上有开创性"。② 20世纪60年代以来的工业和经济的高速增长，引发了更为严重的生态问题。人们对技术的生态学批判汇合成一股世界性潮流，也体现为《寂静的春天》《人类环境宣言》《增长的极限》《熵：一种新的世界观》等一系列具有广泛世界影响的著作。陈先生本人非常重视从生态学

---

① 陈昌曙：《技术哲学引论》，科学出版社，1999，第244页。
② 陈昌曙：《技术哲学引论》，科学出版社，1999，第252页。

视角对技术进行批判性思考，他在"从哲学的观点看可持续发展"一文中提出了 27 个有关可持续发展值得探讨的问题，其中包括"该怎样来认定和评价技术悲观主义？《增长的极限》对可持续发展的提出有重要的贡献，何以说《增长的极限》是技术悲观主义的代表作……怎样说明科学技术的两重性？是科学技术本身既好又坏，还是科学技术本身无所谓好坏（科学技术是中性的），只是人们对科学技术的应用才有双刃剑作用，使科学技术既能为善又能为恶"？① 因此，日益严峻的生态问题加快了人们对技术价值的批判性反思。

随着技术发展过程中异化问题的进一步暴露，人们对技术的思考逐渐深入，人们对技术的批判也日益多元化。正如陈先生所讲："除了社会的、生态的技术批判，还可能会有政治视角的、宗教视角的或艺术视角的技术批判。"② 不止于此，人们已经分别从文化视角、道德视角、女性主义视角、心理学视角和现象学视角等对技术进行了批判性反思。

（三）技术批判思想的内在合理性

毫无疑义，人类社会的发展和进步已经离不开技术，甚至是严重地依赖技术、沉溺于技术。但是，这绝不能成为我们单纯地崇尚技术、不去批判技术的充分理由。

1. 技术批判思想有助于全面评价技术的价值和社会功能

美籍德裔学者汉斯·约纳斯不无深刻地指出："现代人更多地考虑技术上能否做到，而对技术说'不'的能力和智慧已经荡然无存了。技术不仅改造了人类所生存的整体自然，更为重要的是技术重新界定了人的性质。人不再被视为智慧的人（homo sapiens）了，人的本质就是劳动的人（homo faber），或者说技术的人。"③ 我们应该承认，在许多技术批判思想中包含着对技术说"不"的能力和智慧，这并不是简单地对技术进行否定、消解和颠覆，而是为了重建技术的人文价值。同时，这还将有助于我们全面而深刻地思考技术问题。

---

① 陈昌曙：《陈昌曙技术哲学文集》，东北大学出版社，2002，第 310 页。
② 陈昌曙：《技术哲学引论》，科学出版社，1999，第 240 页。
③ 张旭：《技术时代的责任伦理学：论汉斯·约纳斯》，《中国人民大学学报》2003 年第 2
期，第 66~71 页。

在古代和近代早期，只有少数人对技术持些许怀疑观点。19 世纪以来的多数学者对技术发展也都是持肯定和赞许的态度。然而，现代的一些哲学家特别是人文主义的技术哲学家，则对技术持强烈的批判态度，在现代还出现了技术悲观主义的思潮。可见，人们的技术态度是在不断发展变化的。对此情况，陈先生清醒地指出："我们历来不认同技术悲观主义，也几乎不讲技术批判主义有多少可取之处，本书（指《技术哲学引论》）亦主要是以肯定的口吻评述技术。然而，技术批判主义、技术悲观主义是不该被淡化、一笔带过或轻易排除的。技术批判主义毕竟是严肃学者们认真思考得到的学术观点，应当作为一个学派被接纳和研究。技术悲观主义思想确有合理的内核和有益的忠告，绝非只是危言耸听或无稽之谈。"① 陈先生的这番话意味深长，具有一定的前瞻性。毕竟在我们这样一个强调"科学技术是第一生产力"的国家，我们的整体科技水平还比较低，我们还要大力发展科学技术以便解放生产力、发展生产力。在我国，从上到下一直坚持"实现四个现代化，关键在于科学技术现代化"以及"科学技术工作必须面向经济建设，经济建设必须依靠科学技术"这样的发展理念。在如此推崇科学技术价值的社会氛围下，谈论所谓的技术批判思想，确实需要很大的理论勇气。陈先生认可技术批判主义思想的有益性，无疑显示了他的远见和勇气。毕竟，对科学技术的迷信、崇拜、盲目拔高和夸大的社会心理，会使公众进入一种对技术后果的集体无意识状态，不能警惕技术造成的危害，也会丧失对技术风险的感知和预警，也不利于我们全面评价技术的价值和社会功能。

2. 技术批判思想有助于减弱或消除技术异化现象

我们以为，探讨技术批判思想的意义不在于对技术的批判和否定，而在于对技术的建设和完善，在于减弱或消除技术在社会层面的异化现象。陈先生在论述了工业生态化的矛盾和困难之后指出："列举这些矛盾和困难，本意不是要散布悲观的论调。加强对工业生态学的宣传教育，正视矛盾，努力寻求克服困难的措施，就有希望。"② 比如，生态视角的技术批

---

① 陈昌曙：《技术哲学引论》，科学出版社，1999，第 238 页。
② 陈昌曙：《陈昌曙技术哲学文集》，东北大学出版社，2002，第 324 页。

判引起了人们对"全球问题"的广泛关注和讨论，人们提出了一系列保护生态环境的理念和举措。"可持续发展观"也正是在批判性反思技术问题和传统发展观局限的基础上提出的。技术批判思想的产生有其理论背景和现实依据，也必然会有针对技术异化问题的原因分析和对策思考。这样看来，技术批判思想将给人们"拯救"技术提供思路，有助于减弱、甚至消除技术异化现象。

（四）陈昌曙技术批判思想的现实启发性

各式各样的技术批判思想存在着、发展着。在我们抛开技术批判思想的某些极端成分后，会发现其内在的合理性展示了其有益的启发性。

1. 发展技术哲学要对多种思想兼收并蓄

技术哲学的学科发展需要借鉴和吸纳国内外各种有益的技术思想。事实上，陈先生早已意识到："如果不十分重视了解欧美技术哲学发展的动态，不尽力追踪学科前沿，就不可能在前人和他人成就的基础上提出自己的有新意的见解，乃至几乎不能从事这门学科的研究。"① 为此，我们也要批判地吸纳已有的技术批判思想，以充实完善技术哲学知识体系。陈先生在谈及技术哲学基础研究的问题时，强调要关注西方马克思主义者（如哈贝马斯、马尔库塞等）的思想，并提出了以下问题："是否已形成了他们独特的技术哲学，他们的技术哲学思想有哪些方面的内容，其中是否有合理的东西，如果有，是什么？有哪些观点虽不尽正确却值得我们深入研究，这些观点是什么？近十多年里，国外的技术批判主义（如新卢德主义）沿袭了'西马'的观点，我国的一些学者在批评'工具理性'时实际上也吸取了'西马'的思想，我们该怎样认识技术批评主义与技术理性主义的关系，工具理性与人文理性的关系？"② 上述问题直接或间接地都与技术批判思想相关联。

陈先生还把探讨和分析技术批判思想，作为技术哲学研究的重要任务来抓。他认为："作为技术哲学的研究者，我们又不能把技术的社会批判放在一边，不能把技术批判当作无关紧要的事情，相反，当今我国技术哲

① 陈昌曙：《陈昌曙技术哲学文集》，东北大学出版社，2002，第97页。
② 陈昌曙、陈红兵：《技术哲学基础研究的35个问题》，《哈尔滨工业大学学报》（社会科学版）2001年第2期，第6~12页。

学研究的头等重要的任务，恰恰是要在理论上正确地阐明技术的合理性程度，正确地说明技术的两重性，正确地分析海德格尔、法兰克福学派和新卢德主义对技术的批评，论证技术理性、工具理性与人文理性、价值理性的关系，并且要在实践上探讨技术评估的原则和方法，探讨技术的社会控制的机制和手段，探讨如何把握和调适公众的技术态度。"① 不可否认，多种流派的技术批判思想将会拓展我们对技术认识的层次和范围。

2. 关注技术的负价值维度

我们已经习惯于从积极的意义上肯定技术是推动人类社会发展的生产力功能。但只有这种积极意义的技术价值评价，绝不是全面、客观的技术价值评价。为此，我们当前要更多地关注技术的负价值问题。陈先生辩证地指出："历史的经验表明，正是科学技术正价值无节制地发挥导致其负价值的呈现，正是无限制地变革自然（在'做大自然的主人'、'向地球开战'的口号下的活动）导致了受自然惩罚的后果。"② 在对待技术价值问题时，我们的技术态度应该务实合理、全面客观。陈先生还指出："发挥科学技术的积极作用不能在漠视科学技术的负价值条件下实现，重视可持续发展也不能在低估科学技术的正价值的条件下落实。在中国目前还不够发达的情况下，要恰当处理科学技术正负价值的平衡，确实极难做到。"③ 尽管有难度，我们也要知难而进。

总之，陈先生认为，尽管对"技术批判主义"和"工业文明终结论"的讨论或争论是复杂和困难的，但这个讨论对哲学社会科学工作者是无法回避也不该回避的。我们必须正视技术批判思想及其现实合理性，从中汲取针对技术未来发展的教训，进而积极地探讨问题的解决方案。通过反思技术、理解技术，进而完善技术的发展和应用。

二　技术风险图景中的责任伦理

在物质利益的驱动下，人们极度彰显技术理性、无节制地运用技术，

---

① 陈昌曙、远德玉：《也谈技术哲学的研究纲领》，《自然辩证法研究》2001 年第 7 期，第 39～42 页。

② 陈昌曙：《陈昌曙技术哲学文集》，东北大学出版社，2002，第 313 页。

③ 陈昌曙：《陈昌曙技术哲学文集》，东北大学出版社，2002，第 314 页。

无意构造了一幅令人恐慌的技术风险图景。技术风险已成为当下学界和公众舆论关注的热点。为应对技术风险、进行风险治理，我们要在有效技术监管的同时，构建一种全方位的技术责任伦理，凸显其社会性、公共性和开放性，发挥其规范引导作用，重构人类社会安全的、充满希望的技术图景。

科学技术的深度发展及其伴生的负面影响已形成一幅令人焦虑的技术风险图景，使当下世界越来越具有复杂性、非确定性和非均衡性。面对技术现代化、全球化的严峻挑战，既需要积极发挥人类社会的制度理性，也需要重塑并强化人们的技术责任伦理，唤醒人类作为整体行为主体的危机意识、忧患意识和拯救意识。这必将有助于我们去深刻认识和有效治理基于技术风险的社会危机。

（一） 风险社会中的技术构成及其特征

当前流传甚广的"风险社会"并不是一个虚拟的恐慌概念，它已经成为无可置疑的事实，也成为社会舆论以及哲学、社会学、管理学、政治学、心理学等学科关注的热点。正如德国学者乌尔里希·贝克认为："风险社会理论是对未来世界也是对现实世界将可能存在和业已存在的'社会疾病'，经过详细地了解分析之后得出的一个诊断性结论。该结论是预见性和判断性的统一。"① 因而，我们应该在风险意识中以积极的姿态去思考如何面对风险和规避风险。换言之，我们要对现代社会状况进行系统的"病情分析""病理诊断"，进而去有效地"救治"。

1. 风险社会中的技术构成

人类社会的当代运行机制已经面临着一种可能性，即一项失误的技术决策或新技术成果的不慎应用有可能会威胁整个社会的安全，人类社会已经行进在技术长河的薄冰上。在工业文明和科学技术迅猛发展的大背景下，在人类对未知领域不断拓展时，风险社会的技术成分日益增多，染指了人类生活世界的诸多领域，甚至转化成政治风险、经济风险、健康风险和生态风险等。贝克认为，在西方社会除了深刻影响卫生、农业、外交、

---

① 薛晓源、刘国良：《全球风险世界：现在与未来——德国著名社会学家、风险社会理论创始人乌尔里希·贝克教授访谈录》，《马克思主义与现实》2005 年第 1 期，第 44～55 页。

商贸和欧洲一体化的疯牛病危机以外，"肯定还会有一些新风险类型，比如说，核动力风险、化学产品风险、生物产品风险……所以在人类已经进入核技术时代、基因技术时代或化学技术时代的今天，所有的风险和危机都不仅仅有一个自然爆发的过程，而且还有一个在极大范围内造成惶恐和震颤从而使早已具体存在的混乱无序之状态日益显现的社会爆发的过程。"① 技术价值的多重性和裂变性，既会给人类社会带来进步和繁荣，又会带来风险和危机。可以说，技术风险问题充分反映了技术异化、技术悖论、技术恐惧和技术霸权等现代技术现象。我们认为，当今人类社会涌现的新型风险大多来源于高技术的发展和广泛应用（多是误用和滥用），也源于技术风险的社会识别机制、预警机制和防御机制的匮乏或失灵，更源于一种技术责任伦理的严重缺失。

2. 技术风险的主要特征

与其他类别的风险相比，技术风险已表现出以下特征。

其一，技术风险波及范围的全球性。技术风险已呈现出全球性，其"蝴蝶效应"式的影响超越了国家、民族和个体的边界，势必相对均等地危及全球社会的每一名成员，甚至会影响到子孙后代。例如，以生态危机和核危机为现代表征的技术灾难是没有地区界限的。20世纪70年代以来相继发生了美国三里岛核电站爆炸事故（1979）；美国联合碳化物公司在印度的农药厂毒气泄漏事故（1984）；乌克兰切尔诺贝利核电站核泄漏事故（1986）；日本福岛核电站泄漏事故（2011）等。以上事故都引起了全球性的心理恐慌。如果技术风险的影响相互叠加到一定程度，无疑会对整个人类的生存构成严重和持久的威胁。同时，高度发达的信息技术、网络技术和交通技术也为技术风险信息在全球社会的迅速扩散提供了便捷途径，强化了人们对技术风险全球性、不安全性的心理感受。

其二，技术风险的不公开性。技术风险往往具有较强的潜伏性，不容易为人们所察觉。在较短时间内，人们对于技术风险的感知往往是模糊的、主观的、甚至是猜测的。正如贝克所讲，技术风险"一般是不被感

---

① 〔德〕乌尔里希·贝克：《从工业社会到风险社会》（上篇），王武龙译，《马克思主义与现实》2003年第3期，第26～45页。

知的，并且只出现在物理和化学的方程式中（比如食物中的毒素或核威胁）。技术风险，首先是指完全逃脱人类感知能力的放射性、空气、水和食物中的毒素和污染物，以及相伴随的短期和长期的对植物、动物和人的影响。它们引致系统的、常常是不可逆的伤害，而且这些伤害一般是不可预见的"。① 例如，放射性物质衰变后的产物会以不同的形态存在，将会渐进地对人体产生危害，导致人体器官衰竭和病变；一些化学毒素或重金属粒子通过空气或饮用水进入人体，逐步累积后会引起人体组织和器官癌变。令人忧虑的是，当人们能够感受到身体的变化时，往往为时已晚矣！

其三，技术风险发生时间的不可预测性。人们的技术活动会引起次生效应或负面影响，人们却不能准确地预测其发生的时间。相对于传统风险，技术风险具有更大程度的不可预测性，并且其发生时间往往存在一定的滞后性。人们常常是在技术风险演变成技术危害的事实时，才能真正意识到技术风险的存在。学者吉登斯曾认为："现代科技所带来的不可预知的风险，目前我们并没有可以去借鉴的历史经验，因为我们并不能准确地预测这些风险到底是指什么，就更谈不上对技术风险进行一定的规律探索，从中找到解决办法了。"② 比如氟利昂具有稳定的化学性质，被人们长期应用于冷冻设备和空气调节装置的制冷剂，但终究也成为破坏臭氧层的元凶！

其四，技术风险产生的不可避免性。在全球化、市场化的风险社会阶段，源于现代文明的技术风险具有不可避免性。也就是说，科学技术的发展与进步必将伴生着不同程度的技术风险。现代技术本身就是一个大系统，它与政治、经济、文化等系统交织在一起，构成了一个更为庞杂的巨系统。任何一个子系统出现问题，必将影响到整个系统的稳定性。可以说，"风险可被界定为系统地处理现代化自身引致的危险和不安全感的方式。风险与早期的危险相对，是与现代化的威胁力量以及现代化引致的怀疑的全球化相关的一些后果"。③ 因此，科学技术的发展速度越快，其社

---

① 〔德〕乌尔里希·贝克：《风险社会》，何博文译，译林出版社，2004，第16页。
② 〔英〕安东尼·吉登斯：《现代性：吉登斯访谈录》，尹宏毅译，新华出版社，2001，第95页。
③ 〔德〕乌尔里希·贝克：《风险社会》，何博文译，译林出版社，2004，第9页。

会应用越广泛，人造风险的种类就越多。这是人类社会走向现代化难以回避的发展怪圈，也是技术进步的必要代价。

（二）技术风险图景的成因

技术发展已经为我们构造了令人颇感恐惧的技术风险图景。我们必须分析其形成的原因，进而去寻找弱化和匡正的良方。

1. 技术工具理性的极度张扬与技术崇尚

在人类思想史上，启蒙思想家曾经对人类的理性充满了无限的期待：人类的认识能力是无限的，只要对自然界和人类社会的知识认识得越多，就可以更多、更有效地去掌控整个世界。人们越能理解世界和自身，就越能按照自己的意愿去重构未来，实现人类最大的福祉。在人们看来，人类认识的无限可能性与控制世界的无限可能性存在着正相关的关系。自从人类社会进入工业社会以来，在张扬技术工具理性的同时，不断地萎缩了价值理性。人们凭借技术工具理性，一直在自然面前高歌猛进，狂欢自诩为自然界的主人。

正是人类自负于理性，使人们无限制地发展技术、使用技术。但是，技术力量的扩张和统治自然的能力必将有一个极限，其弊端也已逐渐显现。可悲的是，许多人却相信通过研发更为精致的技术可以消除技术现代化过程中的次生效应。诚然，这是一种肤浅的、盲目的技术乐观主义或技术崇尚。对此种思潮，马尔库塞严肃地指出："必须提出一个强烈警告，即提防一切技术拜物教的警告。"[①] 事实证明，人类的技术理性具有有限性，人们在特定的历史阶段不可能预知一切、操控一切。

2. 人类对技术无节制地运用与技术依赖

毫无疑问，技术进步通过生产工具的改进和生产力的提高而推动着人类社会的发展。在市场经济条件下，人们倾向于把技术作为获取经济利益的主要手段，就会在各种利益驱动下把技术全面地运用于生产和生活实践中。当今技术至上主义与消费主义合谋，更是加剧了上述状况。但是，人们总是试图利用科学技术手段来判定并控制风险，试图通过进一步发展技

---

① 〔德〕马尔库塞：《单向度的人——发达工业社会意识形态研究》，刘继译，上海译文出版社，2006，第 214 页。

术来消除不确定性，进而规避风险。人们认为只需要掌握更好的技术、更多的知识，就可以更为准确地应对风险。然而，这只是人们的一个错觉。E. 舒尔曼指出："技术的可能性和后果是如此无所不及，一切事物如今是如此打上了技术的烙印，而技术的发展速度又是如此令人咂舌，以至于使人感到，在技术的许诺本身的同时，出现了对人类及其未来的可怕威胁。技术正在变成全球性的力量。它开始染指于人类历史的根基，而且正在向人类历史注入极不稳定的因素。"① 尤其在技术资本主义时代，为追求确定性而发展起来的科学技术反而会引起更多的不确定性。令人遗憾的是，人类依赖技术在解决原有问题的同时，反而会带来更大的风险，使技术社会的发展更难预测和控制。对此，斯科特·拉什认为："我们应该看到，用技术手段来防范和化解风险、危险和灾难的风险预警与控制机制，又必然会导致另一种我们所不愿意看到的结果，那就是这种风险预警与控制机制可能会牵扯出新的进一步的风险，可能会导致更大范围更大程度上的混乱无序，可能会导致更为迅速更为彻底的瓦解和崩溃。"② 在现实社会，正是各种自身设计得非常复杂的专业技术系统把更多的不确定性因素注入这个世界。

3. 技术发展的不确定性与技术失控

科学知识的生产过程是一种从已知出发探求未知世界的认知活动，本质上具有动态性和不确定性。人们基于已有的有限信息，通过观察、实验等手段不断获得更加充分的信息，逐步达到全面认识研究对象的目的。在科学知识生产中，人们的认知决策只能基于不完备的信息，这必然包含着不确定性。耗散结构的创始人普利高津提出要确立一种新的科学理性——"人类正处在一个转折点上，正处于一种新理性的开端。在这种新理性中，科学不再等同于确定性，概率不再等同于无知"。③ 可以说，由科学知识概率性所表征的不确定性内在于科学知识之中，不会由于人们付出了努力就

① 〔荷兰〕E. 舒尔曼：《科技文明与人类未来》，李小兵等译．东方出版社，1995，第 1 页。
② 〔英〕斯科特·拉什：《风险社会与风险文化》，王武龙译，《马克思主义与现实》2002 年第 4 期，第 52～63 页。
③ 〔比利时〕普利高津：《确定性的终结——时间、混沌与新自然法则》，湛敏译，上海科技教育出版社，1998，第 5 页。

可以彻底消除。科学知识的这种不确定性，也将使以科学知识为基础和先导的技术具有不确定性。当人们进行技术开发、技术实践时，难以避免不确定的因素影响到预期的技术效果，甚至出现与原初技术设计相左的后果。

受主客观因素的限定，科研人员对技术研发的具体过程并不能事先做到整体预测。即使人们可以对具体技术类别进行较为充分的把握，也只能保证既定目标的实现，却不能完全排除其他非预期目标的出现。比如性能高效稳定的农药可以除害虫杂草，但有残留的毒害性；转基因农产品有增产的功效，但可能会对人体健康和生态环境产生不良的影响。对此，费多益教授认为："科学技术的社会风险部分是由于科学技术本身的不完善而引发的另一方面，将科学知识应用于技术开发需要有一定的条件，许多相关因素在技术开发的实验设计中被忽略。况且，系统在任何外部条件下并不都是兼容的，各种技术之间的相互作用的可能性关系的数量有时会呈指数型增长，从而也使得社会性风险迅速提高。"① 人们在进行技术研究时，往往是对自然界组成部分的单一研究，很容易以局部的正确性掩盖了整体的错误性，形成了具有悖论色彩的技术风险图景——"这个世界……它并没有越来越受到我们的控制，而似乎是不受我们的控制，成了一个失控的世界。而且，有些被认为是将使我们的生活更加确定和可预测的影响，如科学和技术的进步，却经常带来完全相反的结果"。② 可以说，技术本身负荷了风险元素，并在其社会运行过程中得以渐次展现，即从隐性走向显性、从局部扩散至全球范围。

（三）技术责任伦理的建构主体及其基本使命

面对日益弥漫又令人焦虑的技术风险图景，我们又当如何？毫无疑问，"我们不能消极地对待风险。风险总是要规避的，但是积极的冒险精神正是一个充满活力的经济和充满创新的社会中最积极的因素。生活在全球化的时代里意味着我们要面对更多的、各种各样的风险"。③ 一般说来，应对风

① 费多益：《风险技术的社会控制》，《清华大学学报》（哲学社会科学版）2005 年第 3 期，第 82～89 页。
② 〔英〕安东尼·吉登斯：《失控的世界——全球化如何重塑我们的生活》，周红云译，江西人民出版社，2000，第 3 页。
③ 〔英〕安东尼·吉登斯：《失控的世界——全球化如何重塑我们的生活》，周红云译，江西人民出版社，2000，第 32 页。

险之务总是与人们的忧患意识和责任意识紧密相连。无论是个体还是组织，都应承担起基于风险忧患意识的相应责任。而责任伦理的基本精神就在于"试图借助于责任原则，唤起作为一个整体的行为主体的危机意识，从而为防止人类的共同灾难的出现寻求一条出路"。① 我们可以说，天下风险，人人有责。为应对技术风险图景，人类社会需要形成风险共担、利益均沾的全球道德意识以及具有前瞻性、预防性和开放性的技术责任伦理。

1. 政府监管技术的责任伦理

科学技术已经成为一项社会公共事业，政府在科学技术研发的主导作用十分明显。因而，政府也是技术风险治理的重要主体。为最大限度地减少技术风险，各国政府必须强化技术的责任伦理意识、技术的监管意识，对科学技术事业进行有效干预和积极引导，这必然涉及技术开发立项、技术成果审核、技术成果实施和推广等管理环节。政府在制定技术政策时，要重视技术的价值选择，坚持技术发展的生态化和人性化取向，实现技术发展的科学价值和人文价值的融合。政府在进行技术决策时，应充分听取技术专家与社科专家的意见，让事实判断与价值考量成为技术决策的必要程序，使决策结果与社会伦理原则相协调。比如，政府要强力淘汰对社会产生重大负面作用的落后技术，推广高效、绿色的先进技术。政府通过立法的形式可将技术道德规范上升为法律法规，借助国家影响力和执行力来保证对技术研究和应用中的越轨行为进行有效控制。为技术主体的技术行为划出道德与法律的双重界线，使那些引发技术风险的组织和个人受到法律的约束与制裁，以此减少技术风险衍化为社会灾难的概率和可能由此造成的损失。

在现实社会中，科学技术活动的主体往往与科学技术权力是分离的，开发什么样的技术、应用于什么领域、生产什么样的产品等问题并不总是由科技工作者决定的，却常常取决于掌握科学技术权力者的利益选择和价值取向。政府要负责任地行使其科学技术权力，即科学技术的决策权和使用权。政府在配置科学技术资源时，应坚持以人为本的价值导向，督促技术研发主体做好技术开发的风险分析和可行性论证，做好技术开发的伦理审查与监督。我们不难设想，如果强大的技术手段被无政府主义者、极端

---

① 甘绍平：《应用伦理学前沿问题研究》，江西人民出版社，2002，第46页。

主义者所掌控将会出现什么样的后果?

2. 技术专家和工程师预测技术的责任伦理

与技术实践活动密切相关的技术专家、工程师是技术成果的直接创造者、参与者,对生产力的发展和社会进步有着十分重要的作用,因而负有不可推卸的责任伦理。面对技术风险,技术专家和工程师的职业责任被放在了优先考量的位置。贝克认为:"专家在面临新科学技术时,往往多注重科技的贡献性而忽略其副作用,或故意隐瞒其副作用,以至于人们在开始使用科技时,就已经为风险埋下了发作的种子。随着科技的普及,风险也相应地随之普及,甚至超过科技普及的范围。"[1] 技术专家要强化职业责任,在技术活动中要坚持客观公正、审慎节制的态度,尽可能避免由于个人的私利、自欺、无知和狭隘以及科学共同体的怠惰、疏忽等引起的各种过失,引领技术的生态化、民生化和人性化发展方向;另一方面,要强化自身的社会责任,将技术研究成果对社会的影响进行充分的模拟、认知、预测和评估,及时将技术成果可能带来的负面效应向社会公开说明或提出预警。尽管技术专家不可能完全消除风险,但至少通过上述努力不断排除技术风险产生的条件,从而降低风险的概率。

3. 公众参与管理技术的责任伦理

在一个高度发达的技术社会,公众在技术应用和技术产品消费中的责任伦理就显得尤为重要。为应对技术风险,公众的社会参与必不可少。政府部门要积极构筑平台,建立沟通与对话机制,促进公众对技术管理的社会参与,加强公众技术风险教育,培养公众针对技术风险的社会反应能力。在全球化的风险社会中,每个人都要意识到自己的社会责任,使责任伦理成为人们有效应对技术风险的重要手段。对此,联合国开发计划署在报告中指出:"技术有种种不确定性,因此对管理机构失去信任会是灾难性的。恢复和保持公众对管理机构的意见和政策的信任,对于建立健全的国家管理系统至关重要。"[2] 为此,公众需要提高技术风险意识和技术风

①　薛晓源、刘国良:《全球风险世界:现在与未来——德国著名社会学家、风险社会理论创始人乌尔里希·贝克教授访谈录》,《马克思主义与现实》2005 年第 1 期,第 44～55 页。
②　联合国开发计划署:《2001 年人类发展报告——让新技术为人类发展服务》,中国财政经济出版社,2001,第 76 页。

险认知能力，以自身技术价值选择和技术消费实践（如绿色消费或低碳消费），形成强大的社会舆论影响力，影响技术发展政策，影响技术的发展方向、速度和风格，积极促进技术正能量的释放。

4. 全球社会共担与防范技术风险的责任伦理

在当今世界，风险的种类和等级还在不断地增加，风险波及的范围也在不断地扩大。在科学技术被人们视为当今社会重要的风险源时，建立技术风险治理的全球合作机制和达成技术责任伦理共识已是一项重要的国际事务。事实上，"可以说科技时代所引发的任何危机，都可以把责任归结给个人、团体、政府及其他的相关组织。每一个个体、团体、政府、组织都应该为它们的所作所为承担相应的后果。有鉴于此，责任就更需要成为普遍性的伦理原则"。① 我们要加强全球范围内对技术风险的预见、识别、计算、评估和解释工作。在尊重国家利益、文化价值差异的前提下，凝聚全球社会的智慧和力量，协商建立可以在全球范围内适用的技术风险治理基本原则。明确风险治理的责任分担、利益均沾原则，在公平、合理、有效的前提下开展治理技术风险的国际合作，建立全球技术风险防范体系，使人类社会的技术图景更为安全，充满希望，富有活力。

总之，责任伦理的建构是解决技术风险的不可或缺的途径。由于现代社会技术风险的复杂性以及责任伦理规约的相对性，仅靠对行为主体的伦理教化难以有效实现技术规约的目标，还需要实现伦理制度规范向法律约束的转向。当代中国经济社会生活的重大变迁与转型使之快速地步入风险社会，技术风险及风险管理问题更为突出，这使得我国的技术责任伦理构建任务更为迫切。

三 和谐社会的生命伦理之维及其高校教育目标

构建社会主义和谐社会的过程是一个不断诉求生命伦理的过程。生命必须被尊重、被敬畏、被善待、被发展，这是我们进行社会管理的基本理念。尊重生命是生命伦理的基本要义，加强生命伦理教育有助于提升国民

---

① 薛晓源、刘国良：《全球风险世界：现在与未来——德国著名社会学家、风险社会理论创始人乌尔里希·贝克教授访谈录》，《马克思主义与现实》2005 年第 1 期，第 44～55 页。

素质，有助于和谐社会建设，有助于青年人健康成长。当代大学生的生命伦理意识受到科技发展、社会变迁和教育功利主义的影响和冲击，我们要适时设定高校生命伦理教育的目标：通过生死教育来认识生命、敬畏生命；通过责任教育来发展生命；通过生命价值教育来完善生命。

当前，我们正在积极构建社会主义和谐社会，既要实现人与人、人与社会、人与自然的和谐，又要实现人的自我和谐。我国的社会治理任务十分艰巨而又繁重，要最大限度地增加和谐因素、减少不和谐因素。为此，我们要强调尊重生命的价值，加强生命伦理教育，正如有学者所说："生命伦理学所有的理论和实践都是在论证、倡导、贯彻、推行尊重生命的道德观念。尊重生命是生命伦理学的根本宗旨或主旨……在实施以人为本的科学发展观、构建社会主义和谐社会的历史进程中，中国的生命伦理学同时肩负着在全社会普及尊重生命这样一个底线伦理的神圣使命。"[①]

（一）　和谐社会的生命伦理诉求

马克思曾指出："全部人类历史的第一个前提无疑是有生命的个人的存在。"[②] 毛泽东也说过："世间一切事物中，人是第一可宝贵的。"可见，人的生命至高无上，每一个人的生命都来之不易，并维系着其他人的生命。从国家和民族的发展来讲，重视人的生命及其价值是具有根本性的问题，也是社会文明进步的重要标志。从个体成长来说，理解生命的价值和意义，尊重自己和别人的生命，才能够有负责的精神和高尚的情操。

1. 和谐社会的生命伦理缺失

改革开放 30 多年来，我国在生产力发展、人民生活水平提高和经济总量增长方面取得了巨大的成就。在现实生活中，却存在着较为严重的漠视生命、伤害生命的事件，以及自杀、群体暴力等与构建和谐社会不相协调的现象。特别表现在食品安全、药品安全、交通安全、生产安全、执法侵权等方面，人民群众的生命健康权益遭受不法侵害的情况较为突出。例如，我国食品和药品安全问题比较突出，一些不法分子利欲熏天，制假贩假。还有一些不法者把矿工、农民工的生命、把被拐卖的妇女儿童当作牟

---

① 韩跃红：《尊重生命——生命伦理学的主旨与使命》，《光明日报》2005 年 4 月 12 日，第 6 版。

② 《马克思恩格斯选集》（第 1 卷），人民出版社，1995，第 67 页。

取暴利的手段，更是对尊重生命原则的公然践踏。我们有必要从社会道德层面反思这些不尊重生命的现象，正确对待公民生命及其价值问题。为此，我们必须加强生命伦理教育，使尊重生命、爱惜生命成为社会具有普遍性、底线性的道德意识。同时，要加强社会道德文化建设，形成讲良心、讲责任、讲诚信的舆论氛围。把加强同市场经济、民主法治、和谐社会建设相适应的道德文化建设放到更加重要的位置上去。

2. 加强生命伦理教育的必要性

加强生命伦理教育是提升国民素质的基本要求。这就是要让国民认识并理解生命的价值、意义和尊严，珍惜生命、敬畏生命、热爱生命，从自己生命价值的完善中去实现其社会价值，提升生命质量。

加强生命伦理教育是促进社会和谐的必要条件。和谐社会必定是一个充满人性的社会。以人为本的核心就是以人的生命为本，就是要尊重并关怀每一个人的生命成长。这有利于维护正常的生产、生活和社会秩序，有利于根除滋生唯利是图、坑蒙拐骗、贪赃枉法等丑恶行为的土壤。

加强生命伦理教育是青少年健康成长的需要。青少年是国家的未来和民族振兴的希望。通过生命伦理教育，有助于青少年正确理解生命的价值，有助于他们的健康成长。在现实社会中，各种拜金主义、享乐主义、功利主义、极端个人主义等思想使青少年的道德观念变得模糊，自律能力逐渐下降，尊重生命的道德底线受到了严重挑战。我们应该重拾文明社会最基本的教育理念，对国民特别是青年大学生进行生命伦理教育。

（二）当代大学生生命伦理意识受到的影响和冲击

1. 科学技术高度发展的负面影响

信息技术、网络技术与生物技术等高新技术的迅猛发展给社会带来了巨大的冲击，对人们的生产方式、交往方式、思维方式以及生活状态、生存状态、心理状态等都带来了空前的影响。然而，正如有学者所说："一方面我们知道科学是理性和人类文化的最高成就，另一方面我们同时又害怕科学也已变成一种发展得超出人类的控制的不道德和无人性的工具，一架吞噬着它前面的一切的没有灵魂的凶残的机器。"① 在现实生活中，在科学技术手段的支撑下，人们的欲望逐步冲破各种禁忌且无限膨胀，片面的机械化、物质化带给人们精神上的空虚、生命意识的淡薄。传统价值观和生命的意义正在被功利主义、实用主义、工具主义所侵蚀和消解，对于物质贪欲的难以控制已达到十分严重的地步，造成人们内心的虚无、孤独、分裂、迷失、彷徨与痛苦。随之而来的抑郁症、精神分裂、强迫症、安全感匮乏、社交恐惧症等各种心理疾病，给许多人特别是青年人的身心发展带来很大的危害。现代人面临着精神上的压力和危机，往往选择漠视生命、虚度生命、伤害生命等方式逃避。

特别是网络技术的应用带来人际关系的冷漠、信任危机、数字鸿沟，人们有意义的交往能力逐步弱化。这些都在潜移默化地影响着大学生的人生观和生命伦理观等。在虚拟的网络社会、网络游戏中，充斥着暴力、色情、奢侈腐化等不良文化，造成大学生的价值观与道德情感的严重失衡。大量变动、虚假的网络信息又引发了信息焦虑症、信息过敏症、信息错位症等心理疾病，对防御能力较弱的大学生行为影响甚大，甚至会导致他们走向个性极度膨胀、性格变异等极端情况。

2. 社会剧烈变迁的影响

目前，我国经济社会正处于特殊的转型期，既处于发展的重要战略机遇期，又处于社会矛盾凸显期。比如社会保障、住房、贫富差距、腐败、司法公正、环境保护、权力监督等问题比较突出。与此同时，社会变迁程度越来越深，生活节奏越来越快，个体生存的竞争压力越来越大，思维方式日益多元，利益格局不断调整，人际关系日益复杂。然而，人们"伦理价值观的现状令人担忧，物质不断进步，与物质相应的精神却未见同步发展，物质丰足未让现代人精神获得满足，反之更显空虚与孤立无援，从而加剧了伦理价值观的混乱"。② 人们普遍产生了冷漠、浮躁、焦虑等情绪，都给人生观与价值观尚未完全成熟的大学生造成与以往时代不同的精

---

① 〔美〕M. W. 瓦托夫斯基：《科学思想的概念基础——科学哲学导论》，范岱年译，求实出版社，1982，第81页。
② 陈灿军、许小主：《生命伦理教育面临的困境及其对策研究》，《邵阳学院学报》2007年第4期，第151~153页。

神困境与危机。当代大学生还承受着巨大的经济压力、就业压力、心理压力以及面临学习、生活、情感方面的一系列困惑。如果这些长期积累的压力得不到疏导或缓解，就会造成他们心理的严重失衡，生命安全问题随之凸显出来。

3. 教育功利主义倾向的影响

受市场经济的影响，教育功利主义思潮在我国开始流行，它以追求教育的短期效益为价值取向。功利主义已经渗透到学校的各个角落，表现为教育中的实用主义、拜金主义、工具主义、文凭至上、学术腐败等。教书育人这一基本原则正在逐步被教育功利主义所破坏。在应试教育、人才培养方式的工具化主导下，高等学校正在倾向于培养"单向度的人"，培养的学生多属于"有智商没有智慧、有前途没有壮志、有文化没有教育、有知识没有思想、有青春没有热血、有个性没有品行、有理想没有实践"。① 现实生活诱发了大学生对于豪宅、豪车等奢侈生活的热切期待，这些片面的物质追求容易使他们遗忘社会责任。在理想与现实的矛盾和落差中，他们的人生困惑和精神危机将由此而生。大学生对人生价值和生命价值的认识扭曲隐含的是社会精神、民族精神的危机，进而会影响整个国家和民族的命运。

（三）高校生命伦理教育的主要目标

广义上讲，生命伦理教育就是对国民进行生命本质、生命价值、生命意义、生命安全的教育，引导国民从终极意义上理解生命、认识生命、尊重生命，学会珍惜生命、爱护生命、发展并完善生命，实现人生的价值。在我国高校，要教育大学生认识生命的知识，培养其发展生命的情感，在实践层面做到知己、知人、知物，对人、社会和自然充满责任感和正义感，在与自我、他人、社会和自然之间建立和谐的关系，在心理和人格上获得健全发展。

1. 通过生死教育来认识生命、敬畏生命

在道德视域中，死亡具有非常重要的生命意义。正如池田大作所说："有'生'必有'死'，把这一任何人都动摇不了的事实作为根本前提，

---

① 杨东平：《我们有话要说》，中国社会科学出版社，1999，第88~89页。

我们的教育才会无限地、广阔地、博大而深邃地开展下去。"① 生死教育可以帮助大学生正确地理解生命过程中的生死现象，树立正确、合理的生死观念，消除对于死亡的焦虑与恐惧，深刻地认识并思索各种生死问题。在此基础上，将这种认识转化为一种强大的动力为珍惜生命、关爱健康提供保障，进一步提高自己的生命质量，从根本上意识到人们应该持如此权利——有尊严地活着、有尊严地死去。

世界万物唯有生命是独一无二、不可重复的，具有不可替代的价值，必须予以尊重。温家宝总理在 2011 年 7 月 28 日看望 "7·23" 甬温线特别重大铁路交通事故部分遇难者亲属时指出："无论是发展还是建设，都应该把人命、把安全放在第一位，把今后的安全工作做得更好，让那些长眠在地下的人安息……人的生命是多少钱都买不来的。"② 因为人的生命是实现人生幸福和其他一切价值的首要前提；对于个体而言，失去生命等于失去整个世界。

正因为 "只有死亡的事实才能深刻地提出生命的意义问题，"③ 我们才需要敬畏生命。阿尔贝特·施韦泽认为："有思想的人体验到必须像敬畏自己的生命意志一样敬畏所有的生命意志。他在自己的生命中体验到其他生命。对他来说，善是保存生命，促进生命，使可发展的生命实现其最高价值。恶则是毁灭生命，伤害生命，压制生命的发展。这是必然的、普遍的、绝对的伦理原理。"④ 这种以敬畏生命为核心的生命伦理是当今世界和平运动、环保运动的重要思想指导，它包含着对万物的敬畏以及对生命的仁爱等道德情怀。一个人只有敬畏生命、同情生命，才能具有道德良心，这是道德之本、信仰之本。我们要培养大学生从对生命的敬畏延伸至对生命的热爱情感，珍惜一切生命的价值与意义。

2. 通过责任教育来发展生命

我们注意到，国内正在出现所谓 "道德滑坡" 的现象。其中一个

---

① 〔日〕池田大作：《我的人学》（上册），铭九译，北京大学出版社，1990，第 305 页。
② 《温家宝在看望部分遇难者亲属时的讲话》，《人民日报》2011 年 7 月 29 日，第 1 版。
③ 〔俄〕别尔嘉耶夫：《论人的使命》，张百春译，学林出版社，2000，第 330 页。
④ 〔法〕阿尔贝特·施韦泽：《敬畏生命》，陈泽环译，上海社会科学出版社，2003，第 9 页。

非常主要的原因就是道德责任渐渐淡化，个人注重自身利益，极端功利主义思想正在泛滥，人们对于他人、社会以及自然环境都缺乏应有的责任意识。目前我国大学生的责任意识现状不也容乐观，主要表现在自我意识强、责任感淡漠；社会公德意识差；缺乏对于社会的责任意识。

俄国作家车尔尼雪夫斯基曾说过："生命，如果跟时代的崇高的责任联系在一起，你就会感到它永垂不朽。"[①] 生命对于人类而言其实就是一种责任，承担并且履行责任的过程就是发掘和实现生命价值的过程。又如康德所说："每一个在道德上有价值的人，都要有所承担，没有承担，不负任何责任的东西，不是人而是物件。"[②] 生命的意义与价值都承载在对自己、他人以及社会的责任中。可以说，责任需要生命的依托，生命需要责任来实现。如果没有了责任感，生命就会失去原本的价值与意义。人的一生中有很多责任，但最基本的责任就是对于生命的责任。没有责任感的人，不仅会威胁到自己的生命安全，也会对他人的生命造成威胁。正如学者傅伟勋所讲："生命的存在与肯定就是充分的意义，我们的生命存在的一天，就是我们必须充分生活下去的一天，直到我们告别人间为止。我们只有通过积极正面的人生态度与行为表现，才能体认我们对于生命真实的自我肯定，才能真正完成我们人生的自我责任。"[③] 责任教育是大学教育的重要方面，通过建立生命与自我、他人、社会和自然的责任关系，正确引导大学生珍爱生命，勇于承担生命责任、社会责任，履行义务、遵守规范。大学生只有具有健康向上的责任意识，才能更好地迎接和适应社会的各种挑战。

3. 通过生命价值教育来完善生命

众所周知，个体的生命都是脆弱的、短暂的。各种疾病、事故、自然灾难等都会迅速结束一个人的生命。生命是有限的，怎样最大限度地发挥生命的价值，实现自我创造与自我发展，这是我们每一个人都要思考的问题。施韦泽曾指出："谁习惯于把随便哪种生命看作没有价值的，他就会

① 金珺：《中外格言》，百花文艺出版社，2012，第169页。
② 靳凤林：《道德法则的守护神：伊曼努尔·康德》，河北大学出版社，2005，第60页。
③ 傅伟勋：《死亡的尊严与生命的尊严》，北京大学出版社，2006，第44页。

陷于认为人的生命也是没有价值的危险之中。"① 生命的价值在不同的环境中会有不同的意义。只有重视自己、珍惜自己，才能实现人生的价值。实施生命价值教育，不仅可以帮助大学生树立正确的人生观、价值观，还能有效地指导他们爱护生命、珍爱生命，实现自己的生命价值，完善生命存在的意义。生命是一种经历，更是一种自我完善的过程，而这种完善需要每一位大学生自身的努力去完成。生命伦理教育的终极目标就是要教育大学生认识生命、欣赏生命，进而引导他们尊重生命，最终达到完善生命的境界。一旦到了这种境界，他们就会重视生命的责任，爱惜自己和他人的生命，而不会去漠视生命。

总之，高校层面的生命伦理教育主要包括以上目标，即认识生命是基础，发展生命是关键，完善生命是目的。但是，我们要清楚地认识到，为了更好地构建社会主义和谐社会，还需要在更大的范围、对更多的人群进行生命伦理教育。因而，建立健全我们民族的生命价值观、生命伦理观必定是一项长期的任务。

四 自然辩证法教学改革与责任伦理教育

在当今社会生活和科学技术不断变化的新形势下，在自然辩证法教学中引入责任伦理观十分必要，可以进一步凸显其科学－人文素质教育的双重功能。根据责任伦理观的内涵和现实国情，我们要积极培养理工科研究生对科学技术事业健全发展、社会进步和自然界的责任意识。为此，需要把责任伦理观融合到自然辩证法教学实践中，通过增补自然辩证法教学内容来体现责任伦理观；通过任课教师的教学理念来落实责任伦理观；通过案例教学来强化责任伦理观。

作为理工科硕士研究生必修的公共学位课程，自然辩证法是提升研究生思想素养、培养创新人才的重要载体。在新的历史时期，自然辩证法教学人员要紧密联系现实国情，围绕"培养什么样的人才""如何培养人才"这些课题进行深入思考，有必要在教学过程中引入新的教学理念，

---

① 陈泽环、朱林：《诺贝尔和平奖获得者阿尔贝特·施韦泽传》，江西人民出版社，1995，第 161 页。

在课程内容和教学方法等方面进行积极的探索和调整。

（一） 在自然辩证法教学中引入责任伦理观的必要性

在我国，自然辩证法是使理工科研究生具有相同范式并影响深远的一门跨学科、综合性的公共课程。在当今社会生活和科学技术日新月异的时代，在自然辩证法教学中引入责任伦理观具有非常重要的实践意义。

1. 落实科学发展观的要求

在我国，全面落实科学发展观的根本目的就在于推进社会各项事业以及"人－社会－自然"复合系统的协调发展和可持续发展。科学发展观突出了人作为具有能动性的社会主体在上述系统中应有的地位和所担负的道德使命、社会责任。科学发展、和谐发展是我们每一位社会成员的共同责任，更是当代理工科研究生所肩负的历史使命。要和谐发展就必须遵循责任伦理原则，负责任地处理好与他人、社会和自然的关系。在自然辩证法教学中引入责任伦理观，培养理工科研究生的责任意识是落实科学发展观的内在要求。理工科研究生要准确把握时代的重大课题，做好职业定位，积极促进和谐社会建设。

2. 培养高水平人才的要求

目前，我国经济社会正在进入快速发展阶段，社会各项事业的健全发展对人才综合素质的要求日益提高，越来越需要具有高度社会责任感的复合型人才——不但拥有精深的专业技能，更要有关注人民福祉、社会前途命运的人文精神。理工科研究生是我国人才培养体系中的一支重要方面军，从中必定会涌现出大量优秀的科技人才、管理人才等。已经有上百万的青年才俊在硕士研究生公共理论课层面上接受了自然辩证法教育，还将有大量的研究生要接受这种教育。我们完全可以借助公共课的教学平台，充分发挥自然辩证法交叉学科的优势，提高人才的培养质量。不但要大力提高青年学子的科研创新能力、管理创新能力，还要增强其服务人民、服务社会的责任意识，提高他们的科研道德修养，帮助他们形成正确的自然观、科学技术观和科学研究观。

3. 应对科学技术发展风险的要求

20 世纪以来，作为一项全球性社会事业的科学技术与社会大系统生成了更多复杂的相互关联，突出地表现为科学技术的社会化和社会的科学技术化两大方面。科学发现与技术发明对人类社会产生了越来越深刻的影响，已经渗透社会生产和生活的各个方面。科学技术既引起了生产结构、经济结构和社会结构的深层次变革，也引起人们生活方式、思维方式、交往方式、管理方式和价值观念的巨大改变，极大地提高了人们认识世界和改造世界的能力。然而，由科学技术发展带来的异化、社会风险和负面效果也渐次显现，给人类生存、自然界平衡和社会进步带来了严峻的挑战。如今，科学技术已具有巨大规模的行动和结果，科学技术的力量使责任成为实践伦理学中必须遵循的原则。科技工作者对科学技术发展的社会后果和潜在风险不可能漠不关心，而是要做到责无旁贷！科学技术的发展在人与自然、科学技术与社会的关系上，提出了一系列需要我们去认真面对和探讨的课题：如何防止科技成果被滥用和误用？如何使科学、技术、经济与社会协调发展？如何使人与自然界和谐发展？如何让科学技术成果真正造福于人民？科技工作者如何更好地安身立命等？为解决上述问题，科技工作者的社会责任日益凸显，责任伦理的引入与构建势在必行，必然要求科技工作者从研究生阶段就要树立起牢固的责任意识。

（二）科技工作者责任伦理观的基本要求

德国学者马克斯·韦伯较早地区分了"责任伦理"和"信念伦理"，强调了责任伦理在行动领域的优先性，认为"责任伦理的行为必须顾及自己行为可能的后果"。[①] 其后，汉斯·约纳斯等学者进一步阐述了责任伦理，倡导一种对自然界、人类未来和后代的责任，树立预防性、前瞻性和战略性的责任意识，并通过责任的具体实施把责任伦理运用到科学技术实践中，明确指出责任伦理是科技时代的伦理要求。大体说来，科技工作者应承担以下三方面的责任。

1. 对科学技术事业健全发展的责任

随着科学技术活动社会化程度的加剧，其发展方向、速度和规模等会受到各种社会因素的影响和制约。作为这种活动主体的科技工作者的责任意识对于确保科学技术事业的健全发展是必不可少的。我国科技工作者必须清醒地认识到，我国正处在建设有中国特色社会主义的关键时期，大力

---

① 〔德〕马克斯·韦伯：《学术与政治》，冯克利译，三联书店，1998，第 107 页。

发展科学技术事业将在很大程度上决定社会主义现代化的进程，这关系到人民群众生活水平的提高，关系到国家和民族的兴衰荣辱。科技工作者有责任把科学技术事业发展好，不断推出创新成果，不辜负人民的重托和历史赋予的光荣使命。为此，作为"准科技工作者"的理工科研究生要养成良好的学风，要保持良好的科学职业道德，要坚守求真务实的科研规范或学术规范，摒弃并远离伪造数据、抄袭、剽窃他人成果等学术不端行为，切实维护健康的学术生态，保证科学技术事业的健全发展。诚实、负责是科学研究必需的态度，正如科学家克拉默所说："从长远来看，一个诚实的科学家是不吃亏的，他不仅没有谎报成果，而且充分报道了不符合自己观点的事实。道德上的疏忽在科学领域里受到的惩罚要比在商业界严厉得多。"① 换句话说，如果丧失研究责任就会付出相应的代价。因此，培养对科学技术事业健全发展的责任意识，必将有助于理工科研究生顺利完成学业、做好科学研究工作。然而，这种责任意识又必须建立在教育培养和自觉自愿的基础上。

2. 对社会进步的责任

科学技术研究与发展作为一类重要的社会实践活动，与人类社会存在着普遍的道德关系，在其研究目标的选择和成果的应用上都存在着十分明确的善恶价值取向。当代科技革命的新发展赋予科技工作者前所未有的力量，也使他们的行为后果常常难以预测。科技工作者不仅人数众多而且参与社会重大事务的决策和管理，他们掌握着专门的知识和技能，其行为对他人、社会和自然界将会产生更大的影响，理应担负更多的道德责任。科技工作者对其研究成果的社会应用和后果负有不可推卸的道德责任，其伦理责任要远远超过做好本职工作，要积极预见和有效调控科学技术应用的后果，努力做到抑恶扬善。在历史上，一些著名的科学家公开反对研制和使用核武器、生化武器，对环境污染和生态危机高度重视，充分体现了他们强烈的社会责任感。

爱因斯坦曾给美国加州理工学院的学生这样讲："如果你们想使你们一生的工作有益于人类，那么，你们只懂得应用科学本身是不够的。关心

---

① 〔英〕贝弗里奇：《科学研究的艺术》，科学出版社，1983，第150页。

人的本身，应当始终成为一切技术上奋斗的主要目标；关心怎样组织人的劳动和产品分配这样一些尚未解决的重大问题，用以保证我们科学思想的成果会造福于人类，而不致成为祸害。在你们埋头于图表和方程时，千万不要忘记这一点。"① 这番教导充分反映了他对人类命运的严重关切和对青年人的殷切期望。因此，在自然辩证法教学实践中，我们要坚持科学教育与人文教育的紧密结合，使理工科研究生养成必要的人文精神和人文情怀，提升人文素养，增强他们推动社会进步的责任感，充分认识和把握当代科学技术与社会的深刻联系，协调科学技术与社会的关系，自觉防范含有破坏公众利益、具有潜在危险的研究和应用，为实施科教兴国与可持续发展战略服务。为科学而研究科学的理想和超脱已不符合现时代的要求，科技工作者必须考虑科研的社会后果以及自己的社会责任，"过去，工程伦理学主要关心是否把工作做好了，而今天是考虑我们是否做了好的工作"。②

3. 对自然界的责任

当代科学技术的发展及其应用也引发了资源短缺、温室效应、生态危机和人口爆炸等全球性问题，威胁着人类的持续生存与发展。人们对生态危机已经进行了多样化、深层次的理论反思，在实践层面也兴起了各式各样的生态运动、绿色运动等。但是，生态危机问题依然存在，并没有从根本上得以改变。这种生态困境与人们一直把自然界看作是利用和征服的对象而大肆掠夺、索取和破坏有着直接的关系。"约纳斯责任伦理的绝对命令就是要求人对自然承担责任和义务，因为我们现在所做的一切对时间上未来的人类和空间上遥远的区域的影响远比我们所能想象的深刻得多。技术力量的未来的危险已经超出了人们的计算和想象。"③ 作为科技工作者后备力量的理工科研究生，必须直面生态危机，在科学实践中切实担负起对自然界的关护责任，努力消除人们对自然界根深蒂固的征服和占有的贪欲，尊重自然的价值地位。唯有如此，才有助于从根本上解决当前所面临

① 〔美〕爱因斯坦：《爱因斯坦文集》（第3卷），许良英等译，商务印书馆，1979，第73页。
② 〔美〕卡尔·米切姆：《技术哲学概论》，殷登祥等译，天津科学技术出版社，1999，第86页。
③ 张旭：《技术时代的责任伦理学：论汉斯·约纳斯》，《中国人民大学学报》2003年第2期，第66~71页。

的生态危机，实现人与自然界的和谐。

（三） 在自然辩证法教学中引入责任伦理观的可选路径

在当今社会，自觉的责任意识反映了一个人积极向上的精神状态和道德素质。诚如哲学家康德所说，责任就是我们成其为人和高尚者的基石。人们的责任意识是可以通过教育来引导、培养、强化和落实的。若把责任伦理观融合到自然辩证法开放的教学体系中，就需要寻找恰当的切入点。

1. 通过增补自然辩证法教学内容来体现责任伦理观

吴国盛教授认为："要对自然辩证法的'政治必修课'制度进行适度改革，把它的思想政治教育功能逐步转化成科学 – 人文素质教育功能。思想政治教育应该结合人文教育来做，我们思想教育的某些失误或者失败，可能与它们割裂了与人文教育的传统纽带有关。对理工农医科的学生而言，对他们进行科学 – 人文的素质教育，也就是最好的思想政治教育。"①自然辩证法教学应当随着科学技术的发展和社会生活的变革而不断地改变自己的内容和形式。自从 1978 年《自然辩证法讲义》出版之后，全国各高校相继编写、出版了上百种各具特色的自然辩证法教材，这对研究生公共理论课教学工作起到了有益的推动作用，为持续培养具有综合素质的高级人才奠定了基础。在这些教材中，尽管或多或少地会涉及科技人才的素养问题，却没有系统鲜明地阐述责任伦理问题。当前，我们可以在常见教材体系的"科学技术与社会"部分增补责任伦理的内容，从科学技术的社会功能和双重效应着手，辩证地探讨科学技术的社会价值观，引申出责任伦理观，阐明当代科技工作者的社会责任性，即有责任去思考、预测、评估他们所生产的科学知识的可能的社会后果。由于掌握了专业科学知识，科技工作者理应比其他人能更准确、全面地预见科学知识的可能应用前景，评估科学技术应用过程中的正负影响，对社会公众进行科学教育，为实现人与自然的协调发展、科学技术与社会的协调发展做出自己积极的贡献。上述增补内容需要理工科研究生去了解、体会和把握。

2. 通过任课教师的教学理念来落实责任伦理观

自然辩证法课程具有多功能性，它不仅是一门普通的公共理论课，更

---

① 吴国盛：《中国科学技术哲学的回顾与展望》，《自然辩证法通讯》2001 年第 6 期，第 70～74 页。

是一门沟通文理的素养课。自然辩证法教学工作者要明确该课程对理工科研究生培养的现实意义：有助于突破专业界限，提高理论思维能力；有助于深化对人和自然关系的认识；有助于深化对科学技术与社会互动的认识；有助于培养人文精神和创新意识；有助于提高全面辨识科学技术价值的能力等。自然辩证法课程对于任课教师的综合素质要求很高，既要有一定的科学知识基础和人文素养，更要有"为国育人"的强烈社会责任感。在教师责任伦理的教育理念引导下，必将有助于更好地培养出有高度责任感的复合型人才。在教学实践中，自然辩证法工作者要进一步深化教学内容和教学方法的改革，及时吸纳现代科学技术发展的新成果。要以最新的科学研究成果充实课程内容，提高教学效果，努力提升研究生的综合素质，落实包括责任伦理观在内的人文关怀，通过培养大量具有高度社会责任感的人才来引领科技时代的发展。要积极探索科技人才的成长规律，紧密联系当代青年研究生的思想状况，从通识教育的角度，变"居高临下"的"说教""指导"为"润物细无声"的"启蒙""启发"，变被动接受为主动吸收，提高课堂教学的针对性和实效性，推进青年人才综合素质、创新精神、创新能力以及人文内涵的稳步提高。

3. 通过案例教学来强化责任伦理观

在自然辩证法教学中，任课教师可以结合所处高校的实际情况、专业特点进行教学改革，可采用案例教学法，为研究生提供可资借鉴和扩展的范例、模型，使其处于主动学习的过程中。通过师生之间的互动，启发研究生进行创造性思维，自觉把握课程的核心内容，切实提高综合素质。在教学过程中可以围绕科学技术史上的人物和事件编写案例，有针对性地培养理工科研究生的科学道德观和价值观，组织学生讨论、交流、辩论。既可以充分发挥教师在教学中的引导作用，又可使学生在教学活动中处于积极进取的参与状态，充分展示自己的观点，提高其分析和综合问题的能力，形成一种自由民主的学术氛围，达到教学相长的效果。通过前沿科技与当代社会关系的热点问题探讨，把教学内容与研究生的专业学习、思想实际紧密联系起来，把理论探索与社会现实结合起来。还可组织研究生进行细致深入的专题探究，开展问卷调查，提高研究生的参与度，提出有价值的理念和观点，着力培养理工科研究生为追求真理和民族富强的理想信念，培养其求真务实的科学精神，培养其关爱社会的人文精神和责任意识。

总之，通过这些措施，改革教学有望充分激发理工科研究生学习和研究的兴趣、积极性，给他们更多的实际帮助，使他们的责任伦理意识更持久、更深刻，社会角色意识更为明确，从而增强社会责任心、激励事业心、保持进取心，做好学习与科研工作。

五　自然辩证法界"为国服务"的历史使命

自然辩证法是以实践为价值取向的理论学科和学术事业，自然辩证法界"为国服务"具有历史必然性和稳固的社会实践基础。但我们应该看到自然辩证法学科的局限性，在"为国服务"中有一个合理的定位。根据自然辩证法的学科构成和发展状况，从"学科"、"学术"和"事业"三个层面，正确处理"有所为"和"有所不为"、"直接为"和"间接为"的关系，突出自然辩证法的个性和特色。

历史与现实一再表明，自然辩证法是以实践为价值取向的理论学科和学术事业，已经为我国的科学技术发展、经济建设和人才培养等做出了自己独特的贡献。"为国服务"的思想体现了中国自然辩证法研究会朱训前理事长个人长期的工作感悟、广阔的历史视域和对大家的殷切期望，更是历史赋予自然辩证法界的重要使命。在我国经济社会正在步入快速发展阶段的新形势下，自然辩证法界"为国服务"是一个实实在在的系统工程，其既存在一定的困境和挑战，更有难得的历史机遇和可行的现实路径。

(一) 自然辩证法界"为国服务"的历史机遇

中国的自然辩证法事业是在特定的历史背景和社会环境下成长起来的，它与中国社会和人民的命运息息相关。"为国服务"具有稳固的社会实践基础，具有浓重的政治色彩。

1. 新中国的建立与自然辩证法事业的发展

从延安时期开始，于光远等人就翻译和研读恩格斯的《自然辩证法》，帮助制定中国共产党的科技政策和科学家政策。新中国成立后，自然辩证法事业在中国的发展进入一个新时期。人们把自然辩证法的学习和研究同生产实践、自然科学的发展紧密结合起来，并在全国范围进行理论传播。1956 年，《自然辩证法（数学和自然科学中的哲学问题）十二年研究规划草案》，成为哲学和社会科学研究规划的重要组成部分。随后，创建了自然辩证法的研究机构，创办了学术刊物，组织了自然科学的哲学问题的讨论会，翻译出版了大量国外的相关学术著作。这个时期，人们"在生产斗争、科学实验中学习和运用唯物辩证法，以促进我国社会主义经济建设的发展，这是当时自然辩证法学习和研究的主要特点，所产生的社会影响相当大。"① 但在十年"文化大革命"期间，自然辩证法工作遭受厄运，其理论原则受到践踏，专业研究人员遭遇迫害，更不用说"为国服务"了。不过这也从另一个侧面印证了自然辩证法事业与国家荣辱与共。

2. 改革开放大业与自然辩证法事业的复兴

1978 年 1 月，在北京成立了以于光远、周培源和钱三强为召集人的中国自然辩证法研究会筹委会。随后，邓小平、李先念等党和国家领导人批准成立中国自然辩证法研究会。1981 年 10 月，在北京召开成立大会和首届年会，总结了筹委会成立以来的工作经验，进行了学术交流，"特别是研究和讨论了在新的历史时期，自然辩证法工作者如何为实现中国社会主义现代化建设服务的问题。强调了中国社会主义现代化的建设事业是亿万人民从事的改造自然和改造社会的伟大事业……在这里自然辩证法工作可以发挥它独特的作用，自然辩证法学科有着强大的生命力并能得到蓬勃发展，其工作领域是极其宽广的"。② 会议提出要紧密结合国家经济建设和生产发展的实际进行研究，紧密结合科技工作决策和管理实际进行研究。

1978 年，我国正值改革开放事业如火如荼的初期，如陈建新教授所指："我国的各项现代化建设事业迫切需要注入新的理论、思想和方法。而以科学方法论、科学思维方式和科学精神为重要研究领域的自然辩证法应运而生、如鱼得水，自然辩证法的学术事业与改革开放的历史进程交织在一起，相映生辉。"③ 因此，自然辩证法学术事业与我国改革开放和现

① 黄顺基、周济：《自然辩证法发展史》，中国人民大学出版社，1988，第 388 页。
② 黄顺基、周济：《自然辩证法发展史》，中国人民大学出版社，1988，第 411 页。
③ 陈建新：《自然辩证法：为改革开放推波助澜》，《科学时报》2008 年 11 月 7 日，第 A3 版。

代化建设的社会实践发生了广泛而深刻的联系。自然辩证法工作者做了大量扎实、有效的工作，做出了自己的理论贡献。例如，积极参与关于"实践是检验真理的唯一标准"的大讨论，用大量自然科学的事实材料阐明了这一问题，深化了真理标准问题的讨论；对"科学技术的生产力价值""技术创新"等问题的研究，为我国科技发展和经济改革提供了理论支持；对人与自然的关系、环境哲学和可持续发展等问题的探讨，为我国走出发展误区和形成科学发展观作了前期的理论准备工作。

回首过去三十多年，自然辩证法界受益于改革开放，受益于国家和人民，也报效国家和人民，涌现了许多优秀人才和成果。随着改革开放的深入、市场经济体制的引入及其深度发展，我国的经济生活、政治生活、社会生活和人们的精神风貌都发生了巨大的变化，出现了许多新情况、新现象，将继续为自然辩证法界提出崭新的研究课题，开拓新的研究领域。自然辩证法工作者要以一种务实、负责的作风，关注并解析中国经济社会发展中所面临的深层次矛盾，贡献出自己的理论智慧，而不仅仅是闭门造车，或照搬西方学者的思想观点，搞一些"自言自语"和"孤芳自赏"的东西。

3. 现代科学技术发展与自然辩证法界的应对

20 世纪以来，科学、技术、工程在社会中的应用和影响广泛而深刻。人与自然、科学技术与社会的关系日益复杂。科学技术既引起生产方式、经济构成和社会结构的深刻变革，也引起人们的生活方式、行为方式、思维方式、心理世界和价值观念的巨大变化。然而，科学技术发展的现实态势越来越复杂，伴生而来的技术异化、社会风险和负面效果也层出不穷，给人类生存、自然界平衡和社会进步带来了严峻的挑战。这种情况既丰富了自然辩证法研究的内容，也带来许多具有挑战性的时代课题。我国正处在建设有中国特色社会主义的关键时期，处于综合国力竞争的多极世界格局中。如何发展科学技术事业将会极大地影响我国社会主义现代化的历史进程，关系到国家和民族的兴衰。恩格斯早在《自然辩证法》中明确指出："蔑视辩证法是不能不受惩罚的。"[①] 因此，对于一向从事跨学科研究

---

① 〔德〕恩格斯：《自然辩证法》，人民出版社，1971，第43页。

的自然辩证法界来说，务必认清形势、明确任务、不辱使命，积极探索现代科学技术发展的内在规律、特点和趋势。要随着科学技术的发展不断地改变自己的研究内容和形式，积极关注和应对科学技术的新发展及其与社会的互动关系，关注科学技术的人文价值和文化内涵，关注人、科学、技术、经济、社会和自然界的协调发展。更要树立前瞻性和战略性的责任伦理意识，预防科学技术成果的滥用和误用，减缓科学技术异化与风险现象的发生。

4. 自然辩证法学科的理想与现实

（1）经世致用的高远理想。"为国服务"的思想有其中国传统文化的根源，如李泽厚先生所说："从文化心理结构上说，实用理性是中国思想在自身性格上所具有的基本特色。"① 中国知识分子向来持有"为天地立心、为生民立命、为往圣继绝学、为万世开太平"的高远理想，无论是"修身齐家治国平天下""先天下之忧而忧，后天下之乐而乐"，还是"天下兴亡，匹夫有责"都说明了这一点。自然辩证法工作者既受到本学科关注现实研究传统的影响，又受到传统文化中"经世致用"的影响，有挥之不去的"学以致用""研而致用"情结。在我国改革开放、解放和发展生产力的今天，确实需要有人去做一些应用性较强的研究，以满足发展经济、促进社会进步的需要。这有助于突显我们学科的社会价值，从而获得社会的认可和支持。

讲"实用理性"并非坏事，但如果人人、事事、时时都在讲"实用理性"，则并非好事，也是不可能的事。从源头上讲，"自然辩证法"首先是指一种自然哲学理论。即使发展到今天，自然辩证法研究仍存在着无可否认的哲学成分（有"科学技术哲学"的别称）。而哲学的求索目标在于真理和智慧，与"实用理性"相去甚远。先哲亚里士多德早就讲过："哲学并不是一门生产知识……既然人们研究哲学是为了摆脱无知，那就很明显，人们追求智慧是为了求知，并不是为了实用。"② 由此可见，哲学对于经济社会的发展并没有直接的效用。然而，哲学研究者往往是悲天

---

① 李泽厚：《中国古代思想史论》，人民出版社，1985，第 303 页。
② 〔古希腊〕亚里士多德：《形而上学》（上卷），李真译，正中书局，1999，第 119 页。

悯人的操心者，在他们看似无用的思想背后往往包含了对人类社会健全发展必不可少的睿智。自然辩证法的学科特点决定了我们在"实用理性"上要有一个辩证的态度。必须有人去做那些看似不"致用"的、形而上的工作，去思考一些本源问题，做一些精深的研究工作，以哲人的特殊方式进行服务，体现"无用"背后的"大用。"在对"为国服务"的思考中，李惠国研究员曾谈道："世界上没有看不到希望的苦难，也没有不令人担忧的繁荣。学者和政治家的智慧和使命就在于让人们在苦难中看到希望，在繁荣中看到令人忧虑的问题。"① 我们自然辩证法工作者应该担负起这种学者使命，要有深度，更要有预见性。

（2）市场经济的冲击与自然辩证法学科的合理定位。在我国，被喻为一个"大口袋"的自然辩证法包括了哲学、自然科学、工程技术、社会科学等诸多交叉领域。在实践上，自然辩证法还涉足一些非学术的社会事业和课题。这种似乎大而无边的研究对象和范围是自然辩证法学科的特点、优点，同时也是弱点。以经济建设为中心的现实国情驱使许多人效仿、追逐市场的游戏规则，似乎为了更好地生存和发展，就必须向经济靠拢。但是，具有学术研究职责的自然辩证法界，要警惕市场经济对于研究工作的影响，要防止在追求目标和运作方式上的偏差和急功近利的倾向。李醒民研究员曾指出："要求自然辩证法研究面向经济建设，面向市场经济，是不切实际的、非分的要求，这既无助于经济，又严重威胁自然辩证法自身的正常发展。因为市场的追求目标是金钱和利润，意在物质价值，这与哲学追求的目标是难以相容的。"② 试想，如果自然辩证法工作者能够解决非常具体的经济社会问题，经济学界、社会学界的专门研究者还有什么用？可以说，综合性和跨学科性是自然辩证法学科的特点。但是，如果"跨"不过去，不好"跨"，"跨"不好，不如不"跨"好！我们不能总是打着"跨学科"的旗号，随意地涉及经济学、法学、理学、工学、农学、医学、管理学、社会学和教育学等领域，去抢别人的"饭碗"。当

---

① 毕孔彰、李惠国等：《中国自然辩证法研究会召开朱训理事长"为国服务"思想专题研讨会》，《自然辩证法研究》2009 年第 10 期，第 107～128 页。

② 李醒民：《警惕市场对于自然辩证法研究的误导》，《自然辩证法研究》1993（增刊），第 25～27 页。

我们努力突出自然辩证法的现实敏感性和社会关注度时，往往忽视了其固有的学术性和学科特点。我们关注社会、关注现实，应当从哲学的特有视角，运用我们所特有的理论思维能力。

自然辩证法界的一些学者热衷于对国家的重大事件和决策进行事后解释和宣传，尽管这种工作是必需的、有意义的。但是，常常会出现一哄而上的情况，出现大量跟风、应景和应时之作。对此，马来平教授认为："学术研究秉持关注现实、追踪热点、为国服务的理念是好事，但一定要避免随波逐流、只知为强势观点做注释，或者把严肃的学术研究降低到街谈巷议的水平，应当高度关注现实问题背后本学科的基本理论问题，通过对本学科基本理论问题独立而深入的探讨，达到推进学科发展以及为社会服务的目的。"①

（二）　自然辩证法界"为国服务"的现实路径

既然要"为国服务"，"用什么服务"、"服务什么"、"如何服务"、"服务态度"以及"服务能力"就成为必须探讨的问题。在思考如何"为国服务"时，我们有必要根据自然辩证法的学科构成和发展状况，从"学科"、"学术"和"事业"的不同层面，正确处理"有所为"和"有所不为"、"直接为"和"间接为"的关系，突出个性和特色。当前至少有以下具体的现实路径去实现"为国服务"的设想。

1. 密切关注我国经济社会与科学技术发展

聚集社会热点问题，提出前瞻性政策建议。我们非常赞成朱训理事长在六届九次常务理事会上建议："学科走向社会，对国家当前建设中的问题做一些前瞻性、战略性、有自己特色和优势的研究工作，然后提出自己有价值的建议……为国服务就是怎样把我们的研究变成意见，把意见变成建议，再把建议变成政策。"② 自然辩证法事业在发展过程中，要考虑社会需要，提高社会参与度、显示度，通过服务经济社会提升自身社会影响力和美誉度。应该关注一些重大事件、社会热点和发展战略问题，比如循

---

① 马来平：《关于科技哲学研究论文写作的若干思考》，《自然辩证法研究》2009 年第 10 期，第 47 ~ 52 页。

② 刘孝廷：《中国自然辩证法研究会六届九次常务理事会纪要》，http://www.chinasdn.org.cn/n1249550/n1249690/11425396.html.

环经济、低碳经济、生态技术与环境友好型社会、科技创新与和谐社会建设等问题。可从中筛选、聚焦一些问题作为研究课题，认真回应，提出具有学科特色导向性的思路和对策。同时，我们还要积极应对、评析当前存在的各种社会思潮，如唯科学主义、反科学主义等，明确自己的态度，有效地帮助人们学会运用马克思主义的立场、观点和方法进行分析和鉴别，增强观察问题、分析社会思潮的能力，以便更好地反映时代，在一定程度上引领时代的发展。

为区域经济社会发展建言献策。要进一步巩固和充分发挥自然辩证法研究会长期形成和积累的交叉学科优势，以及大批学有所长的专家资源优势。通过以科学技术为主导的跨学科研究，体现学科的社会影响力。通过承担地方发展课题，服务地方经济建设和区域发展。目前可供选择的课题有科技发展与企业文化关系、文化软实力、区域科技合作、区域经济与科技发展战略、技术转移和创新成果扩散、技术评估、技术创新政策和制度设计、创新型城市建设等。政府还要鼓励、促进自然辩证法各专业委员会和地方研究会围绕国家和学科发展大局开展活动，发挥地方研究会的人才、信息优势，把握地方经济发展、社会发展规律。

促进我国科学技术事业的健全发展。自然辩证法界关注我国的现代化建设和科技进步问题是理所当然的分内事务。目前，研究工作不能仅仅停留在说明科学技术进步的重要性、阐明科学技术是第一生产力、探讨科学技术进步对社会的影响等宏观层面上。而应当把更多的注意力集中在微观层面，在决策和方法上提出切实可行的建议，促进我国科技创新工作，促进科技事业的进步。要全面探讨科学技术的社会价值，要探讨其负面价值和影响，要探讨技术异化和技术风险，为预防科技成果被滥用和误用提出切实可行的对策建议。要充分考虑我国科学技术发展中的重大观念和理念问题，如科学、技术、工程和产业之间的关系，科学技术的伦理意蕴和人文关怀等。这对我国科学技术事业的健全发展和现代化建设、对于全面落实科学发展观都具有非常重要的意义。

2. 积极优化学科建设

继续培育新兴交叉学科。改革开放以来，自然辩证法作为一个学科群具有较强的包容性，在沟通文理、扶持新学科、孕育新思想等方面具有明显的优势，已成为萌生大量新兴学科、交叉学科和边缘学科的母体。如科学学、潜科学、未来学、软科学、系统科学、思维科学、创造学、人才学、科学计量学、科学传播学等都陆续成为在理论和实践方面充满活力的新兴学科，扩大了社会影响，赢得了社会各界的支持。在当前知识日益分化又高度综合的趋势中，自然辩证法有望继续成为培育新思想的载体，成为新的学科生长点。自然辩证法工作者要从人类知识体系整体化的视角出发，探讨自然科学、人文科学、社会科学和工程技术之间的内在关联，构建交叉科学的理论体系，并将研究成果应用到社会实践中去。

提升整体学科建设水平。搞好学科建设，提高学科建设能力，提升整体学术研究水平，这是"为国服务"的重要方面。1989年3月，国务院学位委员会和当时的国家教育委员会把自然辩证法学科正式更名为"科学技术哲学（自然辩证法）"。名称的改变并未在实质上改变自然辩证法界的种种现象和特征，现实中的"科学技术哲学"仍是一个大的学科群。众所周知，各学科的研究者学术背景复杂多样，没有共同的学术范式，表面的学科建制化并不能掩盖研究的多元化、个体化、零散化。但我们以为，在自然辩证法学科宽广的胸怀中，研究者们尽可以去自由探索，相互理解和支持，避免门户之见，或哲学进路，或社会学进路，或史学进路，或管理学进路，各司其职，各尽其责，各取所需，殊途同归。如果要提升自然辩证法的整体学术研究水平，扩大其国际影响力，必须走学科分化的学术研究道路。只有这样，才能集中精力把握好国际学术前沿，才能把研究推向深入，才可能有与国际同行进行交流的资本和话语权。只要分科的自然辩证法（如自然哲学、科学哲学、技术哲学、技术伦理学等）研究水平提升了，整体的学术研究水平就会"水涨船高"。为此，我们必须从制度和经费上保证、鼓励一部分有志于自然辩证法事业的研究者，远离浮躁，甘于寂寞，持之以恒地做好基础性学术研究工作，大量研读原始文献和背景材料，熟悉别人正在研究和讨论的问题，进行长期缜密的思考，把学术研究的国际化和本土化有机地整合起来。唯有如此，才能回避学术平庸，提升学术品味，贡献独立见解。此外，还要提高外语交际能力，构建合理的国际学术交流格局，建立和国际学术界对话的制度，既要"请进来"，更要"走出去"，积极参加国际学术交流，了解学科发展前沿，定期组织高端学术论坛、学科发展报告、新学说新观点的学术沙龙等活动，营造良好的学术生态。

促进科学、技术、工程、管理和人文等工作者的多方联盟。由于自然辩证法涉及哲学、人文社会科学、自然科学的基础学科、技术学科等许多学科领域，开展这项研究工作就需要自然科学、哲学和社会科学等多重知识结构，需要哲学社会科学工作者和科学技术工作者的联盟。自然辩证法从来都是一个开放的体系，其学科建设从来也没有囿于专业队伍，而是广泛地团结了专业工作者和非专业工作者等各方面的力量。孙小礼教授曾撰文指出："查阅我 1978 年所记录的《自然辩证法讲义》编写组成员名单，有近百人之多，分属 30 个单位（高等院校和科学院的研究所）。这个名单体现了《自然辩证法讲义》编写组是一个地地道道、名副其实的自然科学工作者和哲学、自然辩证法工作者的联盟。"① 这种联盟的确是自然辩证法事业取得辉煌成就的一个重要动因。然而，时过境迁，自然辩证法特有的政治色彩和功能正在淡化，其进一步发展的外围空间明显减少，自然辩证法界对科技工作者的"统战"作用在减弱，不会再有多少科学家踊跃加入我们的队伍，与我们火热地打成一片了。目前的自然辩证法界，专业工作者人数增多了，科技工作者相对不足，联盟趋向弱化。我们的一些话语不仅和实际工作者有差距，而且和科学界、工程界相去甚远。为此，自然辩证法界工作者要对自身的工作理念、工作方式和工作关系进行系统反思。自然辩证法事业要发展，要更好地"为国服务"，理论研究一定要和实际相结合，和实际工作者对话，要进一步倡导和促进自然科学、技术科学和社会科学及管理工作者的联盟。我们要放下架子，主动吸引一些对自然辩证法有兴趣的科学家、工程技术人员，参加我们的研讨或合作，建立不同类型、具有相当高度的对话和交流平台，扩展科学与人文的对接工作。要密切关注著名科学家、技术专家，研究他们的思想和成果，尊重并注意开发他们的智慧。

3. 推动人才培养和公民科学素养的提高

强化本学科人才梯队建设。人才决定未来，培养什么样的自然辩证法

① 孙小礼：《改革开放迎来了自然辩证法的春天——记〈自然辩证法讲义〉的编写》，《学习时报》2008 年 12 月 29 日，第 7 版。

人才和由此形成的人才状况必将决定着自然辩证法学科和事业的未来发展。尽管全国科学技术哲学（自然辩证法）学科点已分布在全国大部分省区，现有博士点 26 个、硕士点 113 个。① 但是，现实的自然辩证法学科发展仍面临许多危机，后继人才培养是一个大问题。随着时间的推移，改革开放初期成长起来的自然辩证法工作者有不少已经退休，成绩斐然的中年学者数量还较少，优秀的青年专业人才队伍还没有成长起来。如果没有一代又一代优秀的专业人才，学科就会在原地踏步，就难以向高端发展，就难以走向世界。目前，新加入本学科的青年人有不少是文科出身，对自然辩证法学科的基础和研究传统缺乏理解，科学功底、学术素养和创新能力有待提高。本专业研究生招生和培养质量也不容乐观，有不少研究生是跨专业考来的，多数哲学训练不足，毕业后大多也不从事哲学研究，仅仅是把考研作为就业、择业的一个跳板而已。在当前就业困难的情况下，虽无可指责，却不利于培养优秀人才的培养。为此，我们要本着"凝练学科方向、汇聚学科队伍"的原则，探索自然辩证法学科建设的规律和机制，不断提高人才培养质量，采取有力措施提高本专业研究生（特别是博士生）的培养质量、创新能力和科研水平，做好学科人才梯队的遴选和建设工作。可以通过高水平的师资队伍和教材建设，提高教学水平，通过召开研究生学术论坛、设立学术奖励制度，调动研究生学习和科研的积极性、主动性和创造性。我们要有一种面向社会、面向未来、面向世界的长期打算，培养、推出属于本土又属于世界的自然辩证法学术领军人物，从而对中国文明乃至世界文明的发展做出贡献。

助推高水平科技人才、管理人才的培养。朱训理事长建议"学科要走进教室，培养相当水平和数量的国家建设人才。"这里所说的"国家建设人才"，不只是自然辩证法人才，还应该包括科技人才和管理人才等。我国经济社会正在进入快速发展阶段，社会各项事业的健全发展对人才综合素质的要求日益提高。我国已明确提出"人才强国战略"，我们应该对

① 吴国盛：《北大科学史与科学哲学－学界概览》，http：//hps.phil.pku.edu.cn/about.php。现在绝大多数的科技哲学博士点、硕士点都归并到相应的哲学一级学位点中。

此做出自己的贡献。理工农林医类研究生是我国人才培养体系中的一支重要队伍，从中必定会涌现出大量优秀的科技人才、管理人才等。事实上，已有上百万的理工农林医类硕士研究生在必修的公共理论课层面上接受了自然辩证法教育。研究生课堂已经成为我国自然辩证法事业和学科发展的重要阵地，并从制度上得到了有效保障。自然辩证法工作者可以借用这个公共课平台，充分发挥交叉学科的优势，把理论研究与人才培养有机结合起来。自然辩证法不但是政治理论课，更是"科学－人文"素质教育课，自然辩证法工作者要明确它对研究生培养的现实意义：有助于提高理论思维能力；有助于树立辩证唯物主义自然观和科学发展观；有助于深化对人和自然关系的认识；有助于深化对科学技术与社会互动的认识；有助于培养科学精神和创新意识；有助于完善自身的多元知识结构；有助于理解我国的科技政策和方针；有助于提高全面辨识科学技术价值的能力等。自然辩证法工作者要进一步深化教学内容和教学方法的改革，及时吸纳现代科学技术发展的新成果。要积极探索科技人才的成长规律，紧密联系当代青年人的思想状况，从通识教育的角度，变居高临下的"说教""指导"为润物细无声的"启蒙""启发"，变被动接受为主动吸收，提高课堂教学的针对性和实效性，注重青年人才综合素质、创新精神、创新能力以及人文内涵的稳步提高，还要增强其服务人民、服务社会的责任意识，提高他们的科研道德修养，帮助他们形成正确的自然观、科学技术观和科学研究观。自然辩证法界还可以通过举办论坛或在职研究生教育等形式，对高科技企业、科研管理部门的骨干成员进行高水平的继续教育。还可以探索把教学对象拓展到本科生和文科类研究生，从而更多、更好地"为国服务"。

促进公众理解科学，提高公众科学素养。我国经济社会的发展和精神文明建设离不开公民科学文化素质的整体提升。自然辩证法"为国服务"要面向社会、面向公众。自然辩证法工作者要提高对学科知识普及工作的认识，推动自然辩证法理论的中国化和大众化，要着眼于大多数人，使更多的人掌握自然辩证法的理论和理念，协助做好科学精神、科学方法的传播工作，促进公众理解科学、认识科学、支持科学和监督科学，从而为自然辩证法事业奠定更为广泛的群众基础。这既可以通过各种媒体宣传，也可以通过走进学校、企业、农村等基层单位的公开报告和讲座，也可以通过开办网站来进行，吸引公众积极参加。

自然辩证法界"为国服务"的方式和途径是多样的，甚至可以从点点滴滴的小事做起。对于我国的改革开放大业而言，可借用恩格斯的话来表达："这是一次人类从来没有经历过的最伟大的、进步的变革，是一个需要巨人而且产生了巨人——在思维能力、热情和性格方面，在多才多艺和学识渊博方面的巨人时代。"① 在时代的召唤下，自然辩证法工作者要一如既往地"以高昂的热情、强烈的责任感和哲人的睿智"努力实现"为国服务"的历史重任。

---

① 恩格斯：《自然辩证法》，人民出版社，1971，第 7 页。

后　记

　　《生物技术的德性》可以看作是我多年来学习、研究科学技术哲学的一个阶段性总结。现在看来，当时个人的思考也许有些浅薄，但主要内容和基本观点还是经得起时间的考验，对以往研究不再做过多修改。在此需要说明的是，所谓生物技术的德性既指这项技术的内在特性和品格，也暗指这类技术的应用和发展要遵循一定的道德规范，也反映我们要对生物技术做道德反思。

　　我从1994年读硕士研究生以来，在导师徐悦仁教授的指导下，就开始关注现代生物技术的发展及其社会伦理问题。2000年，我在陈昌曙教授的指导下攻读博士学位，继续关注这一课题。本人天性愚钝，基础浅薄，只好勤勉为之。这十多年来，发表了大大小小二十多篇相关论文（有几篇是合著），做了五六项相关的研究课题，也因此评上了教授。但是，由于近年来心性浮躁，琐事缠身，难以心静如水，对国内外学术前沿、学术思潮、学术文献把握不够充分，学问远远未能做好，还是辜负了老师们的期许，也给自己留下难以弥补的缺憾。

　　十多年来，我相继指导毕业25名科学技术哲学和伦理学专业的硕士研究生，其中有大约一半的选题都是围绕生物技术发展和应用的哲学、伦理学问题而开展研究的。列举如下：《基因工程技术发展的人文困惑和价值导引》《辅助生殖技术对我国生育观念的挑战及对策研究》《基因技术发展对知情同意原则的挑战和反思》《转基因农产品推广的伦理审视》《生物技术恐惧及其社会调适研究》《生物技术恐惧心理的政策影响研究》《不伤害原则及其对生物医学伤害事件的规约研究》

《技术风险背景下责任伦理的社会建构研究》《转基因生物安全评价中的非科学因素探究》《生物技术异化与敬畏生命伦理规约研究》《现代媒介与转基因技术恐惧的社会传播互动研究》《人类嵌合体实验的责任伦理审视》《社会正义视角下的人类基因专利授权问题研究》等。在这个师生共同学习和研究的过程中，我们对此类问题的研究逐步深入地走向多元化。在此，我要对已经毕业的研究生付出的辛勤劳动表示谢意！他们的进步也督促了我的发展。但遗憾的是，这些同学毕业后都走上了不同的工作岗位，忙于各种实务性工作或家务。即使有做研究的，也都转向其他学科，几乎没有人持续研究原来的课题了。他们的学位论文只是毕业的通行证了。过去的事情真的就这样过去了！人生大概也是如此吧。

如今，现代生物技术发生了很大的变化，又出现了许多新的热点和焦点问题。这些问题总是被社会舆论高度关注，充分反映了现代生物技术与人类社会生活的密切相关性。无论是克隆技术、转基因技术，还是基因编辑技术，都涉及遗传物质的操作，这是此类技术的共同特征，蕴含深远的革命意义。这类技术关涉人们的喜怒哀乐，甚至给人们带来恐惧，给人们带来许多在哲学层面值得反思的课题。我们反思的根本目的还在于促进生物技术的健康发展。如果说，我过去对生物技术的哲学思考不够透彻，就让这次总结作为一个起点，希望以后努力有点儿真才实学。像生物技术具有的德性一样，努力做一个有德性的学习者、研究者。

最后，我要感谢教育部国际合作与交流司给予的留学回国人员科研启动基金资助，使我有信心和动力进行研究；感谢河南省教育厅社科处对我的支持，我有幸入选 2014 年度河南省高校科技创新人才（人文社科类）支持计划；感谢河南师范大学科技与社会研究所的徐悦仁教授、梁立明教授、金俊岐教授、安道玉教授、冷天吉教授等老师多年来对我学业的支持和帮助；感谢河南师范大学政治与公共管理学院领导班子和老师们多年来对我工作的理解和支持；感谢河南师范大学社会科学处刘怀光处长、崔宗超副处长和全体同事对我工作的支持和帮助；感谢我的家人对工作的理解和包容。要感谢的人还有很多很多，恕不一一列举。人生在世，知恩感恩报恩，知福惜福造福，谢谢大家！祝福大家！

刘　科

2016 年 12 月于河南师大文渊楼

图书在版编目（CIP）数据

生物技术的德性／刘科著. －－ 北京：社会科学文
献出版社，2017.5
ISBN 978 - 7 - 5201 - 0499 - 9

Ⅰ.①生… Ⅱ.①刘… Ⅲ.①生物工程－研究 Ⅳ.
①Q81

中国版本图书馆 CIP 数据核字（2017）第 056883 号

生物技术的德性

著　　者／刘　科

出 版 人／谢寿光
项目统筹／曹义恒
责任编辑／刘　荣　吕霞云

出　　　版／社会科学文献出版社·社会政法分社（010）59367156
　　　　　　地址：北京市北三环中路甲 29 号院华龙大厦　邮编：100029
　　　　　　网址：www. ssap. com. cn
发　　行／市场营销中心（010）59367081　59367018
印　　装／三河市尚艺印装有限公司

规　　格／开　本：787mm × 1092mm　1/16
　　　　　　印　张：19.5　字　数：207 千字
版　　次／2017 年 5 月第 1 版　2017 年 5 月第 1 次印刷
书　　号／ISBN 978 - 7 - 5201 - 0499 - 9
定　　价／89.00 元